CRIANDO A CULTURA LEAN SEIS SIGMA

O GEN | Grupo Editorial Nacional – maior plataforma editorial brasileira no segmento científico, técnico e profissional – publica conteúdos nas áreas de ciências sociais aplicadas, exatas, humanas, jurídicas e da saúde, além de prover serviços direcionados à educação continuada e à preparação para concursos.

As editoras que integram o GEN, das mais respeitadas no mercado editorial, construíram catálogos inigualáveis, com obras decisivas para a formação acadêmica e o aperfeiçoamento de várias gerações de profissionais e estudantes, tendo se tornado sinônimo de qualidade e seriedade.

A missão do GEN e dos núcleos de conteúdo que o compõem é prover a melhor informação científica e distribuí-la de maneira flexível e conveniente, a preços justos, gerando benefícios e servindo a autores, docentes, livreiros, funcionários, colaboradores e acionistas.

Nosso comportamento ético incondicional e nossa responsabilidade social e ambiental são reforçados pela natureza educacional de nossa atividade e dão sustentabilidade ao crescimento contínuo e à rentabilidade do grupo.

CRISTINA WERKEMA

Série Werkema
de Excelência Empresarial

CRIANDO A CULTURA LEAN SEIS SIGMA

3ª EDIÇÃO

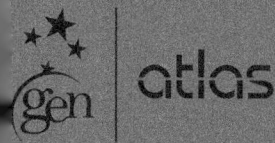

- A autora deste livro e a editora empenharam seus melhores esforços para assegurar que as informações e os procedimentos apresentados no texto estejam em acordo com os padrões aceitos à época da publicação, *e todos os dados foram atualizados pela autora até a data de fechamento do livro*. Entretanto, tendo em conta a evolução das ciências, as atualizações legislativas, as mudanças regulamentares governamentais e o constante fluxo de novas informações sobre os temas que constam do livro, recomendamos enfaticamente que os leitores consultem sempre outras fontes fidedignas, de modo a se certificarem de que as informações contidas no texto estão corretas e de que não houve alterações nas recomendações ou na legislação regulamentadora.

- A autora e a editora se empenharam para citar adequadamente e dar o devido crédito a todos os detentores de direitos autorais de qualquer material utilizado neste livro, dispondo-se a possíveis acertos posteriores caso, inadvertida e involuntariamente, a identificação de algum deles tenha sido omitida.

- **Atendimento ao cliente: (11) 5080-0751 | faleconosco@grupogen.com.br**

- Direitos exclusivos para a língua portuguesa
  Copyright © 2012 (Elsevier Editora Ltda.) © 2022 (4ª impressão) by
  GEN | GRUPO EDITORIAL NACIONAL S.A.
  Publicado pelo selo Editora Atlas Ltda.
  Uma editora integrante do GEN | Grupo Editorial Nacional
  Travessa do Ouvidor, 11
  Rio de Janeiro – RJ – 20040-040
  www.grupogen.com.br

  Reservados todos os direitos. É proibida a duplicação ou reprodução deste volume, no todo ou em parte, em quaisquer formas ou por quaisquer meios (eletrônico, mecânico, gravação, fotocópia, distribuição pela Internet ou outros), sem permissão, por escrito, da Editora Atlas Ltda.

- Capa: Hebert Junior

- Editoração eletrônica: C&C Criações e Textos Ltda.

- Ficha catalográfica

W521c

Werkema, Cristina
Criando a Cultura Lean Seis Sigma / Cristina Werkema. - 3. ed. [4ª Reimp.]. - Rio de Janeiro: GEN | Grupo Editorial Nacional. Publicado pelo selo Editora Atlas, 2022 (Série Werkema de Excelência Empresarial)

Apêndice
Inclui bibliografia
ISBN 978-85-352-5425-9

1. Engenharia de produção. 2. Six Sigma (Padrão de controle de qualidade). I. Título. II. Série.

11-7519   CDD: 658.5
                               CDU: 658.5

agradecimentos

Ao Universo, por tudo.

"Some have asked 'who are you really, Kryon?' I'm a piece of the creative energy and so are you. Do you understand what that makes us? Allied, together. I am not an entity that travels with a man. Hardly: I'm not. I'm everywhere, much like you, when you are not here on Earth. A piece of the creative energy, that is inside you, accessible. Don't worship me, for I am at your service. An information brother or sister who is there to help, to push you. The potential of this planet is so great - for peace. Let it begin here. Let it begin now. Let it begin with old souls and the ancients that are in the chairs in front of me. Remember what you know. Walk out different than you came. And so it is."

Kryon

Live Kryon Channelling - São Paulo, SP, Brazil - October 24, 2010 - As channelled by Lee Carroll for Kryon (www.kryon.com)

agradecimentos especiais

Agradeço à direção e à equipe das empresas **AmBev**, **Belgo-Mineira** (atual **ArcelorMittal**), **Aços Finos Piratini**, **Líder Táxi Aéreo**, **ALL - América Latina Logística**, **Nokia**, **Tupy Fundições**, **Isvor Fiat Brasil** e **Fiat Automóveis** e, muito especialmente, à direção e à equipe da **Votorantim Cimentos** e da **Whirlpool**, pela confiança e pelo apoio no início de minha atuação como consultora para a implementação do Seis Sigma.

Também merecem meu reconhecimento, admiração e um sincero "muito obrigada" **todos os candidatos a** *Black Belts* com os quais trabalhei, pelas inesquecíveis e valiosas oportunidades de troca de energias e experiências, que tanto contribuíram para o meu aprendizado.

Sumário

capítulo 1

14 Introdução ao *Lean* Seis Sigma
- 15 O que é Seis Sigma?
- 18 Resultados gerados pelo Seis Sigma
- 20 Exemplos de sucesso do Programa Seis Sigma na GE
- 21 O que há de novo no Seis Sigma?
- 22 O que é *Lean Manufacturing*?
- 25 Integração entre o Seis Sigma e o *Lean Manufacturing*: *Lean* Seis Sigma
- 29 O método *DMAIC*

capítulo 2

40 Como implementar o *Lean* Seis Sigma
- 41 Patrocinadores e especialistas do *Lean* Seis Sigma
- 44 Etapas iniciais para a implementação do *Lean* Seis Sigma
- 47 Treinamentos *Lean* Seis Sigma
- 54 Certificação de *Black Belts* e *Green Belts*
- 58 *Black Belts* e o *Design for Lean Six Sigma (DFLSS)*
- 58 Pontos críticos para o sucesso do *Lean* Seis Sigma

capítulo 3

62 Seleção de projetos *Lean* Seis Sigma
- 63 Como selecionar projetos *Lean* Seis Sigma
- 69 Cuidados durante a seleção de projetos *Lean* Seis Sigma
- 71 A primeira tarefa do *Champion*: elaborar o *Business Case*
- 73 Como estabelecer as metas dos projetos: desdobrando Ys em ys

capítulo 4

76 Seleção de candidatos a *Black Belts* e *Green Belts*
- 77 Introdução
- 77 Metodologia para mapeamento do perfil dos potenciais candidatos

capítulo 5

80 Integração das ferramentas *Lean* Seis Sigma ao *DMAIC*
  81 Introdução
  81 Etapa   **D**: *Define* (Definir)
  89 Etapa   **M**: *Measure* (Medir)
  107 Etapa   **A**: *Analyze* (Analisar)
  115 Etapa   **I**: *Improve* (Melhorar)
  120 Etapa   **C**: *Control* (Controlar)

capítulo 6

124 Mapa de Raciocínio
  125 Introdução

capítulo 7

154 Métricas do *Lean* Seis Sigma
  155 Introdução
  155 Definições preliminares
  156 Métricas baseadas em defeituosos
  157 Métricas baseadas em defeitos
  160 Procedimento para classificação de processos segundo a Escala Sigma
  162 A fábrica escondida
  164 Cuidados na utilização das métricas *DPMO* e Escala Sigma
  165 Métricas baseadas no custo da não qualidade

capítulo 8

166 *Design for Lean Six Sigma* (DFLSS)
  167 Introdução
  167 Princípios do *Design for Lean Six Sigma*
  168 O método *DMADV*

anexo A

182 Visão geral das ferramentas Seis Sigma integradas ao *DMAIC*

- **183** *Define*
  - 184 Mapa de Raciocínio
  - 185 *Project Charter*
  - 186 Métricas do *Lean* Seis Sigma
  - 187 Gráfico Sequencial
  - 187 Carta de Controle
  - 188 Análise de Séries Temporais
  - 189 Análise Econômica
  - 189 Voz do Cliente *(VOC)*
  - 190 *SIPOC*

- **191** *Measure*
  - 192 Avaliação de Sistemas de Medição/Inspeção (*MSE*)
  - 192 Estratificação
  - 193 Plano para Coleta de Dados
  - 193 Folha de Verificação
  - 194 Amostragem
  - 194 Diagrama de Pareto
  - 195 Histograma
  - 195 *Boxplot*
  - 196 Índices de Capacidade
  - 196 Análise Multivariada

- **197** *Analyze*
  - 198 Fluxograma
  - 198 Mapa de Processo
  - 199 Mapa de Produto
  - 200 Análise do Tempo de Ciclo
  - 201 *FMEA/FTA*
  - 202 Diagrama de Dispersão
  - 203 Cartas "Multi-Vari"
  - 204 *Brainstorming*

- 204 Diagrama de Causa e Efeito
- 205 Diagrama de Afinidades
- 206 Diagrama de Relações
- 207 Diagrama de Matriz
- 208 Matriz de Priorização
- 209 Carta de Controle
- 209 Análise de Regressão
- 210 Testes de Hipóteses
- 210 Análise de Variância
- 211 Planejamento de Experimentos (*Design of Experiments - DOE*)
- 211 Análise de Tempos de Falhas
- 212 Testes de Vida Acelerados

213 *Improve*
- 214 Matriz de Priorização
- 214 *Stakeholder Analysis*
- 215 Testes na Operação
- 215 Testes de Mercado
- 216 Simulação
- 217 Operação Evolutiva *(EVOP)*
- 217 *5W2H*
- 218 Diagrama de Árvore
- 219 Diagrama de Gantt
- 219 *PERT/CPM*
- 220 Diagrama do Processo Decisório *(PDPC)*

221 *Control*
- 222 Procedimento Padrão
- 223 *Poka-Yoke (Mistake-Proofing)*
- 224 Relatório de Anomalias
- 225 *OCAP (Out of Control Action Plan)*

anexo B
226 Significado estatístico da terminologia Seis Sigma

anexo C
234 Como empregar o *Lean* Seis Sigma em serviços e áreas administrativas

anexo D
238 Comentários e referências

anexo E
252 Referências

prefácio

O Seis Sigma é uma estratégia gerencial disciplinada e altamente quantitativa, que tem como objetivo **aumentar drasticamente a performance e a lucratividade das empresas**, por meio da melhoria da qualidade de produtos e processos e do aumento da satisfação de clientes e consumidores. Ele nasceu na Motorola, em 15 de janeiro de 1987, com o objetivo de tornar a empresa capaz de enfrentar seus concorrentes, que fabricavam produtos de qualidade superior a preços menores.

A partir de 1988, quando a Motorola foi agraciada com o Prêmio Nacional da Qualidade Malcolm Baldrige, o Seis Sigma tornou-se conhecido como o programa responsável pelo sucesso da organização. Com isso, outras empresas, como Asea Brown Boveri, AlliedSignal, General Electric, Kodak e Sony passaram a utilizar com sucesso o programa e a divulgação dos enormes ganhos alcançados por elas gerou um crescente interesse pelo Seis Sigma. Podemos dizer que o Seis Sigma foi celebrizado pela GE, a partir da divulgação, feita com destaque pelo CEO Jack Welch, dos expressivos resultados financeiros obtidos pela empresa através da implantação da metodologia (por exemplo, ganhos de 1,5 bilhão de dólares em 1999). Após a adoção pela GE, houve uma grande difusão do programa.

O Seis Sigma já sofreu várias modificações desde o início de sua utilização pela Motorola. Por exemplo, o método *DMAIC* (**D**efine, **M**easure, **A**nalyze, **I**mprove, **C**ontrol) substituiu o antigo método *MAIC* (**M**easure, **A**nalyze, **I**mprove, **C**ontrol) como a abordagem padrão para a condução dos projetos Seis Sigma de melhoria de desempenho de produtos e processos. Além disso, outras técnicas não estatísticas, tais como as práticas do *Lean Manufacturing*, foram integradas ao Seis Sigma, dando origem ao **Lean Seis Sigma**. Outra modificação foi o surgimento do método *DMADV* (**D**efine, **M**easure, **A**nalyze, **D**esign, **V**erify), que é utilizado em projetos cujo escopo é o desenvolvimento de novos produtos e processos, no contexto do **Design for Lean Six Sigma (DFLSS)**.

Neste livro é fornecida uma análise detalhada e cuidadosa dos elementos necessários para a aplicação com sucesso do *Lean* Seis Sigma e a consolidação de sua cultura, a partir da experiência obtida pela autora na implantação do programa junto a diversas empresas.

Capítulo 1.
Introdução ao *Lean* Seis Sigma

"Ousar é perder o equilíbrio momentaneamente. Não ousar é perder-se."

Soren Kierkegaard

O que é Seis Sigma?

O Seis Sigma, considerado a "metodologia da qualidade para o século 21", está, cada vez mais, ganhando evidência:

- Na imprensa, publicações internacionais como *Wall Street Journal*[1], *Business Week*[2] e *Fortune*[3] têm veiculado artigos sobre os ganhos financeiros que as empresas estão obtendo por meio do Seis Sigma.
- Vários livros sobre o tema foram lançados nos Estados Unidos a partir do final de 1999.
- Em congressos e conferências sobre qualidade, o Seis Sigma vem sendo o grande destaque, registrando recordes de audiência em todas as sessões, e o número de eventos específicos sobre o Seis Sigma aumenta a cada ano.
- Os analistas de *Wall Street* definiram o Seis Sigma como *"The Wave of the Future for Economic Growth"*[4].

Todo esse interesse resultou da divulgação dos enormes ganhos financeiros alcançados por empresas como Motorola, AlliedSignal, ABB e General Electric, atribuídos pelos CEOs dessas organizações à implementação, com sucesso, do Programa Seis Sigma. Ou seja, vem-se falando muito sobre o programa porque o Seis Sigma funciona, produzindo resultados financeiros consideráveis para as empresas.

- **Mas o que é o Seis Sigma?**

É possível definir o Seis Sigma como uma estratégia gerencial disciplinada e **altamente quantitativa**, que tem como objetivo **aumentar drasticamente a lucratividade das empresas**, por meio da melhoria da qualidade de produtos e processos e do aumento da satisfação de clientes e consumidores. No entanto, o programa deve ser entendido de forma mais ampla, como mostrado abaixo[5]:

- **A escala**
  É usada para medir o nível de qualidade associado a um processo, transformando a quantidade de defeitos por milhão em um número na Escala Sigma. Quanto maior o valor alcançado na Escala Sigma, maior o nível de qualidade.
- **A meta**
  O objetivo do Seis Sigma é chegar muito próximo a zero defeito – 3,4 defeitos para cada milhão de operações realizadas.
- **O *benchmark***
  É utilizado para comparar o nível de qualidade de produtos, operações e processos.

- **A estatística**

  É uma estatística calculada para o mapeamento do desempenho das características críticas para a qualidade em relação às especificações.

- **A filosofia**

  Defende a melhoria contínua dos processos e da redução de variabilidade, na busca de zero defeito.

- **A estratégia**

  É baseada no relacionamento existente entre projeto, fabricação, qualidade final e entrega de um produto e a satisfação dos consumidores.

- **A visão**

  O programa visa levar a empresa a ser a melhor em seu ramo.

O entendimento da meta do Seis Sigma pode ser facilitado se fizermos uma comparação entre o padrão atual, no qual grande parte das empresas vem operando (Quatro Sigma ou 99,38% conforme), e a performance Seis Sigma (99,99966% conforme).

Comparação entre o padrão atual (Quatro Sigma) e a performance Seis Sigma[6]

TABELA 1.1

Quatro Sigma (99,38% conforme)	Seis Sigma (99,99966% conforme)
Sete horas de falta de energia elétrica por mês	Uma hora de falta de energia elétrica a cada 34 anos
5.000 operações cirúrgicas incorretas por semana	1,7 operação cirúrgica incorreta por semana
3.000 cartas extraviadas para cada 300.000 cartas postadas	Uma carta extraviada para cada 300.000 cartas postadas
Quinze minutos de fornecimento de água não potável por dia	Um minuto de fornecimento de água não potável a cada sete meses

Outros exemplos de performances na Escala Sigma são apresentados na Figura 1.1.

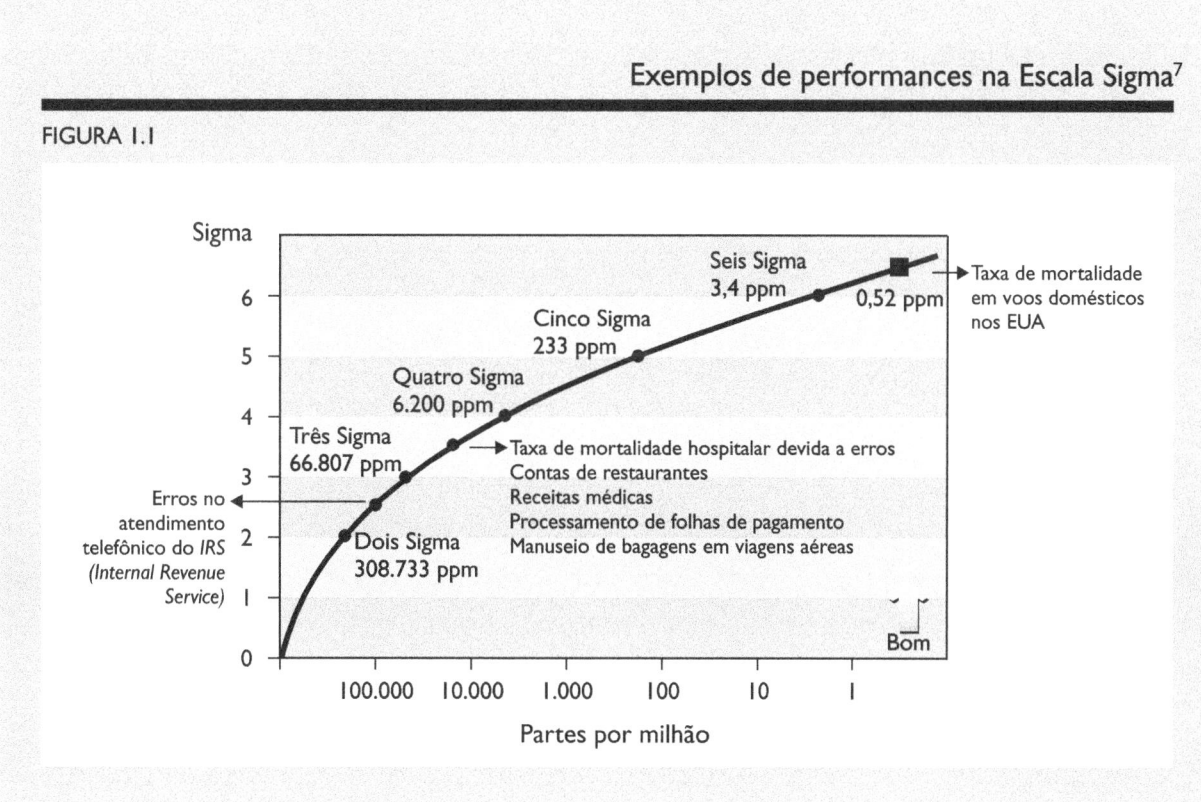

FIGURA 1.1 — Exemplos de performances na Escala Sigma[7]

Na tabela a seguir, os benefícios resultantes de se alcançar o padrão Seis Sigma são traduzidos do nível da qualidade para a linguagem financeira.

TABELA 1.2 — Tradução do nível da qualidade para a linguagem financeira[8]

Nível da qualidade	Defeitos por milhão (ppm)	Custo da não qualidade (percentual do faturamento da empresa)
Dois sigma	308.537	Não se aplica
Três sigma	66.807	25 a 40%
Quatro sigma	6.210	15 a 25%
Cinco sigma	233	5 a 15%
Seis sigma	3,4	< 1%

Resultados gerados pelo Seis Sigma

O Seis Sigma nasceu na Motorola, em 15 de janeiro de 1987[9], com o objetivo de tornar a empresa capaz de enfrentar os concorrentes estrangeiros, que estavam fabricando produtos de melhor qualidade a um custo mais baixo.

Depois que a Motorola recebeu o Prêmio Nacional de Qualidade Malcolm Baldrige, em 1988, o Seis Sigma passou a ser conhecido como o responsável pelo sucesso alcançado pela organização. Entre o final da década de 1980 e o início da década de 1990, a Motorola obteve ganhos de 2,2 bilhões de dólares com o programa.

A partir da divulgação do sucesso da Motorola, outras empresas, como Asea Brown Boveri, AlliedSignal, General Electric e Sony, passaram a utilizar o Seis Sigma. Na ABB[10] foi obtido um ganho médio de US$ 898 milhões/ano em um período de dois anos, com redução de 68% nos níveis de defeitos e de 30% nos custos de produção. Também houve uma diminuição de 87 milhões de dólares no custo de material comprado, por meio da extensão do Programa Seis Sigma aos fornecedores da empresa[11].

Já a AlliedSignal[12], desde a implementação do programa (em 1994) até maio de 1998, obteve ganhos de 1,2 bilhão de dólares e treinou Seis mil pessoas. Um grupo de três *Black Belts* em um *site* da empresa executou um projeto cujo retorno foi de 25 milhões de dólres.

Segundo Harry e Schroeder, "de modo diferente dos programas de qualidade anteriormente adotados pela AlliedSignal, o Seis Sigma permitiu que o foco da empresa fosse, simultaneamente, no aumento da lucratividade (através da redução de custos) e na redução de defeitos (através de melhoria dos produtos, diminuição do tempo de ciclo e otimização de estoques). Na AlliedSignal, a priorização do aumento da lucratividade permitiu que a empresa fabricasse produtos de melhor qualidade a custos mais baixos"[13].

Jack Welch, o CEO da GE, começou a se interessar pelo Seis Sigma a partir da experiência da AlliedSignal. Em 1996, o primeiro ano do programa na empresa, a GE investiu 200 milhões de dólares para treinar 200 *Master Black Belts* e 800 *Black Belts* na metodologia Seis Sigma. Em 1997, a GE investiu 250 milhões de dólares para treinar cerca de 4 mil *Black Belts* e *Master Black Belts* e mais de 60 mil *Green Belts*, dentre uma força total de trabalho de 222 mil. No entanto, o investimento foi recompensado: somente em 1997, a GE aumentou sua receita operacional em 300 milhões de dólares.

Em 1998, os 500 milhões de dólares investidos no Seis Sigma foram recompensados por ganhos da ordem de 750 milhões de dólares. Em 1999, foram obtidos ganhos de 1,5 bilhão de dólares[14].

Segundo Jack Welch, "esses resultados financeiros são consequência do aumento de *market share*, à medida que os consumidores, cada vez mais, 'sentem' os benefícios do Programa Seis Sigma da GE em seus próprios negócios"[15].

No Brasil, o interesse pelo Seis Sigma também está crescendo a cada dia. Já há alguns anos, as empresas cujas unidades de negócio no exterior estavam implementando este programa o conhecem. A pioneira na implementação do Seis Sigma com tecnologia nacional foi a Whirlpool (Multibrás e Embraco), que, em 1999, obteve mais de 20 milhões de reais de retorno, a partir dos projetos Seis Sigma[16]. Atualmente, várias outras empresas no Brasil estão adotando o programa com suporte de consultoria nacional.

Os resultados das organizações que estão adotando o programa têm superado o indicador "quinze reais de ganho por real investido" e há vários projetos Seis Sigma cujo retorno é da ordem de cinco milhões de reais anuais.

Um resumo das origens do Seis Sigma é mostrado na Figura 1.2.

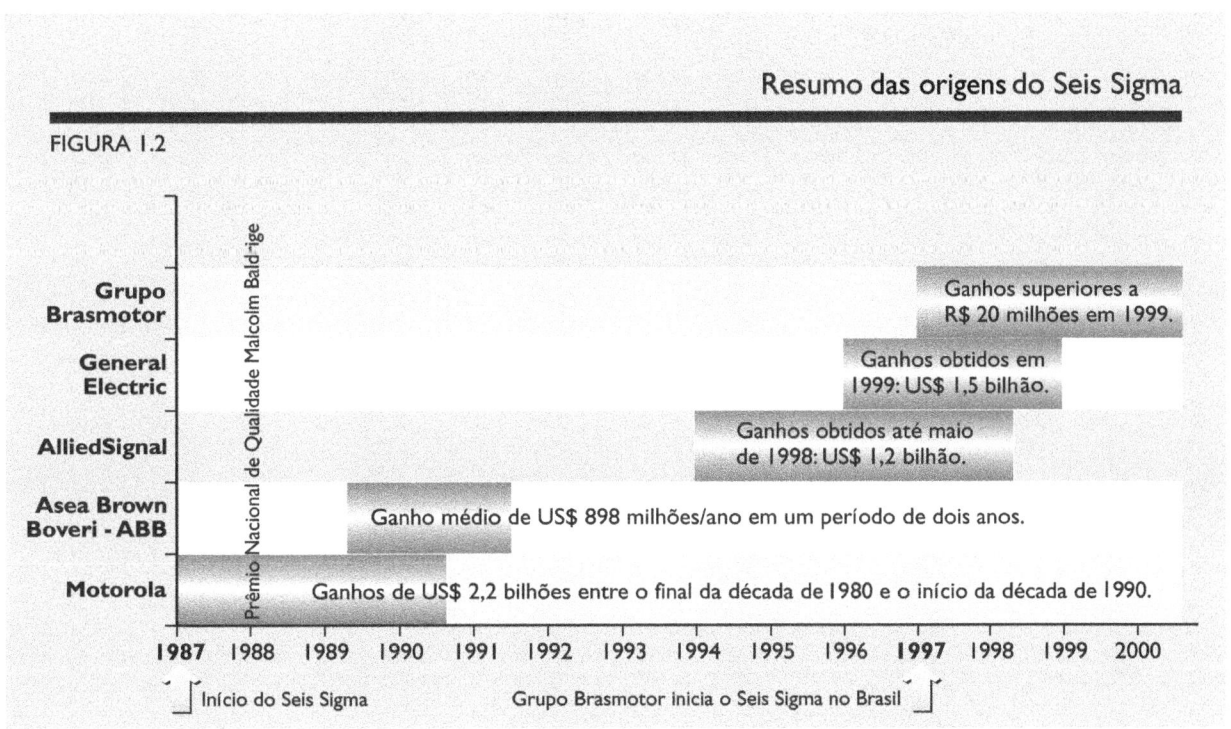

FIGURA 1.2 — Resumo das origens do Seis Sigma

Exemplos de sucesso do Programa Seis Sigma na GE

Apresentamos a seguir alguns dos inúmeros exemplos de sucesso do programa na GE.

- **GE Capital - cartão de crédito *Rewards*[17]:**
  - Aumento da produtividade, rapidez e diminuição do custo por cartão de crédito:
    - Redução do número de faturas erradas.
    - O cliente passou a não precisar ligar para a GE solicitando correções.
    - Queda dos gastos com as verificações solicitadas pelos clientes.

- **GE (toda a empresa) - processo pelo qual os clientes preenchem formulários de pedidos de produtos[18]:**
  - Os formulários de pedidos confundiam os clientes e funcionários da GE (50% de erro).
  - Solução: criar um novo *software*, capaz de elaborar formulários muito mais inteligíveis para compradores e vendedores, sem chance para falhas.

- **GE Lighting - sistema de cobrança[19]:**
  - Eletronicamente, o sistema não se entrosava bem com o sistema de compras do Wal Mart, um dos maiores clientes da GE Lighting.
  - Consequências: discussões, atrasos nos pagamentos e perda de tempo.
  - Uma equipe de *Black Belts* utilizou a metodologia Seis Sigma, a tecnologia da informação e um investimento de 30 mil dólares para resolver o problema, tendo como ponto de partida a perspectiva do cliente.
  - Em quatro meses, houve uma redução de defeitos da ordem de 98%. O Wal Mart atingiu produtividade e competitividade mais elevadas e as dicussões e atrasos diminuíram drasticamente.
  - A GE obteve um retorno muito superior ao investimento realizado.

- **GE Plastics - processo de produção de policarbonatos[20]:**
  - Os policarbonatos atingiam os padrões internos extremamente altos estabelecidos pela GE, considerados satisfatórios pela maioria dos clientes.
  - Problema: a GE Plastics ainda não havia atendido às exigências de desempenho da Sony para seus CD-ROMs e CDs de densidade superior. Por isso, dois fabricantes asiáticos estavam fornecendo policarbonatos para todos os negócios da Sony.

- Uma equipe de *Black Belts* atacou o problema:
  - Depois que ficou claro o que a Sony esperava (características críticas para a qualidade), a equipe idealizou um método de filtragem para o processo de produção, fazendo com que o policarbonato correspondesse exatamente às especificações da Sony.
  - A GE Plastics passou a ser a principal fornecedora da Sony.

- **GE Medical Systems - primeiro produto projetado para a "Produção Seis Sigma":** *LightSpeed*[21].
  - O *LightSpeed* é um aparelho para tomografia computadorizada, entregue aos clientes em 1998.
  - Uma tomografia completa do corpo de um paciente, vítima de traumatismo (para quem tempo significa vida ou morte), leva 32 segundos com o *LightSpeed* (versão 1998), enquanto um aparelho convencional demandaria dez minutos ou mais.

O que há de novo no Seis Sigma?

O Seis Sigma parece não envolver nada novo: são usadas ferramentas estatísticas conhecidas há anos na busca da eliminação de defeitos em todos os processos da empresa. No entanto, apesar de as ferramentas do Seis Sigma não serem novidade, sua abordagem e a forma de implementação são únicas e muito poderosas, o que explica o sucesso do programa[22].

A figura a seguir apresenta os principais elementos responsáveis pelo sucesso do Seis Sigma.

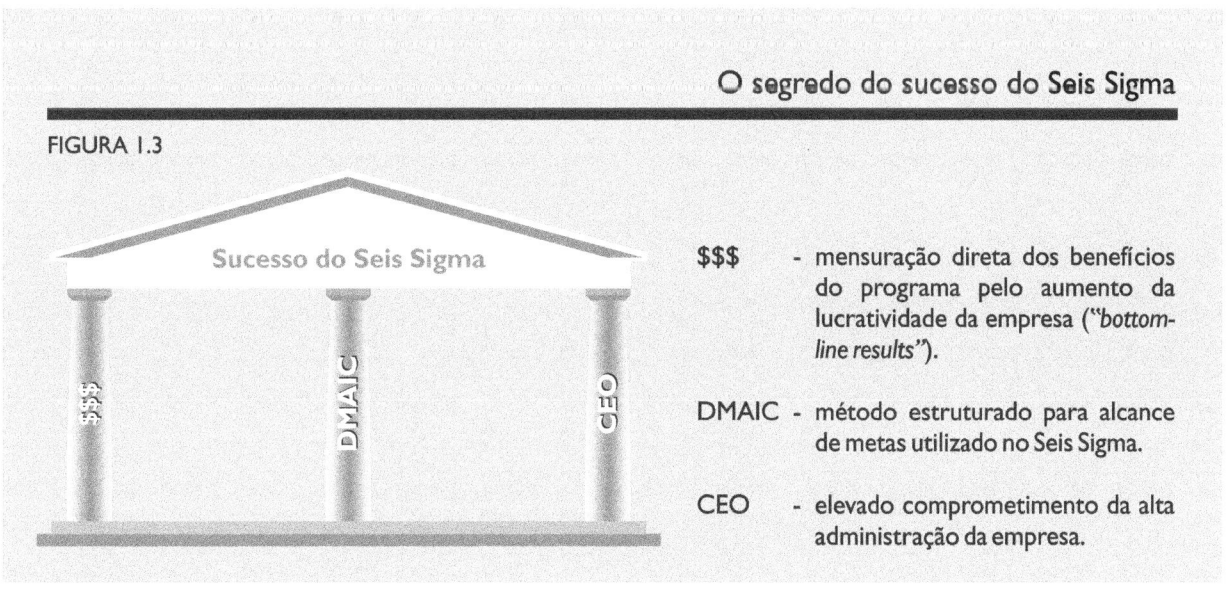

FIGURA 1.3 — O segredo do sucesso do Seis Sigma

- $$$ - mensuração direta dos benefícios do programa pelo aumento da lucratividade da empresa (*"bottom-line results"*).
- DMAIC - método estruturado para alcance de metas utilizado no Seis Sigma.
- CEO - elevado comprometimento da alta administração da empresa.

Outros aspectos fundamentais são:

- Foco na satisfação do consumidor (a partir das "características críticas para a qualidade" - *Critical to Quality* ou **CTQ**s).
- Infraestrutura criada na empresa, com papéis bem definidos para os patrocinadores e especialistas do Seis Sigma (*Sponsors, Champions, Master Black Belts, Black Belts* e *Green Belts*).
- Busca contínua da redução da variabilidade.
- Extensão para o projeto de produtos e processos (*Design for Six Sigma – DFSS*).
- Aplicação efetiva a processos administrativos, de serviços ou de transações e não somente a procedimentos técnicos.

O que é *Lean Manufacturing*?

O *Lean Manufacturing* é uma iniciativa que busca eliminar desperdícios, isto é, excluir o que não tem valor para o cliente e imprimir velocidade à empresa. **Como o *Lean* pode ser aplicado em todo tipo de trabalho, uma denominação mais apropriada é *Lean Operations* ou *Lean Enterprise*.**

As origens do *Lean Manufacturing* remontam ao Sistema Toyota de Produção (também conhecido como Produção *Just-in-Time*). O executivo da Toyota Taiichi Ohno iniciou, na década de 1950, a criação e implantação de um sistema de produção cujo principal foco era a identificação e a posterior eliminação de desperdícios, com o objetivo de reduzir custos e aumentar a qualidade e a velocidade de entrega do produto aos clientes. O Sistema Toyota de Produção, por representar uma forma de produzir cada vez mais com cada vez menos, foi denominado produção enxuta (*Lean Production* ou *Lean Manufacturing*) por James P. Womack e Daniel T. Jones, em seu livro *A Máquina que Mudou o Mundo*[23]. Essa obra – publicada em 1990 nos Estados Unidos com o título original *The Machine that Changed the World* – é um estudo sobre a indústria automobilística mundial realizado na década de 1980 pelo *Massachusetts Institute of Technology* (MIT), que chamou a atenção de empresas de diversos setores.

No cerne do *Lean Manufacturing* está a redução dos sete tipos de desperdício identificados por Taiichi Ohno[24]: "**defeitos** (nos produtos), **excesso de produção** de mercadorias desnecessárias, **estoques** de mercadorias à espera de processamento ou consumo, **processamento** desnecessário, **movimento** desnecessário (de pessoas), **transporte** desnecessário (de mercadorias) e **espera** (dos funcionários pelo equipamento de processamento para finalizar o trabalho ou por uma atividade anterior)". Womack e Jones acrescentaram a essa lista "o projeto de produtos e serviços que não atendem às necessidades do cliente"[24]. A Figura 1.4 apresenta os benefícios da redução de desperdícios e a Figura 1.5 mostra alguns exemplos de desperdícios em áreas administrativas e de prestação de serviços.

FIGURA 1.4 — Benefícios da redução de desperdícios

AUMENTO OU MELHORIA
1. Flexibilidade
2. Qualidade
3. Segurança
4. Ergonomia
5. Motivação dos empregados
6. Capacidade de inovação

DIMINUIÇÃO
1. Custo
2. Necessidade de espaço
3. Exigências de trabalho

FIGURA 1.5 — Exemplos de desperdícios em áreas administrativas e de prestação de serviços

Tipo de desperdício	Exemplos
Defeitos	Erros em faturas, pedidos, cotações de compra de materiais.
Excesso de produção	Processamento e/ou impressão de documentos antes do necessário, aquisição antecipada de materiais.
Estoques	Material de escritório, catálogos de vendas, relatórios.
Processamento desnecessário	Relatórios não necessários ou em excesso, cópias adicionais de documentos, reentrada de dados.
Movimento desnecessário	Caminhadas até o fax, copiadora, almoxarifado.
Transporte desnecessário	Anexos de *e-mails* em excesso, aprovações múltiplas de um documento.
Espera	Sistema fora do ar ou lento, ramal ocupado, demora na aprovação de um documento.

Ainda nas palavras de Womack e Jones[25], "existe um poderoso antídoto ao desperdício: o pensamento enxuto (*Lean Thinking*), que é uma forma de especificar valor, alinhar na melhor sequência as ações que criam valor, realizar essas atividades sem interrupção toda vez que alguém as solicita e realizá-las de modo cada vez mais eficaz".

De acordo com o *Lean Institute* Brasil[26], os princípios do *Lean Thinking* são:

* Especificar o **valor** – aquilo que o cliente valoriza.

    O ponto de partida para o *Lean Thinking* consiste em definir o que é valor, devendo este ser definido pelo cliente e não pela empresa. Para o cliente, a necessidade gera o valor e cabe às empresas determinarem qual é a necessidade, procurar satisfazê-la e cobrar por isso um preço específico para manter a empresa no negócio e aumentar os lucros via melhoria contínua dos processos, reduzindo os custos e melhorando a qualidade.

* Identificar o **fluxo de valor**.

    O próximo passo consiste em identificar o fluxo de valor, que significa dissecar a cadeia produtiva e separar os processos em três tipos: aqueles que efetivamente geram valor, aqueles que não geram valor, mas são importantes para a manutenção dos processos e da qualidade e, por fim, aqueles que não agregam valor, devendo ser eliminados imediatamente.

* Criar **fluxos contínuos**.

    A seguir, deve-se dar "fluidez" aos processos e atividades restantes, o que exige uma mudança de mentalidade. A ideia de produção por departamentos como a melhor alternativa deve ser deixada de lado. Constituir o fluxo contínuo com as etapas restantes é uma tarefa difícil, mas também é a mais estimulante. O efeito imediato da criação de fluxos contínuos pode ser sentido na redução dos tempos de concepção de produtos e de processamento de pedidos e na diminuição de estoques. Ter a capacidade de desenvolver, produzir e distribuir rapidamente dá ao produto uma "atualidade": a empresa pode atender à necessidade dos clientes quase instantaneamente.

* **Produção puxada**.

    O fluxo contínuo permite a inversão do fluxo produtivo: as empresas não mais empurram os produtos para o consumidor através de descontos e promoções. O consumidor passa a "puxar" a produção, eliminando estoques e dando valor ao produto.

* Buscar a **perfeição**.

    A perfeição deve ser o objetivo constante de todos os envolvidos nos fluxos de valor. A busca do aperfeiçoamento contínuo em direção a um estado ideal deve nortear todos os esforços da empresa, em processos transparentes nos quais todos os membros da cadeia (montadores, fabricantes de diversos níveis, distribuidores e revendedores) tenham conhecimento profundo do processo como um todo, podendo dialogar e buscar continuamente melhores formas de criar valor.

As principais ferramentas usadas para colocar em prática os princípios do *Lean Thinking* são:
- Mapeamento do Fluxo de Valor.
- Métricas *Lean*.
- *Kaizen*.
- *Kanban*.
- Padronização.
- 5S.
- Redução de *Setup*.
- *Total Productive Maintenance (TPM)*.
- Gestão Visual.
- *Poka-Yoke (Mistake Proofing)*.

Nos últimos anos, o número de empresas praticantes do *Lean Manufacturing* vem aumentando significativamente em todos os setores industriais e de serviços. No entanto, vale destacar que **a adoção do *Lean Manufacturing* representa um processo de mudança de cultura da organização e, portanto, não é algo fácil de ser alcançado.** O fato de a empresa utilizar ferramentas *Lean* não significa, necessariamente, que foi obtido pleno sucesso na implementação do *Lean Manufacturing*.

Integração entre o Seis Sigma e o *Lean Manufacturing*: Lean Seis Sigma

A integração entre o *Lean Manufacturing* e o Seis Sigma é natural: a empresa pode – e deve – usufruir os pontos fortes de ambas estratégias. Por exemplo, o *Lean Manufacturing* não conta com um método estruturado e profundo de solução de problemas e com ferramentas estatísticas para lidar com a variabilidade, aspecto que pode ser complementado pelo Seis Sigma. Já o Seis Sigma não enfatiza a melhoria da velocidade dos processos e a redução do *lead time*, aspectos que constituem o núcleo de *Lean Manufacturing*.

A **Figura 1.6** mostra como o Seis Sigma e o *Lean* contribuem, conjuntamente, para a melhoria dos processos.

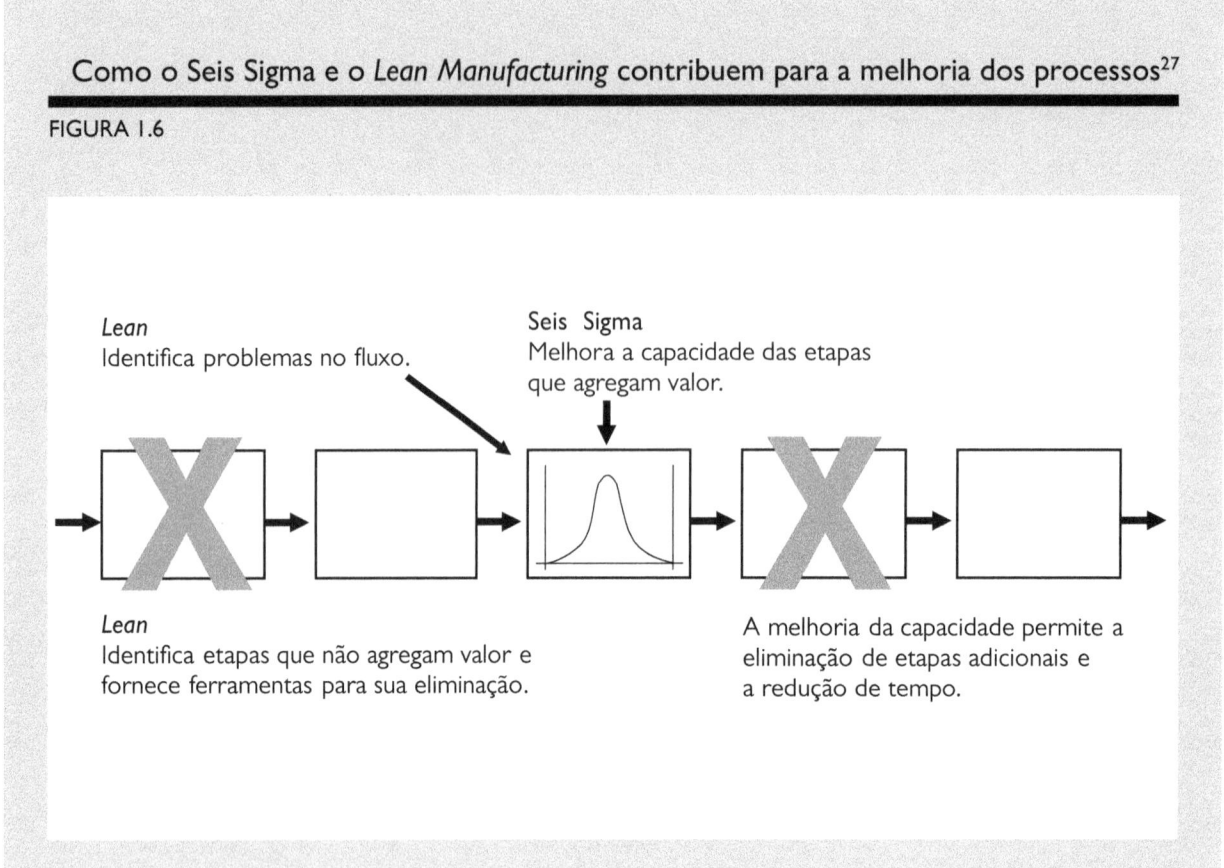

Como o Seis Sigma e o *Lean Manufacturing* contribuem para a melhoria dos processos[27]

FIGURA 1.6

O programa resultante da integração entre o Seis Sigma e o *Lean Manufacturing*, por meio da incorporação dos pontos fortes de cada um deles, é denominado *Lean* Seis Sigma, uma estratégia mais abrangente, poderosa e eficaz que cada uma das partes individualmente, e adequada para a solução de todos os tipos de problemas relacionados à melhoria de processos e produtos (Figura 1.7).

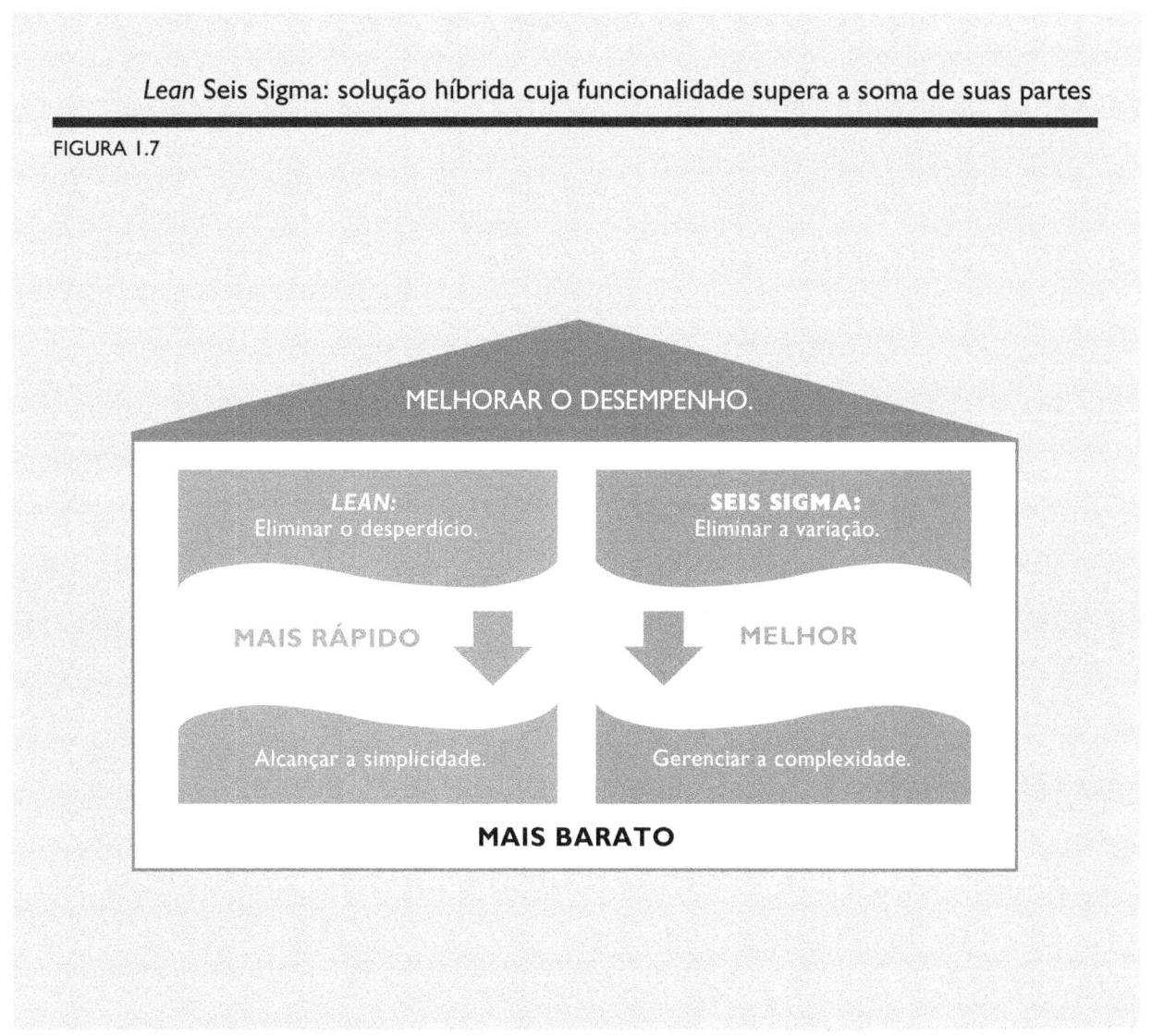

FIGURA 1.7 — Lean Seis Sigma: solução híbrida cuja funcionalidade supera a soma de suas partes

- Neste ponto, surge a pergunta:

  Será que não estamos fazendo "muito barulho por nada" no modo como estamos tratando a integração entre o *Lean Manufacturing* e o Seis Sigma?

A Figura 1.8 mostra o que realmente interessa às empresas: **melhorar o desempenho da forma mais abrangente e sustentável possível**. Para o alcance desse objetivo, é necessária a adoção de um sistema de gestão do negócio. O *Lean* e o Seis Sigma podem, portanto, ser visualizados como "ferramentas" úteis para o funcionamento dos sistemas de melhoria, inovação e gerenciamento da rotina que integram o sistema de gestão do negócio. Na Figura 1.8 o *Lean* e o Seis Sigma foram apresentados em destaque associados ao sistema de melhoria, que é a visão mais tradicionalmente difundida para o uso das metodologias.

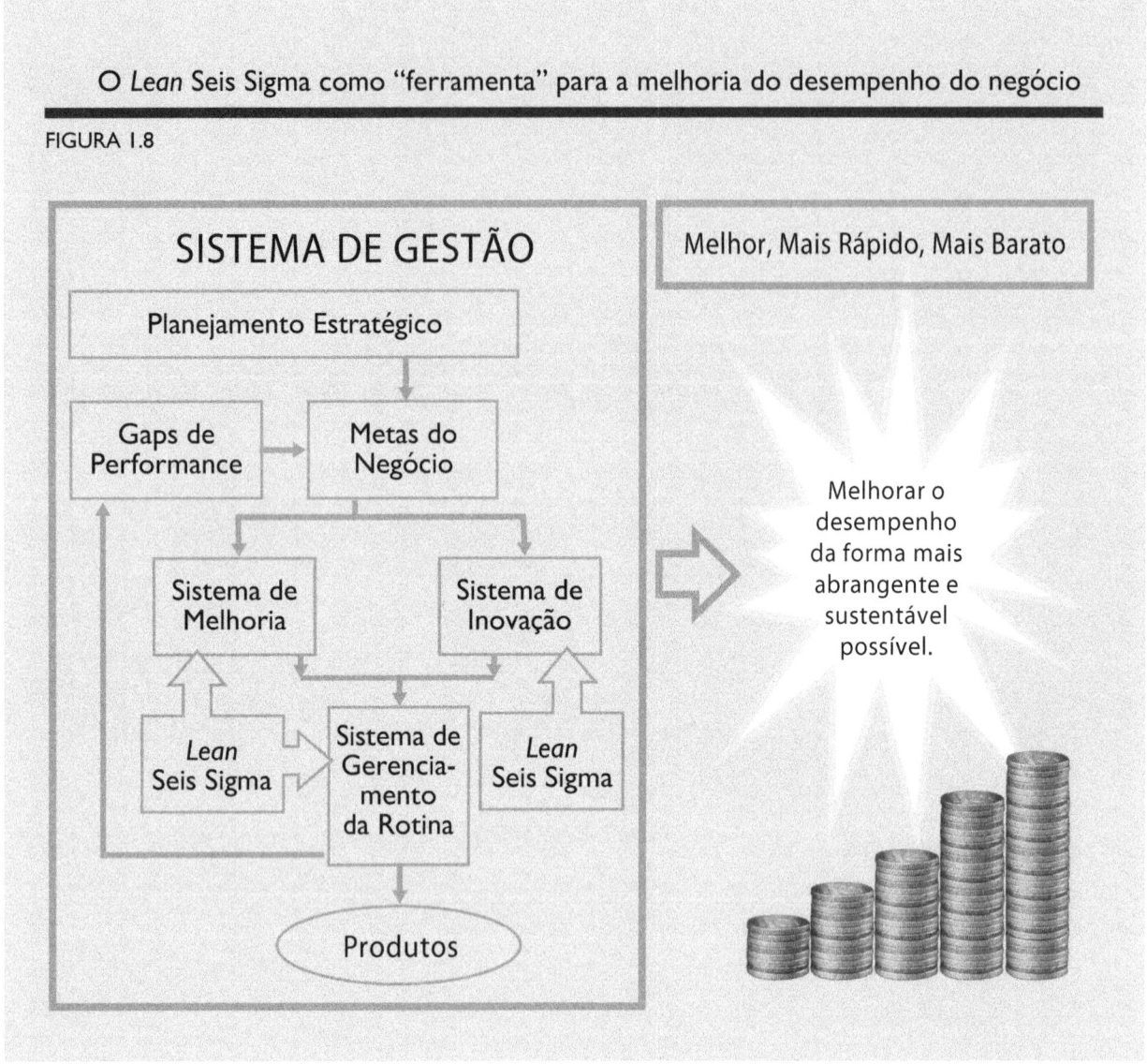

O *Lean* Seis Sigma como "ferramenta" para a melhoria do desempenho do negócio

FIGURA 1.8

É então possível dizer que há uma perda de foco quando concentramos muito de nossa atenção na busca de uma "forma padrão" para o uso integrado do *Lean* e do Seis Sigma, bem como de outras metodologias da qualidade. Na verdade, não existe essa "forma padrão": cada empresa deve adotar o procedimento mais adequado à sua cultura, **desde que sejam respeitados os requisitos básicos do *Lean* e do Seis Sigma, necessários ao seu êxito.** Por exemplo, há empresas que — com muito sucesso! — adotaram o *TPM* (*Total Productive Maintenance*) como base de seu sistema de gestão e empregaram o *Lean* e o Seis Sigma como ferramentas do pilar "eficiência" do *TPM*. Os mais tradicionalistas podem se assustar com essa abordagem, dado que o *TPM* é visto como uma ferramenta do *Lean*. No entanto, analisando a essência da questão, percebemos que não há nada de errado nessa estratégia.

O método DMAIC

Um dos elementos da infraestrutura do *Lean* Seis Sigma é a constituição de equipes para executar projetos que contribuam fortemente para o alcance das metas estratégicas da empresa. O desenvolvimento desses projetos é realizado com base em um método denominado *DMAIC*.[28]

- O método **DMAIC** (Figuras 1.9 e 1.10) é constituído por cinco etapas:

  - **D** - *Define* (Definir):
    Definir com precisão o escopo do projeto.

  - **M** - *Measure* (Medir):
    Determinar a localização ou foco do problema.

  - **A** - *Analyze* (Analisar):
    Determinar as causas de cada problema prioritário.

  - **I** - *Improve* (Melhorar):
    Propor, avaliar e implementar soluções para cada problema prioritário.

  - **C** - *Control* (Controlar):
    Garantir que o alcance da meta seja mantido a longo prazo.

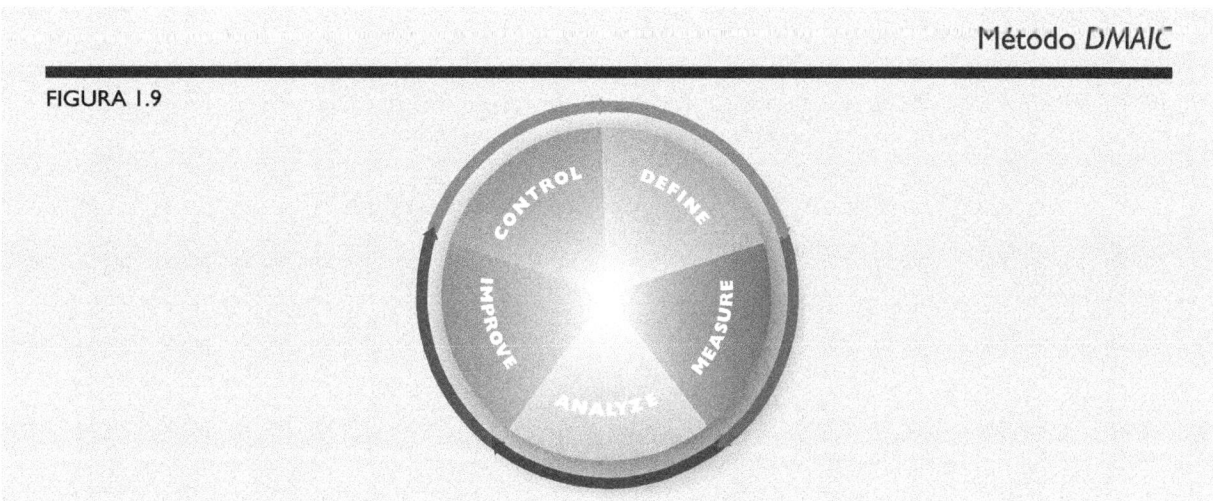

FIGURA 1.9 — Método *DMAIC*

FIGURA 1.10

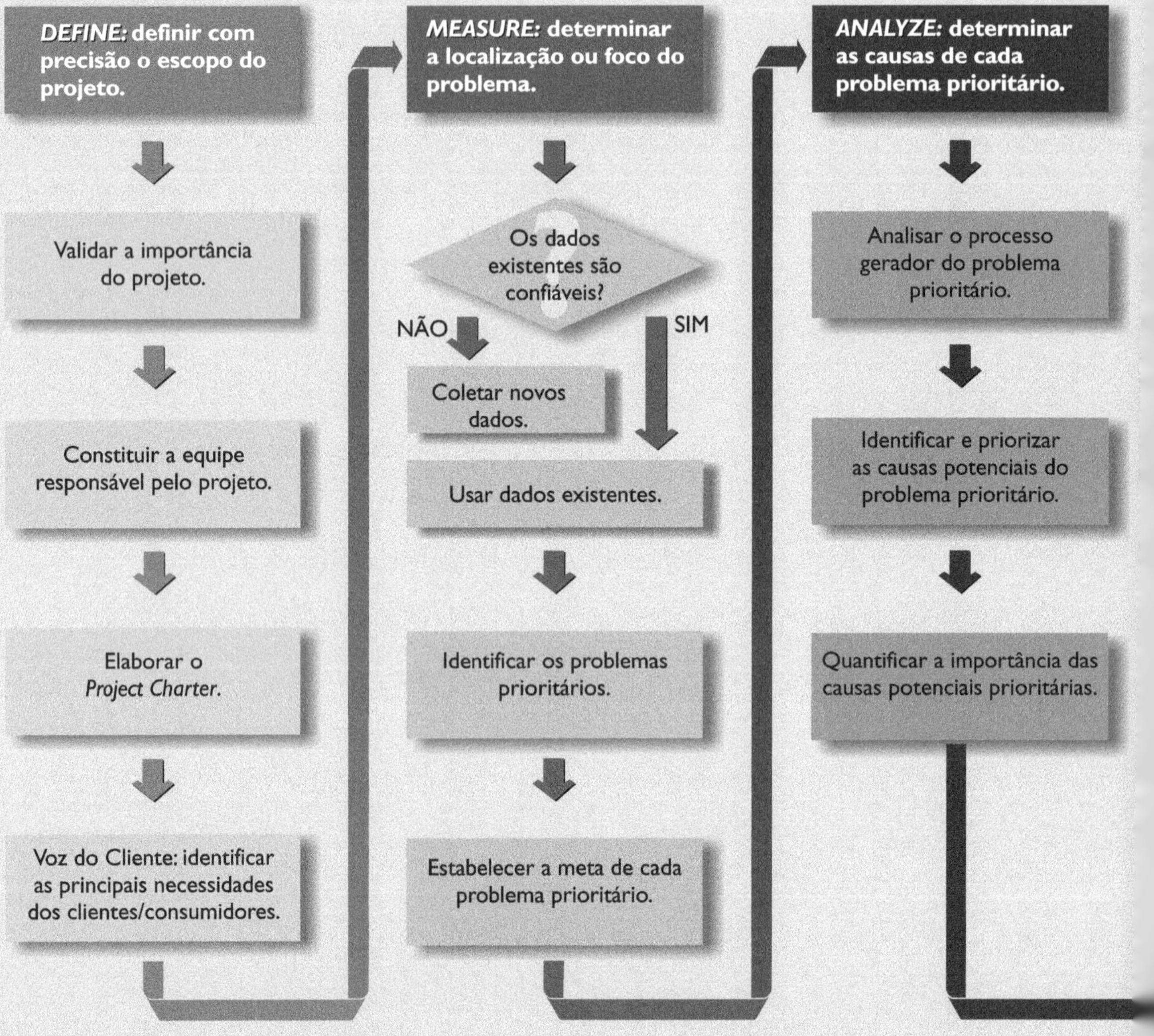

DEFINE: definir com precisão o escopo do projeto.
⬇
Validar a importância do projeto.
⬇
Constituir a equipe responsável pelo projeto.
⬇
Elaborar o *Project Charter*.
⬇
Voz do Cliente: identificar as principais necessidades dos clientes/consumidores.

MEASURE: determinar a localização ou foco do problema.
⬇
Os dados existentes são confiáveis?
— NÃO ⬇ Coletar novos dados.
— SIM ⬇
Usar dados existentes.
⬇
Identificar os problemas prioritários.
⬇
Estabelecer a meta de cada problema prioritário.

ANALYZE: determinar as causas de cada problema prioritário.
⬇
Analisar o processo gerador do problema prioritário.
⬇
Identificar e priorizar as causas potenciais do problema prioritário.
⬇
Quantificar a importância das causas potenciais prioritárias.

Introdução ao Lean Seis Sigma

Visão geral das etapas do DMAIC

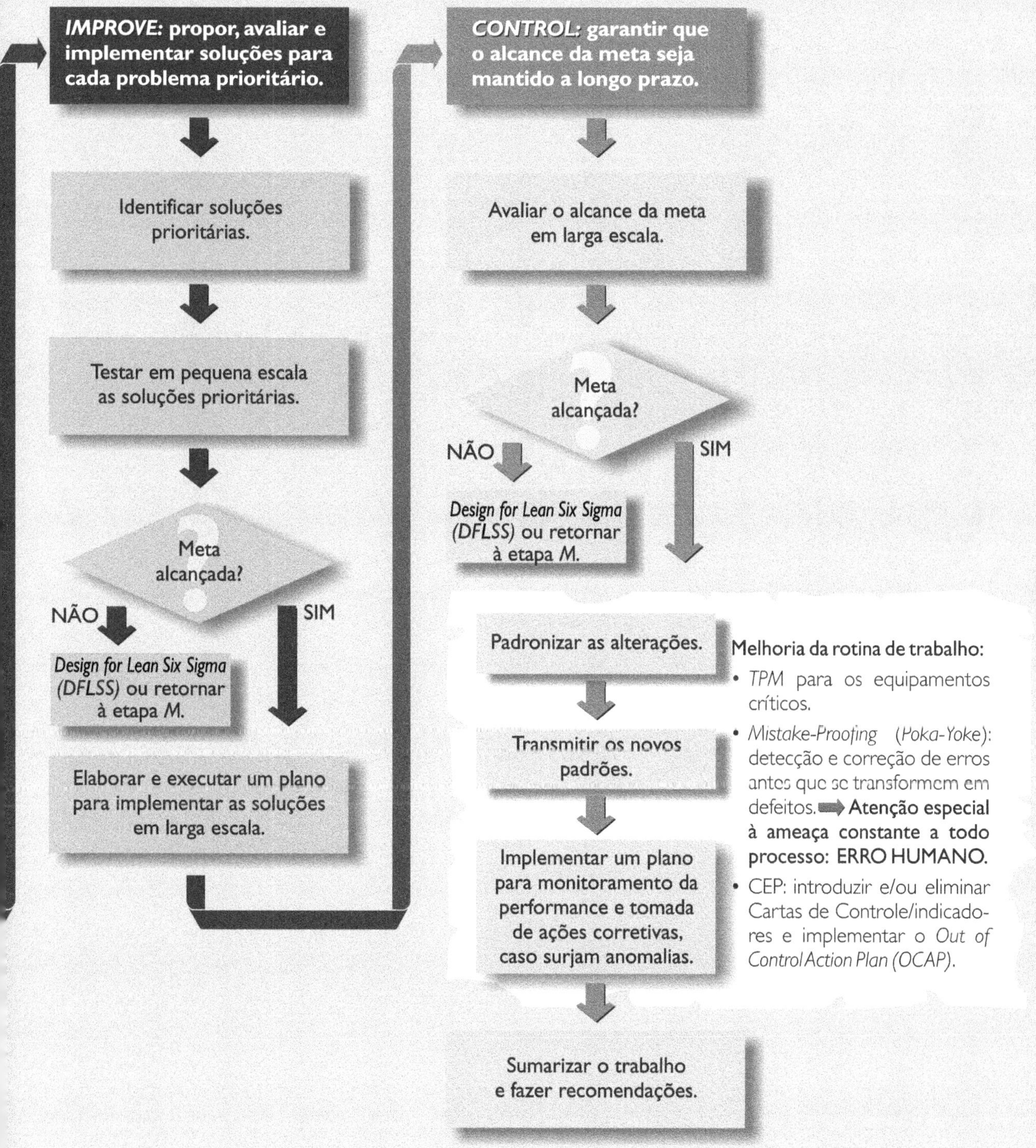

IMPROVE: propor, avaliar e implementar soluções para cada problema prioritário.

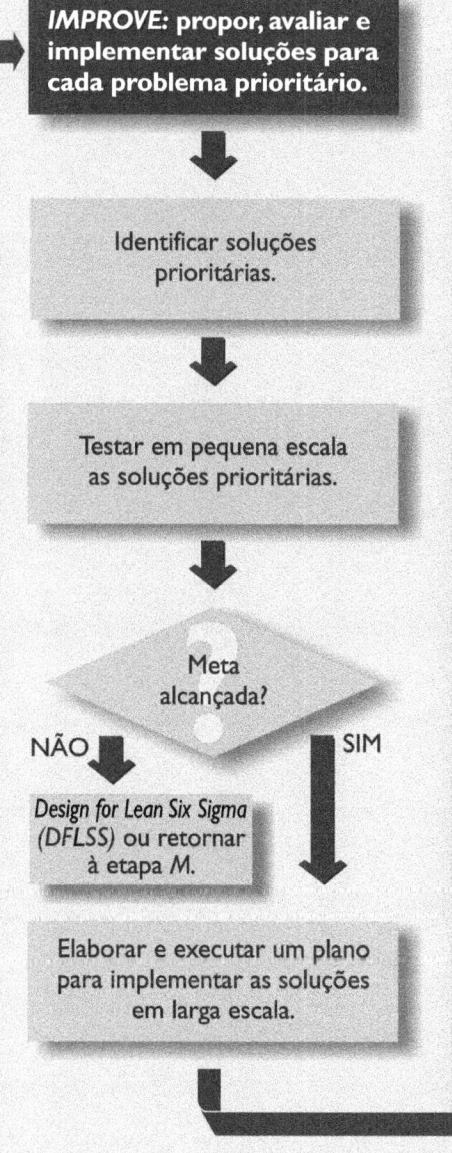

- Identificar soluções prioritárias.
- Testar em pequena escala as soluções prioritárias.
- Meta alcançada?
  - NÃO: *Design for Lean Six Sigma (DFLSS)* ou retornar à etapa M.
  - SIM: Elaborar e executar um plano para implementar as soluções em larga escala.

CONTROL: garantir que o alcance da meta seja mantido a longo prazo.

- Avaliar o alcance da meta em larga escala.
- Meta alcançada?
  - NÃO: *Design for Lean Six Sigma (DFLSS)* ou retornar à etapa M.
  - SIM:
- Padronizar as alterações.
- Transmitir os novos padrões.
- Implementar um plano para monitoramento da performance e tomada de ações corretivas, caso surjam anomalias.
- Sumarizar o trabalho e fazer recomendações.

Melhoria da rotina de trabalho:
- *TPM* para os equipamentos críticos.
- *Mistake-Proofing* (*Poka-Yoke*): detecção e correção de erros antes que se transformem em defeitos. ➡ **Atenção especial à ameaça constante a todo processo: ERRO HUMANO.**
- CEP: introduzir e/ou eliminar Cartas de Controle/indicadores e implementar o *Out of Control Action Plan (OCAP)*.

Integração das ferramentas Lean Seis Sigma ao DMAIC

FIGURA 1.11

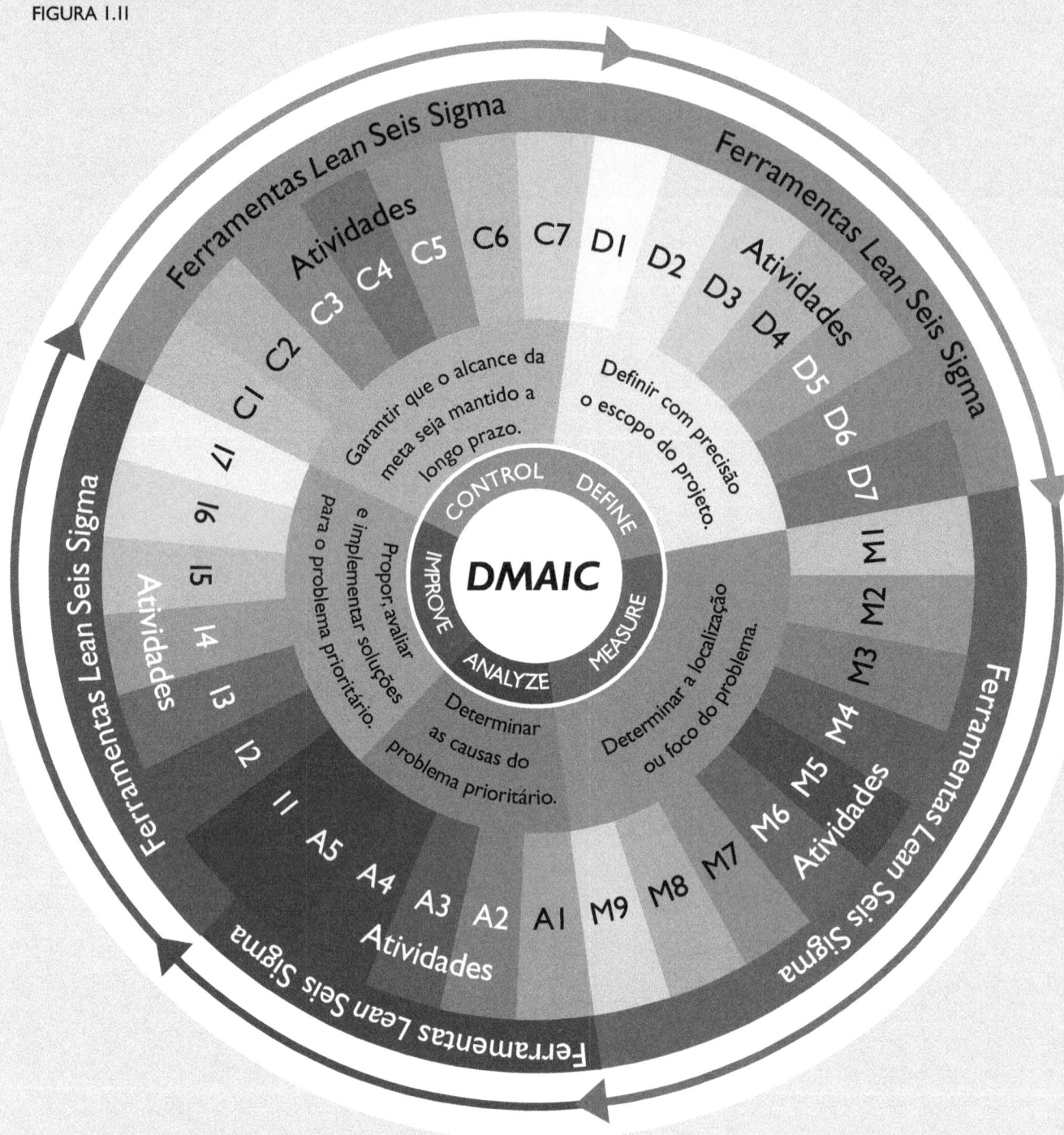

- Diversas ferramentas são utilizadas de maneira integrada às etapas do DMAIC, que se transforma, então, em um método sistemático baseado em dados e no uso de ferramentas estatísticas para se atingirem os resultados estratégicos buscados pela empresa.

- O esquema de integração das ferramentas Seis Sigma ao método DMAIC utilizado para a melhoria do desempenho de produtos e processos, mostrado nesta figura[29], será discutido detalhadamente no capítulo 5.

Integração das ferramentas *Lean* Seis Sigma ao *DMAIC*

FIGURA 1.11 (continuação)

D	**Atividades**	**Ferramentas**
Define: definir com precisão o escopo do projeto.		• **Mapa de Raciocínio** (Manter atualizado durante todas as etapas do *DMAIC*)
	Descrever o problema do projeto e definir a meta.	• *Project Charter*
	Avaliar: histórico do problema, retorno econômico, impacto sobre clientes/consumidores e estratégias da empresa.	• *Project Charter* • **Métricas do Seis Sigma** • **Gráfico Sequencial** • **Carta de Controle** • **Análise de Séries Temporais** • **Análise Econômica** (Suporte do departamento financeiro/controladoria) • **Métricas *Lean***
	Avaliar se o projeto é prioritário para a unidade de negócio e se será patrocinado pelos gestores envolvidos.	
	O projeto deve ser desenvolvido? **NÃO** → Selecionar novo projeto. **SIM**	
	Definir os participantes da equipe e suas responsabilidades, as possíveis restrições e suposições e o cronograma preliminar.	• *Project Charter*
	Identificar as necessidades dos principais clientes do projeto.	• **Voz do Cliente - *VOC*** (*Voice of the Customer*)
	Definir o principal processo envolvido no projeto.	• ***SIPOC*** • **Mapeamento do Fluxo de Valor (*VSM*)**

FIGURA 1.11 Integração das ferramentas *Lean* Seis Sigma ao *DMAIC* *(continuação)*

M	Atividades	Ferramentas
Measure: determinar a localização ou foco do problema.	Decidir entre as alternativas de coletar novos dados ou usar dados já existentes na empresa.	• Avaliação de Sistemas de Medição/Inspeção (*MSE*)
	Identificar a forma de estratificação para o problema.	• Estratificação
	Planejar a coleta de dados.	• Plano para Coleta de Dados • Folha de Verificação • Amostragem
	Preparar e testar os Sistemas de Medição/Inspeção.	• Avaliação de Sistemas de Medição/Inspeção (*MSE*)
	Coletar dados.	• Plano para Coleta de Dados • Folha de Verificação • Amostragem
	Analisar o impacto das várias partes do problema e identificar os problemas prioritários.	• Estratificação • Diagrama de Pareto • Mapeamento do Fluxo de Valor (*VSM*) • Métricas *Lean*
	Estudar as variações dos problemas prioritários identificados.	• Gráfico Sequencial • Carta de Controle • Análise de Séries Temporais • Histograma • *Boxplot* • Índices de Capacidade • Métricas do Seis Sigma • Análise Multivariada • Mapeamento do Fluxo de Valor • Métricas *Lean*
	Estabelecer a meta de cada problema prioritário.	• Cálculo Matemático • *Kaizen*
	A meta pertence à área de atuação da equipe? — **NÃO** → Atribuir à área responsável e acompanhar o projeto para o alcance da meta. **SIM** ↓	

Integração das ferramentas Lean Seis Sigma ao DMAIC

FIGURA 1.11 *(continuação)*

A	Atividades	Ferramentas
Analyze: determinar as causas do problema prioritário.	Analisar o processo gerador do problema prioritário (*Process Door*).	• Fluxograma • Mapa de Processo • Mapa de Produto Análise do Tempo de Ciclo • *FMEA* • *FTA* • Mapeamento do Fluxo de Valor (*VSM*) • Métricas *Lean*
	Analisar dados do problema prioritário e de seu processo gerador (*Data Door*).	• Avaliação de Sistemas de Medição/Inspeção (*MSE*) • Histograma • *Boxplot* • Estratificação • Diagrama de Dispersão • Cartas "Multi-Vari" • Mapeamento do Fluxo de Valor (*VSM*) • Métricas *Lean*
	Identificar e organizar as causas potenciais do problema prioritário.	• *Brainstorming* • Diagrama de Causa e Efeito • Diagrama de Afinidades • Diagrama de Relações
	Priorizar as causas potenciais do problema prioritário.	• Diagrama de Matriz • Matriz de Priorização
	Quantificar a importância das causas potenciais prioritárias (determinar as causas fundamentais).	• Avaliação de Sistemas de Medição/Inspeção (*MSE*) • Carta de Controle • Diagrama de Dispersão • Análise de Regressão • Testes de Hipóteses • Análise de Variância • Planejamento de Experimentos • Análise de Tempos de Falhas • Testes de Vida Acelerados • Métricas *Lean*

Integração das ferramentas *Lean* Seis Sigma ao *DMAIC*

FIGURA 1.11 *(continuação)*

I	Atividades	Ferramentas
Improve: propor, avaliar e implementar soluções para o problema prioritário.	Gerar ideias de soluções potenciais para a eliminação das causas fundamentais do problema prioritário.	• *Brainstorming* • Diagrama de Causa e Efeito • Diagrama de Afinidades • Diagrama de Relações • Mapeamento do Fluxo de Valor (*VSM* Futuro) • Métricas *Lean* • Redução de *Setup*
	Priorizar as soluções potenciais.	• Diagrama de Matriz • Matriz de Priorização
	Avaliar e minimizar os riscos das soluções prioritárias.	• FMEA • *Stakeholder Analysis*
	Testar em pequena escala as soluções selecionadas (teste piloto).	• Teste na Operação • Testes de Mercado • Simulação • *Kaizen* • Métricas *Lean* • *Kanban* • 5S • TPM • Redução de *Setup* • *Poka-Yoke* (*Mistake-Proofing*) • Gestão Visual
	Identificar e implementar melhorias ou ajustes para as soluções selecionadas, caso necessário.	• Operação Evolutiva (EVOP) • Testes de Hipóteses • Mapeamento do Fluxo de Valor (*VSM* Futuro) • Métricas *Lean*
	A meta foi alcançada? NÃO → Retorno à etapa M ou implementar o *Design for Lean Six Sigma* (DFLSS). SIM ↓	
	Elaborar e executar um plano para a implementação das soluções em larga escala.	• 5W2H • Diagrama da Árvore • Diagrama de Gantt • PERT / CPM • Diagrama do Processo Decisório (PDPC) • *Kaizen* • Métricas *Lean* • *Kanban* • 5S • TPM • Redução de *Setup* • *Poka-Yoke* (*Mistake-Proofing*) • Gestão Visual

Integração das ferramentas *Lean* Seis Sigma ao *DMAIC*

FIGURA 1.11 (continuação)

C	Atividades	Ferramentas
Control: garantir que o alcance da meta seja mantido a longo prazo.	Avaliar o alcance da meta em larga escala.	• Avaliação de Sistemas de Medição/Inspeção (*MSE*) • Diagrama de Pareto • Carta de Controle • Histograma • Índices de Capacidade • Métricas do Seis Sigma • Mapeamento do Fluxo de Valor (*VSM* Futuro) • Métricas *Lean*
	A meta foi alcançada? **NÃO** → Retorno à etapa M ou implementar o *Design for Lean Six Sigma (DFLSS)*. **SIM** ↓	
	Padronizar as alterações realizadas no processo em conseqüência das soluções adotadas.	• Procedimentos Padrão • 5S • *TPM* • *Poka-Yoke (Mistake Proofing)* • Gestão Visual
	Transmitir os novos padrões a todos os envolvidos.	• Manuais • Reuniões • Palestras • OJT (*On the Job Training*) • Procedimentos Padrão • Gestão visual
	Definir e implementar um plano para monitoramento da performance do processo e do alcance da meta.	• Avaliação de Sistemas de Medição/Inspeção (*MSE*) • Plano p/ Coleta de Dados • Amostragem • Carta de Controle • Histograma • Índices de Capacidade • Métricas do Seis Sigma • Aud. do Uso dos Padrões • Mapeamento do Fluxo de Valor (*VSM* Futuro) • Métricas *Lean* • *Poka-Yoke* (Mistake Proofing)
	Definir e implementar um plano para tomada de ações corretivas caso surjam problemas no processo.	• Relatórios de Anomalias • OCAP (*Out of Control Action Plan*)
	Sumarizar o que foi aprendido e fazer recomendações para trabalhos futuros.	

A análise das Figuras de 1.9 a 1.12 mostra que existe uma correspondência entre o método *DMAIC* e o Ciclo *PDCA*, que pode ser visualizada nas Figuras 1.13 e 1.14.

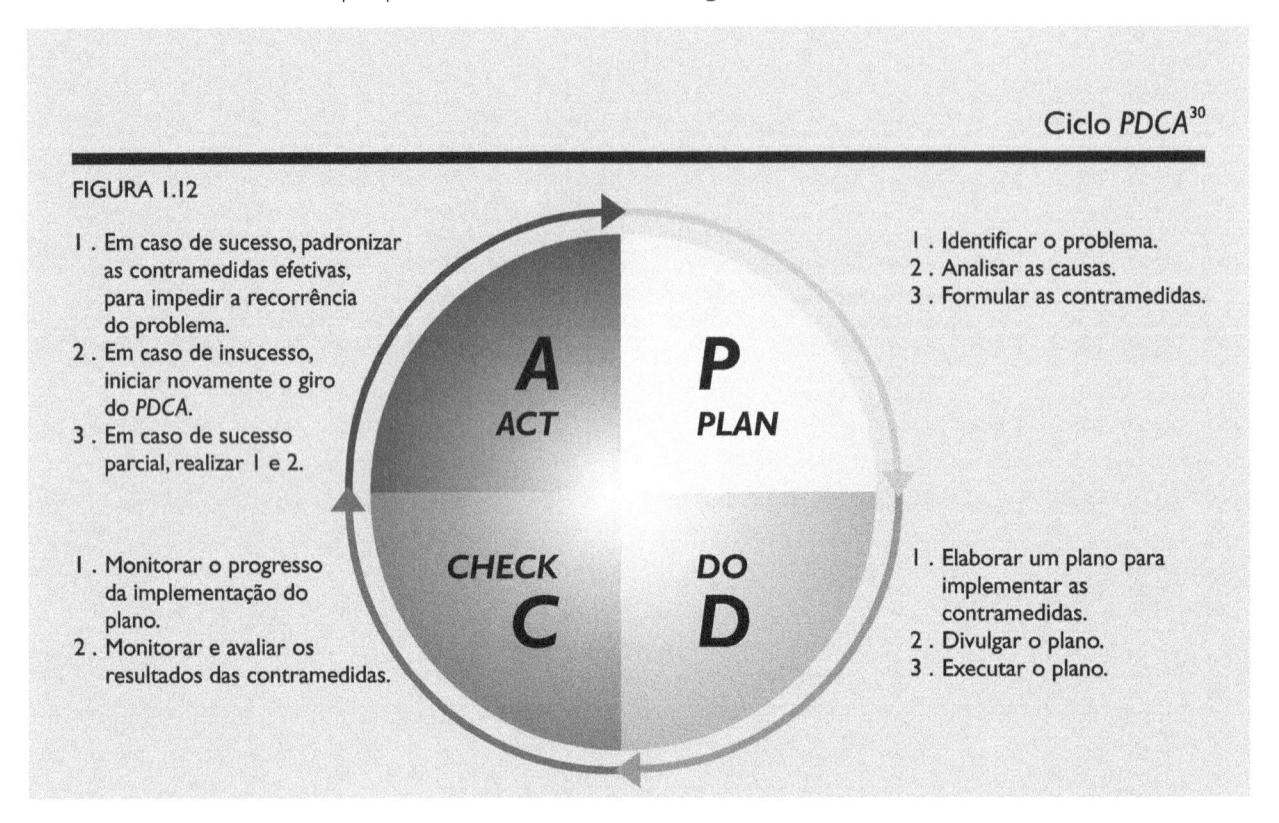

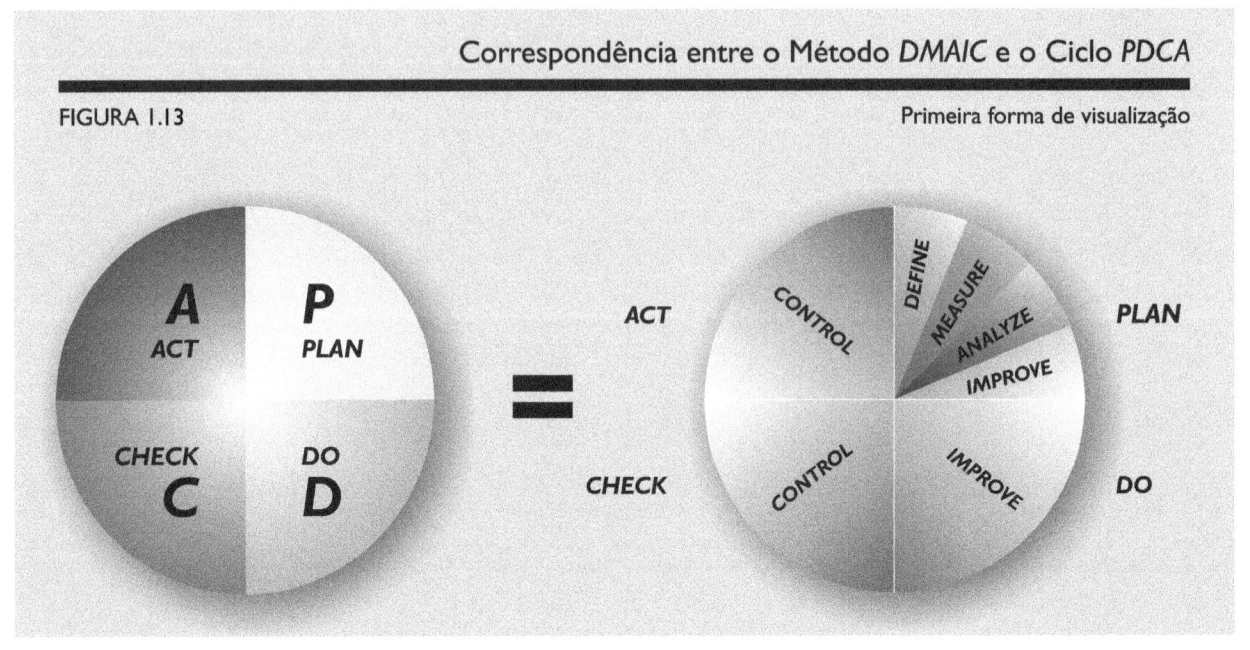

FIGURA 1.12 — Ciclo *PDCA*[30]

Quadrante ACT (A):
1. Em caso de sucesso, padronizar as contramedidas efetivas, para impedir a recorrência do problema.
2. Em caso de insucesso, iniciar novamente o giro do *PDCA*.
3. Em caso de sucesso parcial, realizar 1 e 2.

Quadrante PLAN (P):
1. Identificar o problema.
2. Analisar as causas.
3. Formular as contramedidas.

Quadrante CHECK (C):
1. Monitorar o progresso da implementação do plano.
2. Monitorar e avaliar os resultados das contramedidas.

Quadrante DO (D):
1. Elaborar um plano para implementar as contramedidas.
2. Divulgar o plano.
3. Executar o plano.

FIGURA 1.13 — Correspondência entre o Método *DMAIC* e o Ciclo *PDCA* — Primeira forma de visualização

ACT = CONTROL
PLAN = DEFINE, MEASURE, ANALYZE, IMPROVE
CHECK = CONTROL
DO = IMPROVE

FIGURA 1.14 — Correspondência entre o Método *DMAIC* e o Ciclo *PDCA* — Segunda forma de visualização

A Figura 1.14 mostra claramente a **grande ênfase dada pelo método *DMAIC* ao planejamento**, antes que seja executada alguma ação. No capítulo 5, as etapas do *DMAIC* serão apresentadas em detalhes. Os pontos fortes do *DMAIC* são sumarizados na Figura 1.15.

No *Lean* Seis Sigma são utilizadas métricas apropriadas para quantificar como os resultados da empresa podem ser classificados, no que diz respeito à variabilidade e geração de defeitos ou erros. Essas métricas são:

- Defeitos por Unidade (*DPU – Defects per Unit*);
- Defeitos por Oportunidade (*DPO – Defects per Opportunity*);
- Defeitos por Milhão de Oportunidades (*DPMO – Defects per Million Opportunities*);
- Escala Sigma.

As Métricas do *Lean* Seis Sigma serão discutidas no capítulo 7.

FIGURA 1.15 — Pontos fortes do *DMAIC*

PONTOS FORTES

- Ênfase dada ao planejamento (*D, M, A* e maior parte da etapa *I*), antes que ações sejam executadas.
- Existência de um roteiro detalhado para a realização das atividades do método, o que gera análises com profundidade adequada, conclusões sólidas e manutenção dos resultados ao longo do tempo.
- Integração das ferramentas ao roteiro do *DMAIC*.
- Ênfase explícita dada aos seguintes elementos:
  - Voz do Cliente (por meio das Características Críticas para a Qualidade - *CTQs*).
  - Validação dos sistemas de medição (confiabilidade dos dados).
  - Validação do retorno econômico do projeto pela controladoria da empresa.
- Algumas atividades exigem a participação direta dos gestores (por exemplo, assinatura do *Project Charter* e entrega do projeto aos donos do processo).
- *Project reviews* realizadas ao final das etapas do *DMAIC* (*tollgates*), para avaliação do desenvolvimento do projeto.

Capítulo 2.
Como implementar o *Lean* Seis Sigma

"Tudo é ousado para quem nada se atreve."
Fernando Pessoa

Patrocinadores e especialistas do *Lean* Seis Sigma

Para que o *Lean* Seis Sigma tenha sucesso na empresa, é necessário treinar pessoas com perfil apropriado, que se transformarão em patrocinadores do programa ou em especialistas no método e nas ferramentas *Lean* Seis Sigma. Esses patrocinadores e especialistas são apresentados a seguir:

Sponsor do Lean Seis Sigma

É o principal executivo da empresa, responsável por promover e definir as diretrizes para a implementação do *Lean* Seis Sigma.

Sponsor Facilitador

É um dos diretores da empresa. Esse gestor tem a responsabilidade de assessorar o *Sponsor* do *Lean* Seis Sigma na implementação do programa.

Champions

Gestores cuja responsabilidade é apoiar os projetos e remover possíveis barreiras para o seu desenvolvimento. São diretores ou gerentes da empresa.

Master Black Belts[1] *ou Coordenador do Programa Lean Seis Sigma e Consultoria*

São profissionais que assessoram os *Sponsors* e os *Champions* e atuam como mentores dos *Black Belts* e *Green Belts*.

Black Belts

Lideram equipes na condução de projetos multifuncionais ou funcionais, alcançando maior visibilidade na estrutura do *Lean* Seis Sigma.

Perfil dos *Black Belts*:
- Iniciativa, entusiasmo, habilidades de relacionamento interpessoal e comunicação, motivação para alcançar resultados e efetuar mudanças, influência no setor em que atuam, habilidade para trabalhar em equipe, raciocínios analítico e quantitativo, capacidade de concentração.
- Elevado conhecimento técnico em sua área de trabalho é uma característica desejável.

Green Belts

São profissionais que participam das equipes lideradas pelos *Black Belts* (projetos multifuncionais ou funcionais) ou lideram equipes na condução de projetos funcionais.

Perfil dos *Green Belts*:
- Similar ao dos *Black Belts*, mas com menor ênfase nos aspectos comportamentais.

Yellow Belts

São profissionais que geralmente atuam na empresa no nível de supervisão, treinados nos fundamentos e ferramentas básicas do *Lean* Seis Sigma. Suas principais atribuições são supervisionar o uso das ferramentas *Lean* Seis Sigma na rotina da organização e executar projetos mais focados e de desenvolvimento mais rápido que os executados pelos *Green Belts*.

White Belts

São profissionais do nível operacional da empresa, treinados nos fundamentos do *Lean* Seis Sigma para que possam dar suporte aos *Black Belts* e *Green Belts* na implementação dos projetos.

FIGURA 2.1

ATRIBUIÇÕES

Garantir que os projetos estejam alinhados com as metas da empresa.

Participar da seleção de projetos e de candidatos a *Black Belts* e *Green Belts*.

Definir os *Champions* para os projetos.

Participar das reuniões (mensais) para apresentação dos projetos.

Remover barreiras para o sucesso do *Lean* Seis Sigma.

Participar de reuniões de monitoramento dos projetos realizadas pelos *Champions* e candidatos a *Black Belts* e *Green Belts*, sempre que possível.

Monitorar os projetos *Lean* Seis Sigma sob sua responsabilidade (reuniões semanais com os candidatos a *Black Belts* ou *Green Belts*).

Apresentar o status dos projetos aos *Sponsors* do *Lean* Seis Sigma.

Auxiliar os candidatos a *Black Belts* ou *Green Belts* na obtenção dos recursos necessários ao desenvolvimento dos projetos.

Remover as barreiras para o sucesso dos projetos.

Implementar as mudanças necessárias ao sucesso dos projetos.

Cumprir as atividades previstas no processo de monitoramento e certificação de *Black Belts* e *Green Belts*.

Monitorar a performance e gerenciar as atividades do Programa *Lean* Seis Sigma na empresa.

Relatar o status do programa aos *Sponsors* do *Lean* Seis Sigma.

Participar de reuniões das equipes de projetos com os *Champions*.

Auxiliar os *Sponsors* e *Champions* na seleção de projetos e de candidatos a *Black Belts* e *Green Belts*.

Monitorar os projetos *Lean* Seis Sigma.

Participar de reuniões das equipes de projetos.

Fornecer suporte técnico aos *Black Belts* e *Green Belts* durante a execução dos projetos.

Usar a metodologia *Lean* Seis Sigma em seus projetos.

Liderar equipes de projetos (projetos funcionais).

Liderar equipes de projetos (projetos multifuncionais).

Treinar a equipe em ferramentas do *Lean* Seis Sigma, se necessário.

Agendar e conduzir reuniões com as equipes de projetos.

Delegar tarefas aos membros da equipe.

Acompanhar a execução das tarefas delegadas aos membros da equipe.

Preparar um resumo geral do projeto para apresentação aos *Champions* e aos *Sponsors*.

Executar todas as tarefas que lhe foram delegadas nas reuniões da equipe (quando membro de uma equipe de projeto liderada por um *Black Belt*).

Relatar o status das tarefas ao *Black Belt* (quando membro de uma equipe de projeto liderada por um *Black Belt*).

COMPETÊNCIAS

Conhecimento básico da metodologia *Lean* Seis Sigma (participar do Seminário para a Alta Administração).

Conhecimento básico da metodologia *Lean* Seis Sigma (participar do *Workshop* para Formação de *Champions*).

Compreensão global do negócio (visão estratégica e corporativa da empresa).

Habilidade para liderar mudanças.

Habilidade para facilitar o trabalho em equipe.

Habilidade para gerenciar conflitos.

Habilidade para gerenciar projetos.

Habilidade para fazer apresentações.

Ótimo relacionamento e reconhecimento em todos os níveis da empresa.

Conhecimento da metodologia *Lean* Seis Sigma (concluir o treinamento para *Master Black Belt*).

Ser um *expert* em sua área específica.

Conhecimento da metodologia *Lean* Seis Sigma (concluir o treinamento para *Black Belt*).

Elevado conhecimento técnico em sua área ou linha específica de trabalho.

Conhecimento da metodologia *Lean* Seis Sigma (concluir o treinamento para *Green Belt*).

Demonstrar conhecimento técnico em sua área ou linha específica de trabalho.

Visão geral das atribuições e competências dos patrocinadores e especialistas do *Lean* Seis Sigma

	SPONSOR	SPONSOR FACILITADOR	CHAMPION	COORDENADOR DO PROGRAMA	MASTER BLACK BELT OU COORDENADOR DO PROGRAMA E CONSULTORIA	BLACK BELT	GREEN BELT

A Figura 2.2 apresenta a estrutura básica para implementação do Lean Seis Sigma, no que diz respeito aos patrocinadores e especialistas.

O grupo formado pelo Sponsor do Lean Seis Sigma, mais o Sponsor Facilitador e o Coordenador do Programa, é denominado **Comitê-guia do Lean Seis Sigma**.

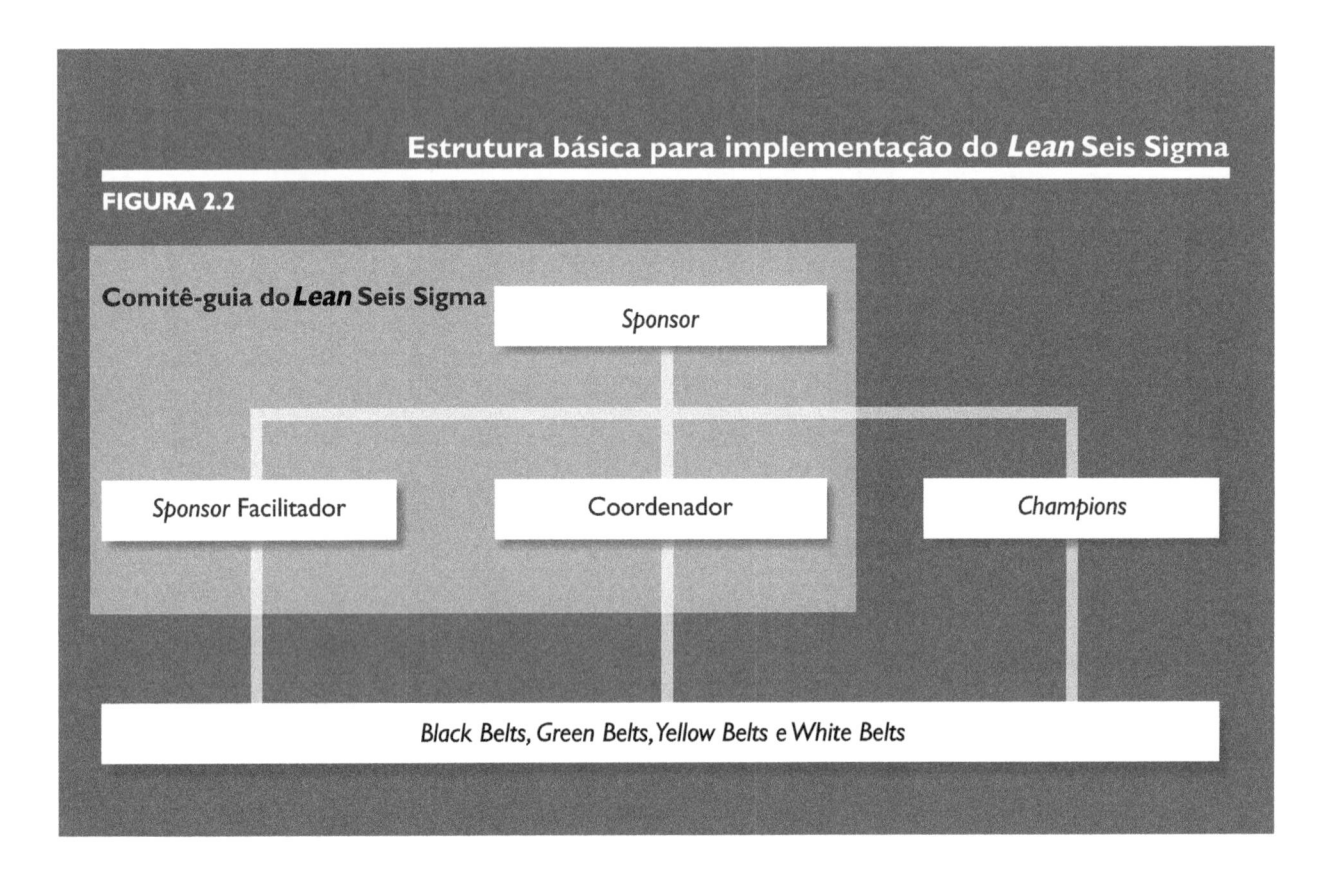

FIGURA 2.2 — Estrutura básica para implementação do *Lean* Seis Sigma

- Comitê-guia do *Lean* Seis Sigma
  - Sponsor
  - *Sponsor* Facilitador
  - Coordenador
  - *Champions*
- Black Belts, Green Belts, Yellow Belts e White Belts

Etapas iniciais para a implementação do Lean Seis Sigma

O *Lean* Seis Sigma é uma estratégia de negócio – todas as pessoas da empresa, nos diferentes níveis de aprofundamento do programa, são responsáveis por conhecer e implementar seus conceitos e sua metodologia.

O *Lean* Seis Sigma permite que as empresas se vejam de forma holística, percebendo como os resultados coletivos de diversos trabalhos de menor amplitude afetam os grandes projetos executados no nível da alta administração. Portanto, **os esforços para implementação do *Lean* Seis Sigma somente podem ser liderados pelo CEO ou principal executivo da empresa**. Isto é: o *Lean* Seis Sigma deve ser implementado "de cima para baixo".

A implementação do *Lean* Seis Sigma, com suporte de consultoria externa, envolve as seguintes etapas:
- Visita técnica da consultoria, para conhecimento da empresa, preparação do lançamento do programa e identificação de oportunidades que poderão originar projetos *Lean* Seis Sigma.
- Realização do "Seminário para a Alta Administração" (definição de projetos, de *Champions* e de possíveis candidatos a *Black Belts* e *Green Belts*).
- Realização do "*Workshop* para Formação de *Champions*".
- Realização do processo para seleção de candidatos a *Black Belts* e *Green Belts* e identificação do candidato que conduzirá cada projeto.
- Oferecimento do treinamento para *Black Belts* e/ou *Green Belts*. Como parte do treinamento, cada candidato conduzirá um projeto *Lean* Seis Sigma.

A Figura 2.3, na página seguinte, apresenta uma visão geral das etapas iniciais para a implementação do *Lean* Seis Sigma.

Na fase de implementação, as principais contribuições das consultorias para o sucesso do programa são:
- Acompanhamento próximo e sistemático de todas as etapas da implementação do *Lean* Seis Sigma:
  - Orientação da definição dos projetos, de modo focado nos objetivos estratégicos da empresa.
  - Definição dos melhores rumos para o desenvolvimento do programa na organização.
  - Identificação prematura de possíveis falhas no gerenciamento interno do *Lean* Seis Sigma e proposição de ações corretivas.
  - Cumprimento rigoroso do cronograma estabelecido, com profissionais de primeira linha.
- Valorização dos projetos práticos como instrumentos fundamentais para a assimilação dos conhecimentos adquiridos e para a integração do *Lean* Seis Sigma à cultura da empresa.
- Estrutura de treinamento e orientação técnica ao desenvolvimento dos projetos *Lean* Seis Sigma, adaptáveis às necessidades da empresa.
- Ênfase no desenvolvimento do raciocínio crítico dos especialistas do *Lean* Seis Sigma.
- Material didático de alto nível, desenvolvido especialmente para o programa.

Visão geral das etapas iniciais para a implementação do *Lean* Seis Sigma

FIGURA 2.3 (com suporte de consultoria externa)

ATIVIDADE	OBJETIVO	QUEM EXECUTA
Lançamento do Programa *Lean* Seis Sigma	◆ Comunicar à organização a decisão de se adotar o programa, informando objetivos, forma de implementação, expectativas de participação e definição de papéis.	◆ *Sponsor* do *Lean* Seis Sigma, *Sponsor* Facilitador e Coordenador do Programa (com suporte da consultoria).
Entrevistas com gestores	◆ Identificar os projetos potenciais e possíveis candidatos a *Black Belts* e *Green Belts*.	◆ Consultoria, gestores e coordenador.
Reunião com o *Sponsor* do *Lean* Seis Sigma	◆ Consolidar a estrutura de implementação do *Lean* Seis Sigma na empresa e os resultados das entrevistas com os gestores. ◆ Definir o grau de importância das metas estratégicas da empresa. ◆ Definir o público-alvo do Seminário para a Alta Administração.	◆ Consultoria, *Sponsor* do *Lean* Seis Sigma, *Sponsor* Facilitador e coordenador.
Seminário para a Alta Administração	◆ Definir projetos, *Champions* e possíveis candidatos a *Black Belts* e *Green Belts*.	◆ Consultoria e participantes do seminário.
Workshop para Formação de *Champions*	◆ Apresentar aos *Champions*: • O que é *Lean* Seis Sigma. • Os patrocinadores e especialistas e seus papéis. • Etapas para a implementação do programa. • Como definir projetos *Lean* Seis Sigma e candidatos a *Black Belts* e *Green Belts*. • Método *DMAIC*. • Algumas ferramentas *Lean* Seis Sigma e sua integração ao *DMAIC*. • Decisões resultantes do Seminário para a Alta Administração.	◆ Consultoria e participantes do *workshop*.
Elaboração do *Business Case* de cada projeto	◆ Apresentar, para cada projeto, uma descrição do problema ou oportunidade, da meta a ser alcançada e dos ganhos resultantes.	◆ *Champions* (com suporte da consultoria e do coordenador).
Reunião com o *Sponsor* do *Lean* Seis Sigma	◆ Apresentar e consolidar a estrutura para o desenvolvimento dos primeiros projetos *Lean* Seis Sigma na empresa.	◆ Consultoria, *Sponsor* do *Lean* Seis Sigma, *Sponsor* Facilitador e coordenador.
Formação dos *Black Belts* e *Green Belts*	◆ Alcançar as metas dos projetos.	◆ Todas as partes envolvidas no programa *Lean* Seis Sigma (empresa e consultoria).

Treinamentos *Lean* Seis Sigma

A seguir, apresentamos o modelo dos treinamentos *Lean* Seis Sigma que, a partir da experiência acumulada durante os últimos quinze anos, acreditamos ser o mais adequado ao sucesso do programa.

Seminário para a Alta Administração

Objetivo

O seminário tem como objetivo apresentar os conceitos básicos do *Lean* Seis Sigma à alta administração da empresa e produzir os seguintes resultados:
- Definição dos projetos *Lean* Seis Sigma a serem conduzidos e seus respectivos *Champions*.
- Indicação dos prováveis candidatos a *Black Belts* ou *Green Belts*, responsáveis pela execução de cada projeto.

Treinamento para *Champions*

Objetivo
- Apresentar os conceitos básicos e algumas das principais ferramentas *Lean* Seis Sigma aos gestores que acompanharão diretamente a execução de projetos por candidatos a *Black Belts* ou *Green Belts*.

Treinamento para *Black Belts*

Fases do treinamento:

◆ **Fase 1**

O treinamento para *Black Belts* é inicialmente constituído por três sessões de curso, tendo cada uma a duração de uma semana, abrangendo um período total de três meses.

Entre as sessões há um espaçamento de aproximadamente 30 dias, para que os participantes possam aplicar em suas empresas os conhecimentos adquiridos no curso. Essa aplicação consiste no desenvolvimento de um projeto estratégico, que implique retorno financeiro significativo para a organização. O tempo de duração do projeto, idealmente, é de cinco a oito meses.

Cada candidato desenvolve seu projeto sob orientação de um consultor, de acordo com o esquema da Figura 2.4, na página seguinte.

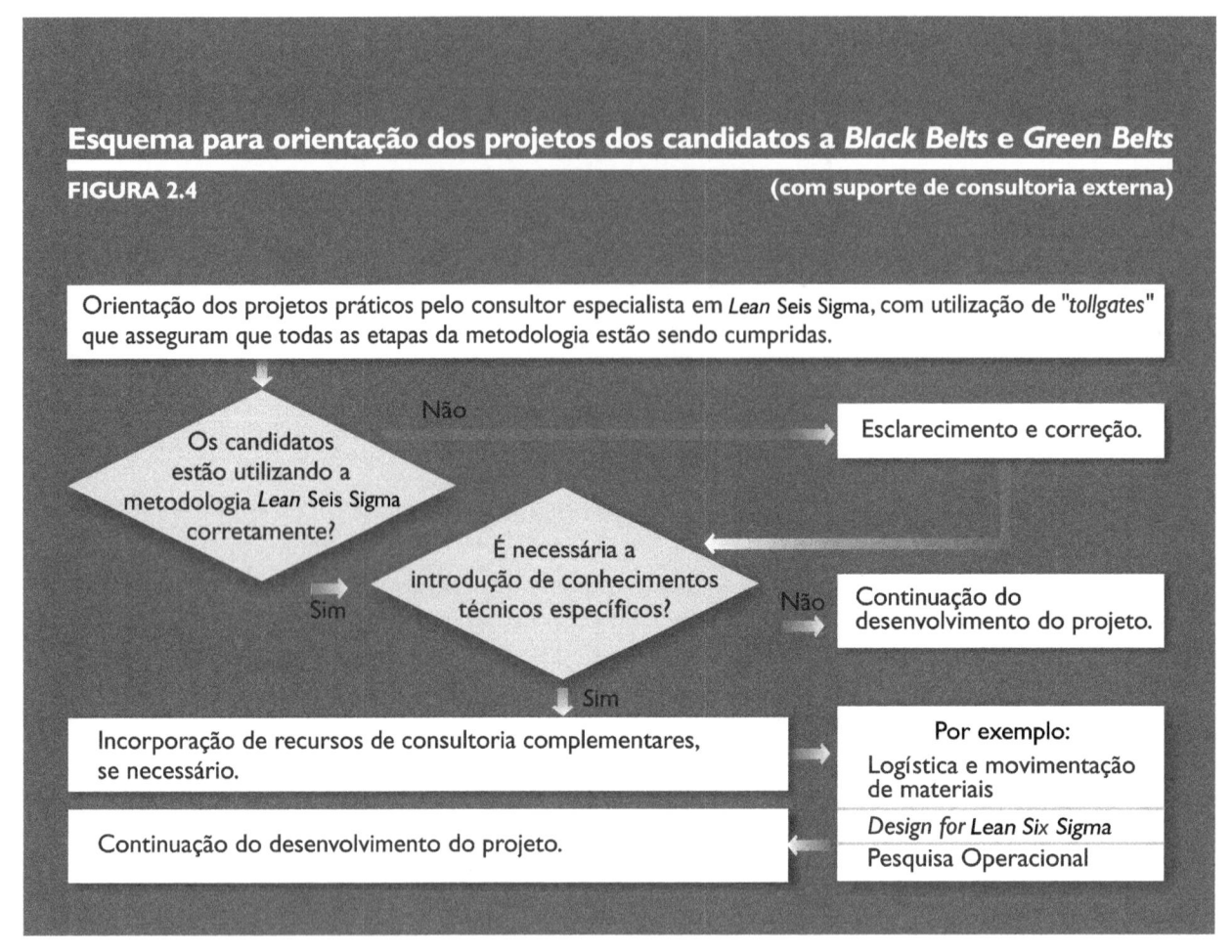

Esquema para orientação dos projetos dos candidatos a Black Belts e Green Belts

FIGURA 2.4 (com suporte de consultoria externa)

Orientação dos projetos práticos pelo consultor especialista em Lean Seis Sigma, com utilização de "tollgates" que asseguram que todas as etapas da metodologia estão sendo cumpridas.

- Os candidatos estão utilizando a metodologia Lean Seis Sigma corretamente?
  - Não → Esclarecimento e correção.
  - Sim → É necessária a introdução de conhecimentos técnicos específicos?
    - Não → Continuação do desenvolvimento do projeto.
    - Sim → Incorporação de recursos de consultoria complementares, se necessário. → Por exemplo: Logística e movimentação de materiais; Design for Lean Six Sigma; Pesquisa Operacional → Continuação do desenvolvimento do projeto.

Durante a fase 1, ocorrem:

- Pelo menos um *site visit* (visita técnica do consultor orientador ao local de trabalho de cada participante, para discussão dos projetos e realização de observações quanto ao desempenho e motivação dos candidatos e à existência de possíveis falhas no gerenciamento do programa).
- Orientações à distância (e-mail, telefone, fax, videoconferência), de acordo com a demanda dos candidatos
- Reuniões entre os *Sponsors*, o Coordenador do Programa e a consultoria, para delineamento, avaliação e ajuste do Programa Lean Seis Sigma na empresa, quando necessárias.

◆ **Fase 2**

A fase 2 é constituída pelo acompanhamento do desenvolvimento do projeto, que consiste na realização das seguintes atividades:

- Pelo menos dois *site visits*.
- Orientações à distância, de acordo com a demanda dos candidatos.

- Sessões de apresentação dos projetos nas unidades de negócio da empresa.
- Reuniões entre os *Sponsors*, o Coordenador do Programa e a consultoria, para o mapeamento e ajuste do Programa *Lean* Seis Sigma na empresa, quando necessárias.

A fase 2 é encerrada com a indicação de candidatos a *Black Belts* para certificação.

◆ **Comprometimento da empresa**

É responsabilidade da empresa criar condições para que os candidatos tenham tempo de dedicação adequado ao desenvolvimento do projeto.

Cronograma do treinamento para Black Belts

FIGURA 2.5 (após as etapas iniciais para implementação do *Lean* Seis Sigma)

MÊS	ATIVIDADE
1	Sessão 1
2	Sessão 2
2	Primeiro *site visit*
3	Sessão 3
4	Segundo *site visit*
5-6	Terceiro *site visit*
5-9	Conclusão do projeto e indicação de *Black Belts* para certificação.

Nota: este cronograma não é rígido e pode ser adaptado de acordo com as necessidades da empresa.

Treinamento para Green Belts

Fases do treinamento:

- **Fase 1**

O treinamento para *Green Belts* é inicialmente constituído por duas sessões de curso, tendo cada uma a duração de uma semana, abrangendo um período total de quatro a seis semanas. Entre as duas sessões há um espaçamento de 15 a 30 dias, para que os candidatos possam iniciar a aplicação, em suas empresas, dos conhecimentos adquiridos na primeira sessão do curso.

Essa aplicação consiste no desenvolvimento de um projeto prático (quatro a seis meses de duração), que implique um retorno financeiro significativo para a organização.

Cada candidato desenvolve seu projeto sob orientação de um consultor, de acordo com o esquema da Figura 2.4.

- **Fase 2**

A fase 2 é constituída pelo acompanhamento do desenvolvimento do projeto prático, que consiste na realização das seguintes atividades:
  - Pelo menos dois *site visits*.
  - Orientação à distância, de acordo com a demanda dos candidatos.
  - Sessões de apresentação dos projetos nas unidades de negócio da empresa.
  - Reuniões entre os *Sponsors*, o Coordenador do Programa e a consultoria, para avaliação e ajuste do Programa *Lean* Seis Sigma na empresa, quando necessárias.

A fase 2 é encerrada com a indicação de candidatos a *Green Belts* para certificação.

- **Comprometimento da empresa**

É responsabilidade da empresa criar condições para que os participantes tenham tempo de dedicação adequado ao desenvolvimento do projeto.

- *Upgrade* **de formação: como passar de *Green Belt* a *Black Belt*.**

Candidatos certificados como *Green Belts* poderão fazer o treinamento para *Black Belts*, com início do curso na sessão 3 e desenvolvimento de mais um projeto prático.

FIGURA 2.6 Cronograma do treinamento para Green Belts
(após as etapas iniciais para implementação do Lean Seis Sigma)

MÊS	ATIVIDADE
1	Sessão 1
1	Sessão 2
1-2	Primeiro site visit
3-4	Segundo site visit
5-6	Terceiro site visit
4-7	Conclusão do projeto e indicação de Green Belts para certificação

Nota: este cronograma não é rígido e pode ser adaptado de acordo com as necessidades da empresa.

Características dos cursos para formação de Black Belts e Green Belts

O modelo mais efetivo para os cursos que formam Black Belts e Green Belts apresenta as seguintes características:

- Realização de atividades práticas durante mais de 50% da carga horária.
- Utilização de um software estatístico (usualmente o MINITAB) para solução de exemplos, exercícios e estudos de caso (o ideal é que cada participante disponha de um notebook para uso durante as sessões de treinamento).
- Utilização de material didático de alto nível, desenvolvido especialmente para o programa.
- Condução do curso de modo a desenvolver o raciocínio crítico dos participantes.
- Apresentação da metodologia e das ferramentas Lean Seis Sigma de forma simples e com ligação direta ao trabalho que os participantes executam em seu dia a dia.
- Integração das ferramentas Lean Seis Sigma ao método DMAIC.
- Realização de trabalhos em equipe.
- Oferecimento do curso em um local que permita a imersão total dos participantes no treinamento, sem interrupções.

Treinamento para Yellow Belts

O curso para Yellow Belts tem como objetivo capacitar profissionais na utilização do método DMAIC e das ferramentas Lean Seis Sigma básicas, possibilitando o pleno suporte aos projetos liderados pelos Black Belts e Green Belts. O treinamento também possibilita a capacitação dos candidatos a Yellow Belts para liderar projetos de baixa complexidade, geradores de resultados rápidos, e que contribuam para os ganhos da empresa.

FIGURA 2.7

CONTEÚDO PROGRAMÁTICO

O que é *Lean* Seis Sigma?
Critérios para seleção de projetos *Lean* Seis Sigma
Os patrocinadores e especialistas do *Lean* Seis Sigma e seus papéis
Infraestrutura para a implementação do *Lean* Seis Sigma com sucesso
Visão geral das ferramentas *Lean* Seis Sigma e do método *DMAIC*
Definição de projetos *Lean* Seis Sigma e respectivos *Champions*
Indicação dos potenciais candidatos responsáveis pela execução dos projetos
Integração das ferramentas *Lean* Seis Sigma ao método *DMAIC*
Conceito de Variação
Métricas do *Lean* Seis Sigma
Mapa de Raciocínio
Introdução ao Planejamento de Experimentos (*Design of Experiments - DOE*)
Experimentos Fatoriais Completos
Como definir um projeto *Lean* Seis Sigma
Ferramentas Estatísticas Básicas
Introdução ao *software* MINITAB
FMEA/FTA
Cartas de Controle
Capacidade de Processos e Métricas do *Lean* Seis Sigma
Avaliação de Sistemas de Medição
Mapas de Processo
Componentes de Variação
Testes de Hipóteses e *ANOVA*
Experimentos Fatoriais 2^k
Regressão Linear Múltipla para Dados de Experimentação
Regressão Linear Múltipla para Dados de Observação
Ferramentas da Administração e do Planejamento
Plano de Ação para Falta de Controle (*OCAP*)
Poka-Yoke (Mistake-Proofing)
Padronização
DMAIC - Etapa C: *Como manter as melhorias alcançadas*
Princípios da Coleta de Dados
Introdução às Cartas de Controle e Capacidade de Processos
Tratamento de Anomalias

Visão geral do conteúdo dos cursos para patrocinadores e especialistas do *Lean* Seis Sigma

SEMINÁRIO PARA A ALTA ADMINISTRAÇÃO	CHAMPIONS	BLACK BELTS	GREEN BELTS	YELLOW BELTS	WHITE BELTS

Treinamento para White Belts

O curso para *White Belts* tem como objetivo treinar os profissionais de nível operacional da empresa nos fundamentos do *Lean* Seis Sigma, para que possam dar suporte aos *Black Belts* e *Green Belts* na implementação dos projetos e na manutenção das melhorias alcançadas.

O treinamento deve possuir um conteúdo programático básico, que será adaptado à realidade e às necessidades de cada empresa. Ou seja: para que este treinamento obtenha sucesso, ele deverá ser desenvolvido de tal maneira que sejam ensinadas ferramentas que realmente são ou que possam ser utilizadas no trabalho diário dos *White Belts*.

Na realização do treinamento, é possível optar entre duas modalidades:
- Totalmente estruturado e ministrado pela consultoria em *Lean* Seis Sigma.
- Totalmente elaborado e ministrado pelos próprios *Black Belts* e/ou *Green Belts* da empresa, com assessoria inicial da consultoria.

Acreditamos que a segunda modalidade seja mais recomendada, pois estabelece a linguagem do *Lean* Seis Sigma na comunicação interna da empresa, fazendo com que os conceitos e fundamentos do programa sejam realmente incorporados à rotina de trabalho, de modo a sustentar os ganhos obtidos e a consolidar a cultura *Lean* Seis Sigma.

Certificação de *Black Belts* e *Green Belts*[2]

A formação de *Black Belts* e *Green Belts* envolve o cumprimento integral das etapas de desenvolvimento e conclusão, com resultados, dos projetos práticos.

A avaliação de desempenho de cada candidato a *Black Belt* ou *Green Belt* deverá ser feita em conjunto pelos consultores e gestores envolvidos nos projetos desenvolvidos pelo candidato. Essa avaliação ocorrerá de acordo com os critérios definidos para certificação e seu resultado implicará, ou não, a certificação do candidato. Nela deverão ser considerados os seguintes aspectos[3]:

- Compreensão do método e das ferramentas Seis Sigma (desempenho nos cursos e no desenvolvimento dos projetos práticos).
- Conclusão dos projetos práticos (a avaliação do retorno econômico dos projetos deverá ser validada pela diretoria financeira/controladoria da empresa).
- Raciocínio crítico e capacidade de síntese e comunicação de ideias.
- Habilidades de relacionamento interpessoal.

Exemplos de matrizes para avaliação de *Black Belts* e *Green Belts* são apresentados nas páginas seguintes (Figuras 2.8 e 2.9).

A Figura 2.10 mostra quais são os profissionais responsáveis pelo preenchimento das matrizes de avaliação dos *Black Belts* e *Green Belts*. O preenchimento das matrizes tem como objetivo claramente indicar (ou não) candidatos a *Black Belts* e *Green Belts* para certificação.

FIGURA 2.8 — Matriz para avaliação de candidatos a *Black Belts*

Elaborada por Jorge Cardoso *

Avaliação de candidatos a *Black Belts*	Turma:	Avaliação nº:	Data da avaliação pelo consultor:
Nome do candidato:		Ramal:	
Empresa/unidade:		*Champion*:	Data da avaliação pelo *Champion*:
Consultor orientador:			

1. Competência técnica na aplicação das ferramentas	*Champion*	Consultoria
	(-) 1 a 5 (+)	
1.1 Pensamento crítico (Mapa de Raciocínio)		
1.2 Domínio técnico das ferramentas		
1.3 Aplicação apropriada da metodologia		
1.4 Aspectos do desenvolvimento dos projetos		
1.4.1 Resultados sustentáveis no tempo		
1.4.2 Ganhos da empresa resultantes dos conhecimentos gerados pelo projeto		
Subtotal		
TOTAL		

2. Habilidades comportamentais	*Champion*	Consultoria
	(-) 1 a 5 (+)	
2.1 Capacidade de trabalhar em equipe		
2.2 Didática para orientar terceiros na aplicação da metodologia *Lean* Seis Sigma		
2.3 Facilidade de relacionamento com pares/superiores/subordinados		
2.4 Habilidade para influenciar superiores		
2.5 Habilidade de questionamento		
2.6 Capacidade para apresentar resultados dos projetos de maneira clara e objetiva aos pares/superiores/subordinados		
Subtotal		
TOTAL		

3. Habilidades no gerenciamento de projetos	*Champion*	Consultoria
	(-) 1 a 5 (+)	
3.1 Capacidade para elaborar projetos de forma organizada e racional		
3.2 Habilidade para conduzir e concluir projetos		
3.3 Habilidade para desenvolver projetos simultâneos (*Lean* Seis Sigma e outros)		
3.4 Habilidade para dividir, de maneira sistemática, projetos complexos em etapas sequenciais de trabalho		
Subtotal		
TOTAL		
TOTAL GERAL		

Fraco	Regular	Bom	Ótimo	Ótimo com louvor
21 — 42	42 — 63	63 — 81	81 — 95	95 — 105

Comentários da consultoria:

Comentários do *Champion*:

* A utilização desta matriz foi devidamente autorizada pelo autor.

FIGURA 2.9 — Matriz para avaliação de candidatos a *Green Belts*

Elaborada por Jorge Cardoso *

Avaliação de candidatos a *Green Belts* Turma:	Avaliação nº:	Data da avaliação pelo consultor:
Nome do candidato:	Ramal:	
Empresa/unidade:	*Champion*:	Data da avaliação pelo *Champion*:
Consultor orientador:		

1. Competência técnica na aplicação das ferramentas	Champion	Consultoria
	(-)1 a 5 (+)	
1.1 Pensamento crítico (Mapa de Raciocínio)		
1.2 Domínio técnico das ferramentas		
1.3 Aplicação apropriada da metodologia		
1.4 Aspectos do desenvolvimento dos projetos		
1.4.1 Resultados sustentáveis no tempo		
1.4.2 Ganhos da empresa resultantes dos conhecimentos gerados pelo projeto		
Subtotal		
TOTAL		

2. Habilidades comportamentais	Champion	Consultoria
	(-)1 a 5 (+)	
2.1 Capacidade de trabalhar em equipe		
2.2 Didática para orientar terceiros na aplicação da metodologia *Lean* Seis Sigma		
2.3 Facilidade de relacionamento com pares/superiores/subordinados		
2.4 Capacidade para apresentar resultados dos projetos de maneira clara e objetiva aos pares/superiores/subordinados		
Subtotal		
TOTAL		

3. Habilidades no gerenciamento de projetos	Champion	Consultoria
	(-)1 a 5 (+)	
3.1 Capacidade para elaborar projetos de forma organizada e racional		
3.2 Habilidade para conduzir e concluir projetos		
Subtotal		
TOTAL		
TOTAL GERAL		

| 14 | Fraco | 28 | Regular | 42 | Bom | 54 | Ótimo | 63 | Ótimo com louvor | 70 |

Comentários da consultoria:

Comentários do *Champion*:

* A utilização desta matriz foi devidamente autorizada pelo autor.

FIGURA 2.10 — Responsáveis pelo preenchimento da matriz para avaliação dos candidatos

Black Belts		Green Belts	
1	CONSULTORIA	1	CONSULTORIA
2.1	CONSULTORIA + CHAMPION	2.1	CONSULTORIA + CHAMPION
2.2	CHAMPION	2.2	CHAMPION
2.3	CHAMPION	2.3	CHAMPION
2.4	CHAMPION	2.4	CHAMPION
2.5	CONSULTORIA + CHAMPION		
2.6	CHAMPION		
3	CONSULTORIA + CHAMPION	3	CONSULTORIA + CHAMPION

Black Belts e o Design for Lean Six Sigma (DFLSS)

Neste tópico, recomendamos o modelo adotado pela GE. Fazendo uma tradução livre de Gerald Hahn, Necip Doganaksoy e Roger Hoerl[4], é possível dizer que "na GE, o treinamento em DFLSS pode ser realizado como um módulo complementar para os especialistas que já foram treinados no método DMAIC ou como uma área alternativa de ênfase para o início do treinamento em Lean Seis Sigma". No contato da consultoria com a empresa deverá ser definido o formato mais apropriado para a organização.

Uma introdução ao DFLSS será apresentada no capítulo 8.

Pontos críticos para o sucesso do Lean Seis Sigma

As condições descritas a seguir são fundamentais para o sucesso do Lean Seis Sigma nas organizações.

- Patrocínio da alta administração da empresa

    A alta administração é responsável por:
    - Garantir que o Lean Seis Sigma esteja fortemente ligado às estratégias da organização.
    - Criar sistemas para medição e gerenciamento da satisfação de clientes/consumidores.
    - Alocar recursos suficientes para a consolidação do programa.
    - Criar planos de reconhecimento e recompensa, atrelados aos resultados obtidos no âmbito do Lean Seis Sigma.

- Destacar os ganhos resultantes do programa nos relatórios anuais e em outros instrumentos de divulgação.
- Instituir o Comitê-guia (*Sponsor, Sponsor* Facilitador e Coordenador) do programa e definir suas atribuições.
- Promover a expansão do *Lean* Seis Sigma – envolver todas as áreas da empresa, fornecedores e clientes.

O Seis Sigma fracassará se não houver uma forte liderança do principal executivo da organização.

◆ Gerenciamento estratégico do processo de mudança associado à implementação do *Lean* Seis Sigma[5]
 - A necessidade da mudança – representada pelos novos conceitos, ferramentas e modo de pensar e agir do *Lean* Seis Sigma – deve ser informada e entendida pelas pessoas da organização.
 - A possível resistência à mudança, isto é, ao gerenciamento fundamentado em fatos e dados que caracteriza o *Lean* Seis Sigma, deve ser analisada e bloqueada por meio das seguintes ações:
   - Avaliação da intensidade da resistência.
   - Diagnóstico dos tipos de resistência existentes na empresa.
   - Identificação das estratégias adequadas para combater cada tipo de resistência.
 - A empresa deve promover treinamentos em gerenciamento da mudança, tanto para os gestores quanto para os *Black Belts*, *Green Belts* e demais pessoas-chave para a execução dos projetos.
 - Os sistemas e estruturas da empresa (processos de contratação, treinamento, reconhecimento e recompensa, por exemplo) devem ser gradualmente modificados para refletir e incentivar a nova cultura *Lean* Seis Sigma:
   - **A empresa deve associar uma parte do bônus que compõe a remuneração variável dos gestores (*Champions* e *Sponsors*) a resultados obtidos no âmbito do *Lean* Seis Sigma.**
   - **Os *Black Belts*, *Green Belts* e demais membros das equipes de projetos *Lean* Seis Sigma também devem possuir alguma forma de remuneração variável, atrelada aos resultados e ganhos financeiros dos projetos por eles desenvolvidos.**
   - Também é importante que seja criada, para os profissionais envolvidos no *Lean* Seis Sigma, a oportunidade de realização de treinamentos específicos, principalmente para o desenvolvimento de habilidades comportamentais e gerenciais.

◆ Resultados dos projetos traduzidos para a linguagem financeira[6]

Um dos principais fatores responsáveis pelo sucesso do *Lean* Seis Sigma é a mensuração direta dos benefícios do programa na lucratividade da empresa (*bottom-line results*). Esse é também um dos mais evidentes diferenciais em relação aos tradicionais programas para melhoria da qualidade.

No cálculo dos ganhos financeiros, devem ser levados em conta os custos da não qualidade reduzidos ou eliminados como resultado dos projetos Lean Seis Sigma. Alguns exemplos são os custos de retrabalho, refugo, desperdícios, capacidade não utilizada, inspeções e testes, devoluções de produtos pelos consumidores e recalls. Também devem ser considerados os ganhos associados a custos difíceis de se calcular (soft savings), como os decorrentes da perda de clientes ou de novas oportunidades de negócio em consequência da deterioração da imagem da marca do produto e/ou da empresa. Para que a ambiguidade das métricas associadas aos soft savings possa ser reduzida, a empresa deverá criar padrões para a sua quantificação.

- Projetos Lean Seis Sigma associados às metas prioritárias da empresa

  Os projetos devem exercer um elevado impacto sobre os objetivos estratégicos da organização. Essa condição é um pré-requisito para se obter o verdadeiro envolvimento da alta administração e, consequentemente, para o sucesso do programa.

- Elevada dedicação dos especialistas do Lean Seis Sigma ao desenvolvimento dos projetos

  Para que o programa seja bem-sucedido, os especialistas devem ter o tempo de dedicação necessário ao desenvolvimento dos projetos Lean Seis Sigma. Essa dedicação é obtida de modo mais natural quando a empresa valoriza a execução de atividades para melhoria como parte integrante do trabalho de cada pessoa. Além disso, a seleção adequada dos projetos – escolha de trabalhos prioritários, de elevado impacto sobre as metas estratétigas e integrados à própria área de atuação dos profissionais – contribui para elevar a dedicação dos especialistas.

- Primeiros resultados dos projetos concretizados no curto prazo

  Os primeiros projetos desenvolvidos na empresa devem produzir resultados significativos, dentro do cronograma estabelecido (idealmente, dentro de quatro a seis meses). Para isso, além da escolha apropriada dos projetos, será necessário um acompanhamento muito próximo dos Champions e também do Comitê-guia do Lean Seis Sigma. **Se os primeiros projetos não resultarem em casos de sucesso, dificilmente ocorrerá a consolidação do Lean Seis Sigma na organização.**

- Integração do Lean Seis Sigma à realidade da empresa, especialmente a outros programas de qualidade vigentes

  Os programas de qualidade anteriormente adotados pela organização devem ser levados em conta e integrados ao Lean Seis Sigma, para que fique claro que eles não foram "abandonados" em função de uma "nova moda". Isto é: o *Lean* Seis Sigma deve ser visto como um aprimoramento desses programas, que tornou-se necessário para garantir à empresa o alcance de metas mais desafiadoras.

Também é muito importante que a estrutura do *Lean* Seis Sigma seja adaptada às características particulares de cada empresa.

◆ Especialistas com perfil adequado

Este quesito é fundamental para o sucesso dos projetos e, por extensão, do *Lean* Seis Sigma. Veja os detalhes no capítulo 4.

◆ Ampla divulgação, em todos os níveis da empresa, das etapas da implementação e dos resultados alcançados com o programa

A divulgação das atividades já realizadas e a realizar, das dificuldades enfrentadas e dos sucessos obtidos é fundamental para a consolidação do *Lean* Seis Sigma como parte da cultura da empresa.

◆ Uso de ferramentas de análise apropriadas

Uma das características do *Lean* Seis Sigma é a tomada de decisões a partir de conclusões resultantes do estudo de fatos e dados, de acordo com as etapas de um método estruturado de análise, em lugar das decisões baseadas no "achismo" e na "experiência". Neste contexto, as ferramentas estatísticas são muito importantes para a coleta e análise dos dados apropriados.

No entanto, as empresas devem tomar cuidado para evitarem cair na armadilha de considerar que, para garantir a abordagem disciplinada e altamente quantitativa do *Lean* Seis Sigma, devem passar a usar um número cada vez maior de ferramentas estatísticas, cada vez mais complexas – o que denominamos "overdose de estatística".

Capítulo 3
Seleção de projetos *Lean* Seis Sigma

"Quando não se pode fazer o que se deve, deve-se fazer o que não se pode."
Leonardo da Vinci

Como selecionar projetos *Lean* Seis Sigma

A definição dos projetos é uma das atividades mais importantes do processo de implementação do *Lean* Seis Sigma. Projetos bem selecionados conduzirão a resultados rápidos e significativos e, consequentemente, contribuirão para o sucesso e a consolidação da cultura *Lean* Seis Sigma na empresa. Por outro lado, projetos inadequados implicarão ausência ou atraso de resultados e frustração de todos os envolvidos, o que poderá determinar o fracasso do programa na organização.

As principais características que um bom projeto *Lean* Seis Sigma deve apresentar são:
- Forte contribuição para o alcance das metas estratégicas da empresa.
- Grande colaboração para o aumento da satisfação dos clientes/consumidores.
- Chance elevada de conclusão dentro do prazo estabelecido.
- Grande impacto para a melhoria da performance da organização (ganho mínimo de 50% em qualidade, ganho financeiro mínimo relevante para o porte e tipo de negócio da empresa, desenvolvimento de novos produtos ou novos processos, por exemplo).
- Quantificação precisa, por meio do emprego de métricas apropriadas, dos resultados que devem ser alcançados no projeto.
- Elevado patrocínio por parte da alta administração da empresa e dos demais gestores envolvidos.

Durante a fase de treinamento, o desempenho do candidato a *Black Belt* ou a *Green Belt* no desenvolvimento desses projetos será avaliado para balizar a decisão quanto à certificação, ou não, de cada candidato.

A Figura 3.1, na página seguinte, apresenta um fluxograma do processo para seleção de projetos *Lean* Seis Sigma, a serem desenvolvidos por equipes lideradas por candidatos a *Black Belts* ou *Green Belts*.

A primeira etapa do processo para seleção de projetos *Lean* Seis Sigma consiste na determinação, por parte da alta administração da empresa, dos objetivos (ou metas[1]) estratégicos do negócio e do grau de importância de cada um deles. Os projetos deverão contribuir para o alcance de pelo menos um desses objetivos. A seguir, deverá ser estabelecida uma relação de potenciais projetos *Lean* Seis Sigma.

FIGURA 3.1 — Processo para seleção de projeto Lean Seis Sigma

- Determinar os objetivos estratégicos da empresa.
- Estabelecer uma relação de potenciais projetos Lean Seis Sigma.
- Elaborar e aplicar a Matriz de Priorização para avaliação do impacto dos potenciais projetos sobre os objetivos estratégicos.
- Elaborar a Matriz de Priorização para seleção de projetos a partir dos critérios para definição de um bom projeto Lean Seis Sigma.
- Aplicar a Matriz de Priorização aos potenciais projetos Lean Seis Sigma.
- Selecionar os projetos que serão executados.
- Definir o *Champion* de cada projeto selecionado.
- Definir o candidato a *Black Belt* ou *Green Belt* responsável pelo projeto.
- Elaborar o *Business Case (Champion)*.
- Os ganhos obtidos serão realmente significativos?
  - NÃO → Arquivar o projeto no **Banco de Projetos** para avaliação futura.
  - SIM ↓
- O projeto requer análise e uma equipe de trabalho?[2]
  - NÃO → Atacar a *Low Hanging Fruit*.
  - SIM ↓
- Iniciar o desenvolvimento do projeto.

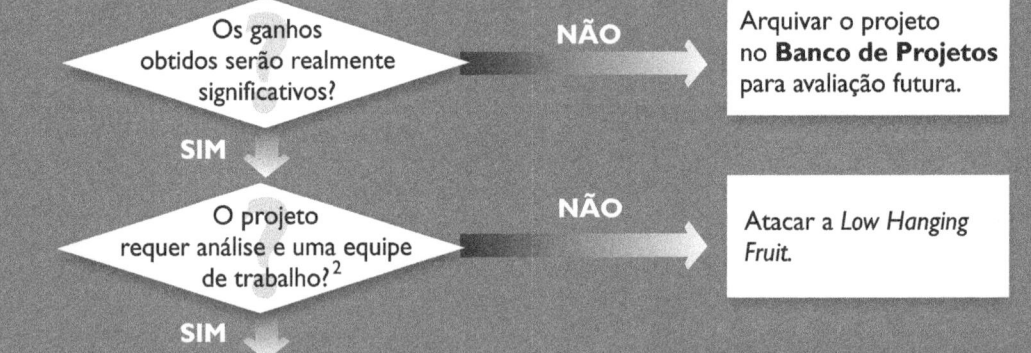

Os potenciais projetos *Lean* Seis Sigma podem ser obtidos a partir das seguintes fontes:
- Indicadores referentes a desperdícios, como índices de refugo e retrabalho (*hidden factory*), e índices de produtividade.
- Problemas referentes à qualidade dos produtos.
- Custos que exercem um alto impacto no orçamento da empresa.
- Reclamações, sugestões e resultados de pesquisas realizadas junto a clientes/consumidores.
- Reclamações, sugestões e resultados de pesquisas realizadas junto aos empregados da empresa.
- Resultados de estudos de *benchmarking*.
- Extensões de projetos em andamento.
- Resultados de pesquisas sobre tendências de mercado e estratégias ou habilidades dos concorrentes.
- Oportunidades para melhoria de produtos ou processos com elevado volume de produção, para os quais pequenas melhorias implicam expressivos ganhos financeiros.
- Oportunidades identificadas a partir do uso do *Value Stream Mapping - VSM*.

O próximo passo consiste na elaboração de uma Matriz de Priorização[3] para avaliação do impacto dos potenciais projetos *Lean* Seis Sigma sobre os objetivos estratégicos da empresa. A Tabela 3.1 apresenta um exemplo dessa matriz.

Matriz de Priorização para avaliação do impacto dos projetos sobre os objetivos estratégicos da empresa

TABELA 3.1

Legenda O objetivo é: 5 - fortemente atendido. 3 - moderadamente atendido. 1 - fracamente atendido. 0 - não é atendido.	Objetivos estratégicos			Caracterização do projeto			
		Redução do prazo para atendimento aos consumidores	Redução do índice de chamadas de campo	Redução de custos		Impacto estratégico	Contribuição para o alcance dos objetivos estratégicos	Tipo de projeto (GB ou BB)
Número do objetivo	1	2	3				
Peso para cada objetivo (5 a 10)	10	7	6				
Potenciais projetos							
Reduzir em 50% as devoluções dos clientes por problemas na embalagem, até 30/10/01.	1	5	3		63	3	GB
Reduzir em 70% o índice de anomalias nos motores importados, até 31/12/01.	3	5	3		83	5	BB
Reduzir em 30% o custo de material comprado, até 31/12/01.	0	0	5		30	1	BB

Para o mapeamento do impacto dos potenciais projetos sobre os objetivos estratégicos, as seguintes etapas deverão ser executadas (idealmente durante o Seminário para a Alta Administração):

- Para cada potencial projeto relacionado, identificar a intensidade com que cada objetivo é atendido, de acordo com a seguinte escala:
  5 = O objetivo é fortemente atendido.
  3 = O objetivo é moderadamente atendido.
  1 = O objetivo é fracamente atendido.
  0 = O objetivo não é atendido.
- Para cada projeto, multiplicar o número resultante da etapa anterior pelo grau de importância (peso) do objetivo estratégico correspondente e somar os resultados das multiplicações.
- Registrar o resultado da soma na coluna "Impacto estratégico", na linha correspondente ao projeto considerado.
- Transformar cada soma em um número na escala 0 - 1 - 3 - 5 e registrar o resultado na coluna "Contribuição para o alcance dos objetivos estratégicos".
- Para cada potencial projeto, identificar o tipo - *Green Belt (GB)* ou *Black Belt (BB)*.

A próxima etapa consiste na elaboração de uma Matriz de Priorização para seleção de projetos *Lean* Seis Sigma, conforme o exemplo apresentado na Tabela 3.2.

TABELA 3.2 — **Matriz para seleção de projetos *Lean* Seis Sigma[4]**

Potenciais projetos	Critérios para seleção	Forte contribuição para o alcance das metas estratégicas da empresa.	Forte contribuição para o aumento da satisfação dos clientes/consumidores.	Chance elevada de conclusão dentro do prazo.	Elevado retorno sobre o investimento.	Tendência do problema ou oportunidade.*	Disponibilidade de equipe de trabalho motivada.	Conhecimentos importantes gerados para a empresa.	TOTAL
Grau de importância dos critérios (5 a 10)		10	10	9	7	6	6	5	
Reduzir em 50% as devoluções dos clientes por problemas na embalagem, até 30/10/01.		3	5	3	3	5	1	5	189
Reduzir em 70% o índice de anomalias nos motores importados, até 31/12/01.		5	5	1	1	3	3	3	167
Reduzir em 30% o custo de material comprado, até 31/12/01.		1	0	5	5	3	3	3	141

Legenda
O critério é:
5 - fortemente atendido.
3 - moderadamente atendido.
1 - fracamente atendido.
0 - não é atendido.

*** O que acontecerá se nada for feito?**

Cada coluna da Matriz de Priorização para seleção de projetos apresenta um critério ou filtro que a empresa utiliza para definir um bom projeto *Lean* Seis Sigma. O grau de importância atribuído a cada critério (escala de 5 a 10) é uma consequência das estratégias e necessidades da empresa.

Após a definição dos critérios e respectivos graus de importância, a matriz deverá ser aplicada aos potenciais projetos *Lean* Seis Sigma que estão sendo vislumbrados, de modo que uma lista de projetos priorizados seja produzida.

A **aplicação da matriz** consiste nas seguintes etapas:
- Para cada projeto listado, identificar a intensidade com que cada critério é atendido, utilizando a seguinte escala:
  5 = O critério é fortemente atendido.
  3 = O critério é moderadamente atendido.
  1 = O critério é fracamente atendido.
  0 = O critério não é atendido.
- Para cada projeto, multiplicar o número resultante da etapa anterior pelo grau de importância do critério correspondente e somar os resultados das multiplicações.
- Registrar o resultado da soma na coluna **Total**, na linha correspondente ao projeto considerado.
- Quanto maior for o número na coluna **Total**, maior será a prioridade do projeto como um **projeto *Lean* Seis Sigma**.

Também é importante fazer uma avaliação dos potenciais projetos *Lean* Seis Sigma em relação aos seguintes indicadores[5]:
- Disponibilidade de dados
- Facilidade de transferência dos resultados do projeto para outras áreas da empresa
- Grau de complexidade
- Contribuição para a integração multifuncional da empresa.

Esses indicadores devem ser introduzidos na Matriz de Priorização para seleção de projetos *Lean* Seis Sigma, conforme é apresentado na Tabela 3.3. Para cada potencial projeto relacionado na matriz, deve ser identificada a intensidade com que cada indicador é atendido, com base na escala 0 - 1 - 3 - 5.

Os números resultantes da ação anterior **não são utilizados em cálculos para priorização** dos potenciais projetos. Esses números têm a função de auxiliar os gestores na tarefa de monitoramento

Criando a Cultura Lean Seis Sigma

da execução dos projetos. Por exemplo, se um projeto foi caracterizado como de complexidade elevada e com baixa disponibilidade de dados, poderá haver algum atraso durante o seu desenvolvimento.

A Tabela 3.3 também deverá ser preenchida durante o Seminário para a Alta Administração.

É importante enfatizar que os gestores da empresa são responsáveis por:
1. Preencher as Matrizes de Priorização para seleção de projetos (Tabelas 3.1 e 3.3).
2. Definir os projetos que serão executados pelos candidatos a *Black Belts* e *Green Belts*.
3. Definir o *Champion* e os candidatos para cada projeto.
4. Definir um plano para garantir a dedicação dos candidatos aos projetos.
5. Listar possíveis ameaças ao sucesso do *Lean* Seis Sigma e planos de contingência para sua neutralização.

Critérios e indicadores para seleção de projetos *Lean* Seis Sigma

TABELA 3.3

Legenda
O critério ou indicador é:
5 - fortemente atendido.
3 - moderadamente atendido.
1 - fracamente atendido.
0 - não é atendido.

* O que acontecerá se nada for feito?

Potenciais candidatos	Champion	Depto.	Potenciais projetos	Critérios — Peso para os critérios (5 a 10)							Indicadores				TOTAL
				Forte contribuição para o alcance das metas estratégicas da empresa.	Forte contribuição para o aumento da satisfação dos clientes/consumidores.	Chance elevada de conclusão dentro do prazo.	Elevado retorno sobre o investimento.	Tendência do problema ou oportunidade.*	Disponibilidade de equipe de trabalho motivada.	Conhecimentos importantes gerados para a empresa.	Disponibilidade de dados.	Facilidade de transferência para outras áreas da empresa.	Complexidade elevada.	Forte contribuição para a integração multifuncional.	

Cuidados durante a seleção de projetos *Lean* Seis Sigma

Complexidade dos projetos

O erro mais frequentemente cometido na seleção de projetos consiste na escolha de um problema muito complexo como um único projeto *Lean* Seis Sigma, que é alocado a uma única equipe[6] (para aprender como evitar esse erro, veja a página 73).

Um projeto *Lean* Seis Sigma deve ter complexidade suficiente para que seja significativo para a empresa, mas não deve ser tão complexo que não possa ser concluído em um período de quatro a seis meses (*Green Belt*) ou de cinco a oito meses (*Black Belt*). Se, no estágio inicial de desenvolvimento, o projeto se mostrar muito amplo (ou muito simples), o escopo do trabalho deverá ser imediatamente alterado. Um projeto muito amplo poderá ser desdobrado em diversos projetos menores, que poderão ser desenvolvidos por outros candidatos a *Black* ou *Green Belts*.

Note que é importante estabelecer metas ambiciosas, mas atingíveis, para os projetos *Lean* Seis Sigma. Se as metas forem extremamente agressivas, as equipes tenderão a **pular etapas** do método na tentativa de atingir o resultado no prazo estabelecido, o que poderá comprometer o sucesso do projeto.

Tipos de ganhos resultantes dos projetos

O objetivo de se alcançarem elevados ganhos financeiros por meio dos projetos é muito positivo, mas também é importante que a empresa perceba que o retorno financeiro a curto prazo é apenas uma parte dos ganhos resultantes do *Lean* Seis Sigma. Projetos que resultem em conhecimentos para o fortalecimento da competitividade da organização e de sua imagem no mercado podem ter retorno financeiro mais demorado, mas são extremamente importantes sob o ponto de vista estratégico e também devem ser valorizados.

A empresa deverá executar projetos que resultem tanto em benefícios externos quanto internos: aumento da satisfação dos clientes/consumidores e incremento da eficiência e eficácia dos processos internos.

Vale ressaltar que a chance de um projeto ser bem-sucedido será maior se o *Champion* for o responsável pela performance da área que será diretamente afetada pelos resultados do projeto.

Qualificações básicas de um projeto *Lean* Seis Sigma

Segundo Pande, Neuman e Cavanagh[7], as três qualificações básicas de um projeto *Lean* Seis Sigma são:
- "Existe uma lacuna entre a performance atual e a necessária:
  Deve existir um problema ou uma oportunidade. No caso do projeto de novos processos, há uma nova atividade a ser executada, para a qual não existe um processo já estabelecido.
- A causa do problema não é conhecida:
  Podem existir teorias, mas até o momento as causas fundamentais não foram, de fato, encontradas ou as soluções adotadas foram incapazes de levar ao resultado almejado.
- A solução ótima para o problema não é conhecida:
  Se alguma solução paliativa já foi adotada, ainda pode haver potencial para um projeto *Lean* Seis Sigma – esses paliativos podem nos ajudar a ganhar tempo para a realização de uma análise mais rigorosa da situação. Contudo, se está sendo executado um trabalho consistente para o alcance da meta almejada, um projeto *Lean* Seis Sigma realizado em paralelo pode ser redundante ou até mesmo prejudicial. Quando a solução para o problema é legitimamente óbvia ou quando *quick fixes* são adequados, não é necessário o uso do *DMAIC*."

Portanto, projetos com a solução já identificada – geralmente, o início do título de projetos deste tipo é **Implementar ......** – devem ser executados de acordo com os métodos para gerenciamento de projetos ou precisam ser redefinidos. Caso ocorra a redefinição desse tipo de projeto, devemos omitir a solução proposta - isto é, voltar ao problema - e permitir que a equipe use a metodologia *Lean* Seis Sigma para encontrar suas causas e a melhor solução. A Figura 3.2 apresenta um roteiro para escolha do método para o desenvolvimento de um projeto *Lean* Seis Sigma.

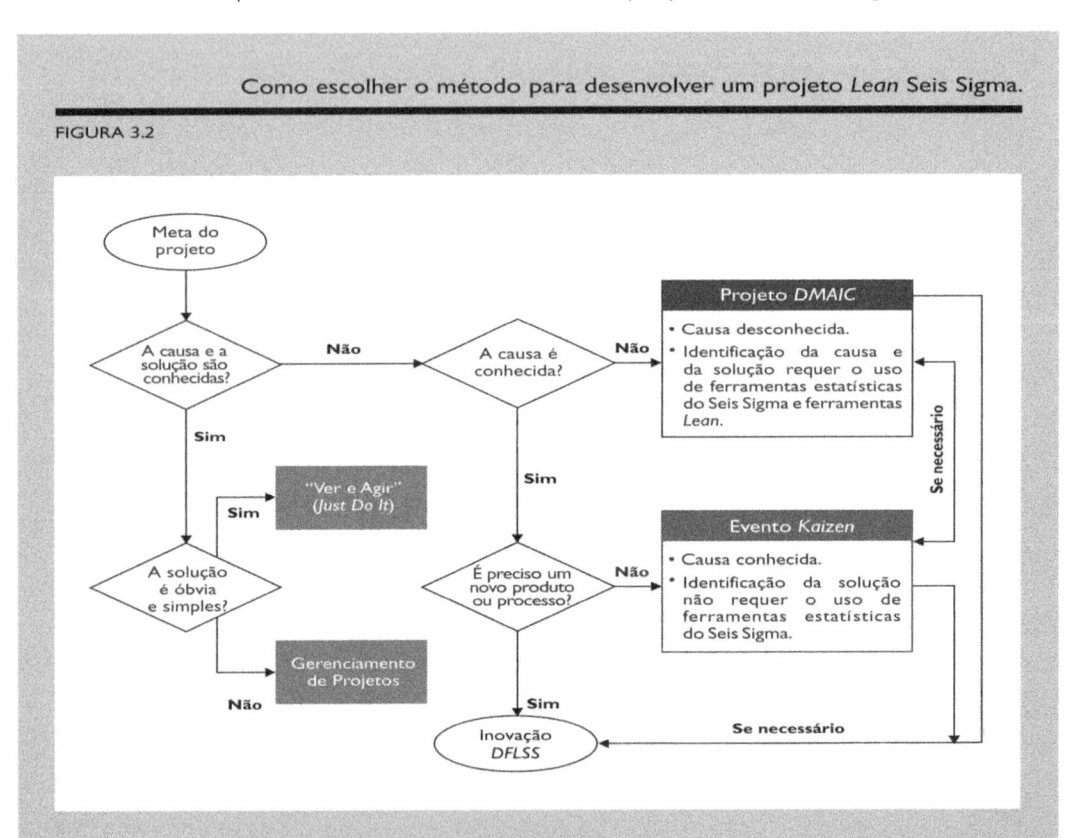

FIGURA 3.2 Como escolher o método para desenvolver um projeto *Lean* Seis Sigma.

A primeira tarefa do *Champion*: elaborar o *Business Case*

Após a seleção dos projetos, deve ser criado o *Business Case* de cada projeto *Lean* Seis Sigma a ser desenvolvido na empresa. O *Business Case*, que deve ser elaborado pelo *Champion*, estabelece as diretrizes para a constituição da equipe responsável pelo projeto, além de ser a base para que, posteriormente, esse grupo possa criar seu próprio *Project Charter* (veja o anexo A).

O *Business Case* é constituído pelos elementos descritos na Figura 3.3 e exemplificados na Figura 3.4.

Elementos do *Business Case* de um projeto *Lean* Seis Sigma

FIGURA 3.3

PROJETO *LEAN* SEIS SIGMA - *BUSINESS CASE*

Título:		Tipo: ☐ GB ☐ BB
Departamento:	Champion:	Data:

Declaração do problema:

É uma descrição do problema a ser solucionado ou do aprimoramento a ser buscado, em vista de alguma oportunidade vislumbrada pela empresa.

A declaração do problema deve:
- Ser escrita de modo claro e livre de ambiguidades.
- Descrever a situação atual associada ao problema ou oportunidade e as tendências verificadas (apresentar gráficos anexos, quando possível).
- Ser expressa em termos mensuráveis, por meio do uso de métricas apropriadas.
- Explicitar o que a empresa vem perdendo e/ou o que poderá ganhar.
- Incluir informações sobre o grau de prioridade do projeto para a empresa (posição na Matriz de Priorização para seleção de projetos *Lean* Seis Sigma).
- Estar livre de expressões que possam indicar causas ou culpados para o problema.

Meta:

É constituída por: objetivo (associado ao problema ou oportunidade), valor e prazo. Deve ser estimulante, mas, ao mesmo tempo, realista.

A equipe poderá ajustar a meta posteriormente, com suporte e aprovação do *Champion* e/ou do *Sponsor* Facilitador.

Ganhos resultantes do projeto:

Neste campo devem ser descritos os potenciais ganhos financeiros e estratégicos para a empresa, além dos benefícios a serem gerados para os clientes/consumidores.

Âmbito e restrições:

Neste item devem ser estabelecidos os limites dentro dos quais a equipe deverá trabalhar, como os tipos de produtos incluídos no projeto e possíveis atividades que a equipe não poderá mudar, além de restrições de orçamento e de outros recursos.

Elementos do *Business Case* de um projeto *Lean* Seis Sigma[8]

FIGURA 3.4

PROJETO *LEAN* SEIS SIGMA - *BUSINESS CASE*				
Título: Atender à necessidade dos consumidores <u>entrega no prazo</u>.			**Tipo:**	☐ GB ☒ BB
Departamento: DZTP 7	**Champion:** Axel Mahayana		**Data:**	13/02/12

Declaração do problema:

A empresa promete aos consumidores a entrega em 15 dias, a contar da data do pedido. Em 2011, o índice médio de pedidos atendidos no prazo foi de 71,3%, contra 96,4% em 2010. O problema vem apresentando uma tendência para o agravamento (apenas 55,3% dos pedidos foram atendidos no prazo em dezembro de 2011) e o número de reclamações dos consumidores e de devoluções de produtos vem aumentando drasticamente (gráficos seqüenciais anexos a este formulário). Os prejuízos financeiros decorrentes das devoluções, no ano passado, foram da ordem de R$ 513.000,00. Além disso, a empresa arrisca-se a perder uma parte significativa de seu market share, em conseqüência da insatisfação dos consumidores.

Ao final do Seminário para a Alta Administração, o projeto foi classificado, a partir da Matriz de Priorização para seleção de projetos *Lean* Seis Sigma, como o segundo mais importante para a empresa.

Meta:

Reduzir em 70% as entregas fora do prazo, até 30/08/12.

Ganhos resultantes do projeto:

A empresa deixará de ter prejuízos decorrentes das devoluções de produtos, dos custos adicionais para <u>entrega rápida</u> e dos gastos com horas-extras de funcionários (para recuperação de produções perdidas, na tentativa de cumprir o prazo de entrega). O aumento da satisfação dos consumidores será fundamental para que a organização possa manter ou ganhar market share.

Âmbito e restrições:

Deverão ser considerados no projeto todos os modelos do produto e as entregas em todo o território nacional. As despesas de distribuição, decorrentes das soluções propostas pela equipe, não poderão superar o valor-limite previsto no orçamento de 2012.

Como estabelecer as metas dos projetos: desdobrando Ys em ys

Nas palavras de Breyfogle III, Cupello e Meadows[9], "muitos projetos Lean Seis Sigma são definidos a partir de metas muito amplas. Quando isso ocorre, os candidatos a Black Belts e Green Belts podem sentir-se 'esmagados' pelo peso do trabalho – podem atrapalhar-se, voltando à etapa Measure do DMAIC várias vezes, o que resulta em frustração e diminuição do nível de confiança e motivação da equipe responsável pelo projeto. Essa frustração é consequência de a equipe estar trabalhando em um projeto muito grande – na verdade, está tentando executar vários projetos simultaneamente. Portanto, é necessário reduzir o escopo dos projetos e focar, em primeiro lugar, os trabalhos que resultarão nos maiores ganhos. Sendo assim, frequentemente, a meta inicial do projeto (**Y**), estabelecida pela alta administração da empresa, funcionará como o ponto de partida para a definição de vários outros projetos cujas metas são mais específicas (**y**)".

Esses projetos de menor escopo, quando concluídos (metas **y** atingidas), deverão levar ao alcance da meta inicial (**Y**).

As etapas para o desdobramento do **Y** de um projeto inicial em vários **y**s são:
- Definir e mapear o processo gerador do resultado ao qual a meta está associada (usar um fluxograma e manter a visão inicial em um nível macro).
- Definir as métricas para o projeto (devem ser simples e diretas).
- Redefinir a meta inicial (se necessário) e estabelecer metas específicas (usar Estratificação e Diagramas de Pareto, conforme é apresentado no capítulo 5).

A seguir é apresentado um exemplo de como desdobrar um **Y** em vários **y**s:
- Meta inicial **Y**:
  Melhorar em 50% o atendimento à necessidade dos consumidores **entrega no prazo**, até 30/08/12.
- Definir e mapear o processo:

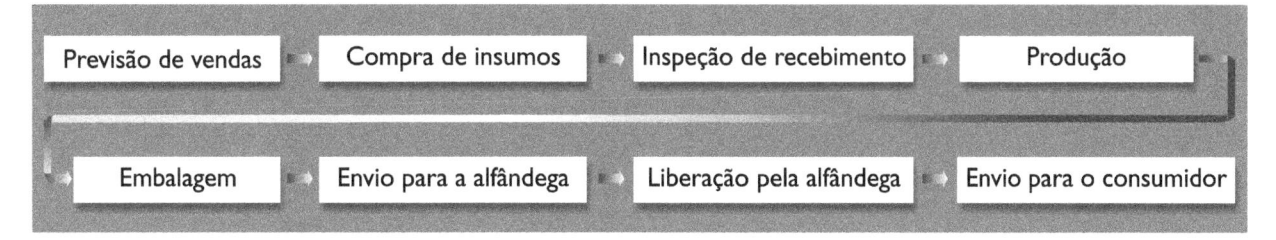

Previsão de vendas → Compra de insumos → Inspeção de recebimento → Produção → Embalagem → Envio para a alfândega → Liberação pela alfândega → Envio para o consumidor

- Definir as métricas para o projeto:
  Entregas ao consumidor fora do prazo (em número de caixas do produto).
- Redefinir a meta inicial (se necessário) e estabelecer metas específicas.
  - Meta inicial redefinida **Y**:
    Reduzir em 50% as entregas ao consumidor fora do prazo (em número de caixas), até 30/08/12.
  - Metas específicas **y**s (resultantes da Estratificação e construção de Diagramas de Pareto): Figura 3.4.

O desdobramento do **Y** de um projeto em vários **y**s é similar à execução da atividade "analisar o impacto das várias partes do problema e identificar os problemas prioritários", que faz parte da etapa *Measure* do *DMAIC* (veja capítulo 5). O desdobramento da meta inicial **Y** deve ser realizado por meio do uso de dados já existentes na empresa.

Para encerrar este tópico, é bastante apropriado citar o comentário de Geoff Tennant, constante em seu livro *Six Sigma: SPC and TQM in Manufacturing and Services*: "a escalada até o pico do Monte Everest sempre ocorre em uma série de estágios, com paradas em acampamentos que dividem a escalada completa em etapas menores e mais prováveis de serem concluídas com sucesso"[10].

Seleção de projetos Lean Seis Sigma

FIGURA 3.5 — **Como desdobrar os Ys dos projetos em ys.**

Melhorar em 50% o atendimento à necessidade dos consumidores "**entrega no prazo**", até 30/08/12.

Reduzir em 50% as entregas ao consumidor fora do prazo, até 30/08/12.

Reduzir em x% as entregas fora do prazo por diferenças entre as vendas previstas e as vendas reais, até 30/08/12.

Reduzir em t% as entregas fora do prazo por perda de produção, até 30/08/12.

Reduzir em w% as entregas fora do prazo por demora na liberação pela alfândega, até 30/08/12.

y_1 → **Projeto 1**

y_4 → **Projeto 4**

Reduzir em v% as perdas de produção por falta de material, até 30/08/12.

Reduzir em z% as perdas de produção por parada de equipamentos, até 30/08/12.

y_2 → **Projeto 2**

y_3 → **Projeto 3**

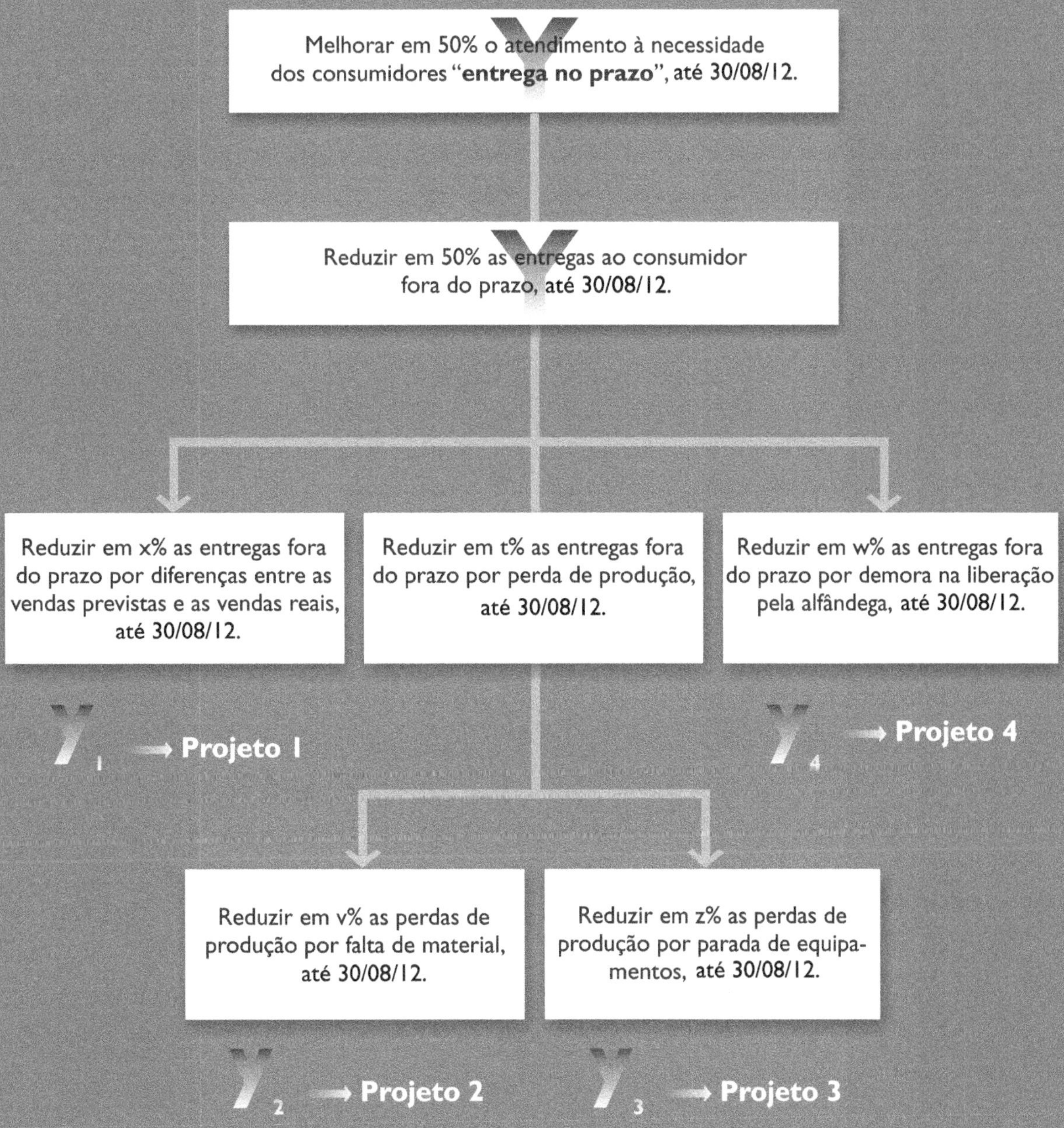

Capítulo 4

Seleção de candidatos a *Black Belts* e *Green Belts*

"Só é lutador quem sabe lutar consigo mesmo."
Carlos Drummond de Andrade

Introdução

Um candidato a *Black Belt* deve possuir em seu perfil as seguintes características ou competências:
- Iniciativa
- Entusiasmo
- Persistência
- Habilidades de relacionamento interpessoal e comunicação
- Motivação para alcançar resultados e efetuar mudanças
- Habilidade para trabalhar em equipe
- Aptidão para gerenciar projetos[1]
- Raciocínios analítico e quantitativo
- Capacidade de concentração.

Um elevado conhecimento técnico em sua área de trabalho também é uma característica desejável. Nas palavras de Ronald D. Snee[2], "o *Black Belt* deve ser respeitado pela organização, ser capaz de usar a metodologia *Lean* Seis Sigma para melhorar os processos e possuir as habilidades de liderança necessárias para conduzir sua equipe de trabalho durante a execução do projeto".

O perfil dos *Green Belts* é similar ao dos *Black Belts*, mas com menor ênfase nos aspectos comportamentais.

Para que o *Lean* Seis Sigma tenha sucesso na empresa, é fundamental formar pessoas com o perfil apropriado para *Black Belts* e *Green Belts*. Essas pessoas, além de se transformarem em especialistas no método e nas ferramentas do programa, devem ser **agentes de mudanças que implementarão a "cultura *Lean* Seis Sigma" na organização.**

Metodologia para mapeamento do perfil dos potenciais candidatos

Para a seleção de candidatos a *Black Belts* e *Green Belts*, sugerimos que o procedimento apresentado na Figura 4.1, ou outro similar, seja utilizado pela empresa.

Processo para seleção de candidatos a Black Belts e Green Belts[3]

FIGURA 4.1

QUEM

- Apresentação aos gestores do perfil requerido para os Black Belts e Green Belts.
  - ♦ Coordenador do Seis Sigma na empresa
  - ♦ Gestores
  - ♦ Consultor

- Indicação de nomes de possíveis candidatos ao coordenador do Lean Seis Sigma.
  - ♦ Gestores
  - ♦ Coordenador do Seis Sigma

- Comunicação da indicação aos candidatos.
  - ♦ Gestores
  - ♦ Candidatos

- Apresentação do Programa Lean Seis Sigma aos candidatos indicados.
  - ♦ Coordenador do Seis Sigma
  - ♦ Candidatos

- Verificação da existência de candidatos que não tenham interesse em participar do Programa Lean Seis Sigma.
  - ♦ Coordenador do Seis Sigma
  - ♦ Candidatos

- Mapeamento do perfil de cada candidato.*
  - ♦ Psicólogo
  - ♦ Candidato

- Comunicação resumida do resultado do mapeamento a cada gestor.
  - ♦ Psicólogo
  - ♦ Gestor
  - ♦ Coordenador do Seis Sigma
  - ♦ Consultor

- O candidato tem perfil para Black Belt?
  - SIM → Há projeto para o candidato?
    - SIM → Inclusão do candidato na Turma 1 de Black Belts.
    - NÃO → Aguardar próxima turma de Black Belts. → Comunicação do resultado ao candidato e feedback sobre o mapeamento de seu perfil
      - ♦ Psicólogo
      - ♦ Candidato
  - NÃO ↓

- O candidato tem perfil para Green Belt?
  - SIM → Há projeto para o candidato?
    - SIM → Inclusão do candidato na Turma 1 de Green Belts.
    - NÃO → Aguardar próxima turma de Green Belts. → Comunicação do resultado ao candidato e feedback sobre o mapeamento de seu perfil
      - ♦ Psicólogo
      - ♦ Candidato
  - NÃO → Comunicação do resultado ao candidato e feedback sobre o mapeamento de seu perfil
    - ♦ Psicólogo
    - ♦ Candidato

* Raciocínios analítico e quantitativo, habilidade para influenciar pessoas e trabalhar em equipe, capacidade de concentração - aplicação dos instrumentos de mapeamento e entrevistas.

O mapeamento do perfil dos potenciais candidatos a *Black Belts* e *Green Belts* e a comunicação dos resultados são realizadas de acordo com as seguintes etapas:

- Levantamento de perfil, por meio da aplicação dos instrumentos de mapeamento e entrevistas individuais, com foco na avaliação das características ou competências descritas na introdução do capítulo.
- Elaboração do diagnóstico para cada candidato, apresentado sob a forma de um laudo, com informações sobre as características ou competências mapeadas. O laudo apresentará também indicações para que o candidato possa melhorar os aspectos que não representam pontos fortes.
- Comunicação dos resultados do mapeamento à empresa:
 As informações para a empresa são apresentadas em reuniões, realizadas com cada um dos gestores (futuros *Champions*) que indicaram candidatos para o mapeamento de perfil. Estas reuniões devem contar com a participação do Coordenador do Programa na empresa e de um consultor em *Lean* Seis Sigma. As informações são transmitidas por meio de descrição e discussão resumidas do laudo de cada um dos candidatos.
- Comunicação dos resultados do mapeamento aos candidatos:
 As informações para os candidatos são fornecidas em reuniões individuais, de modo que possa ser dado um *feedback* sobre os pontos fortes e os aspectos a serem melhorados.

A autora vem utilizando essa metodologia com grande parte de seus clientes, com excelentes resultados e reconhecimento de sua importância.

Capítulo 5.
Integração das ferramentas *Lean* Seis Sigma ao *DMAIC*

"O homem é mortal por seus temores e imortal pelos seus desejos."
Pitágoras

Introdução

O esquema de integração das ferramentas *Lean* Seis Sigma ao método *DMAIC* foi mostrado na Figura 1.10. Neste capítulo serão descritas as etapas do *DMAIC* e também algumas ferramentas empregadas nas etapas do método. Uma visão geral das ferramentas Seis Sigma integradas ao *DMAIC* será mostrada no anexo A e o detalhamento de cada uma, bem como uma introdução às ferramentas do *Lean Manufacturing*, será apresentado nos demais volumes da Série Werkema de Excelência Empresarial.

Etapa D: *Define* (Definir)

Na primeira etapa do *DMAIC* (veja a Figura 5.1), a meta e o escopo do projeto deverão ser claramente definidos[1], com base no *Business Case* elaborado pelo *Champion*.

Nesta etapa, deverão ser respondidas as seguintes questões[2]:

- Qual é o problema - resultado indesejável ou oportunidade detectada - a ser abordado no projeto?
- Qual é a meta a ser atingida?
- Quais são os clientes/consumidores afetados pelo problema?
- Qual é o processo relacionado ao problema?
- Qual é o impacto econômico do projeto?

Uma ferramenta que deve ser utilizada nesta etapa do método, para registro dos passos iniciais do trabalho, é o ***Project Charter*** (Figura 5.2).

O *Project Charter* é um documento que representa uma espécie de **contrato** firmado entre a equipe responsável pela condução do projeto e os gestores da empresa (*Champions* e *Sponsors*) e tem os seguintes objetivos:

- Apresentar claramente o que é esperado em relação à equipe.
- Manter a equipe alinhada aos objetivos prioritários da empresa.
- Formalizar a transição do projeto das mãos do *Champion* para a equipe.
- Manter a equipe dentro do escopo definido para o projeto.

Integração das ferramentas Lean Seis Sigma ao DMAIC - Etapa Define

FIGURA 5.1

D	Atividades	Ferramentas
Define: definir com precisão o escopo do projeto.		• **Mapa de Raciocínio** (Manter atualizado durante todas as etapas do *DMAIC*)
	Descrever o problema do projeto e definir a meta.	• *Project Charter*
	Avaliar: histórico do problema, retorno econômico, impacto sobre clientes/consumidores e estratégias da empresa.	• *Project Charter* • **Métricas do Seis Sigma** • **Gráfico Sequencial** • **Carta de Controle** • **Análise de Séries Temporais** • **Análise Econômica** (Suporte do departamento financeiro/controladoria) • **Métricas *Lean***
	Avaliar se o projeto é prioritário para a unidade de negócio e se será patrocinado pelos gestores envolvidos.	
	O projeto deve ser desenvolvido? NÃO → Selecionar novo projeto. SIM ↓	
	Definir os participantes da equipe e suas responsabilidades, as possíveis restrições e suposições e o cronograma preliminar.	• *Project Charter*
	Identificar as necessidades dos principais clientes do projeto.	• **Voz do Cliente - VOC** (*Voice of the Customer*)
	Definir o principal processo envolvido no projeto.	• **SIPOC** • **Mapeamento do Fluxo de Valor (*VSM*)**

FIGURA 5.1 — Integração das ferramentas *Lean* Seis Sigma ao *DMAIC* - Etapa *Define* (continuação)

Perguntas-chave do *Define*

- Qual é o problema / oportunidade?
- Qual indicador será utilizado para medir o resultado do projeto?
- Existem dados confiáveis para levantamento do histórico? Por que os dados foram classificados como confiáveis (ou como não confiáveis)? Caso os dados não sejam confiáveis, como será possível levantar o histórico do problema / oportunidade?
- Como o indicador vem se comportando historicamente?
- Qual é a meta?
- Quais são as perdas resultantes do problema?
- Quais são os ganhos potenciais do projeto?
- O projeto deve ser desenvolvido?
- Qual equipe desenvolverá o projeto?
- Quais são as restrições e suposições?
- Qual é o cronograma do projeto?
- Qual é o escopo do projeto?
- Qual é o principal processo envolvido?
- O projeto está alinhado com o *Champion* (contrato de trabalho)?

Exemplo de Project Charter[3,4]

FIGURA 5.2

Redução das perdas de produção por parada de linha na Fábrica I.

Descrição do problema	

Na Fábrica I, as paradas de linha são apontadas pela área de manufatura como um dos maiores problemas na rotina de trabalho, invalidando o planejamento para as operações diárias.

No ano 2011, o valor médio mensal das perdas de produção decorrentes das paradas de linha foi muito alto e, além disso, o problema vem apresentando uma tendência crescente.

As principais perdas econômicas resultantes do problema em 2011 foram as perdas de faturamento por produtos não entregues aos clientes no prazo previsto (R$ 1.100.000,00) e os gastos com horas extras, transporte e alimentação dos funcionários para recuperação da produção (R$ 335.000,00).

Definição da meta	

Reduzir em 50% as perdas de produção por parada de linha na Fábrica I, até 30/12/2012.

Avaliação do histórico do problema	Anexo I

Restrições e suposições	

Os membros da equipe de trabalho deverão dedicar 50% de seu tempo ao desenvolvimento do projeto.

Será necessário o suporte de um especialista do departamento de manutenção.

Os gastos do projeto deverão ser debitados do centro de custo 01/PCP20, após autorização do "Champion" (de acordo com o procedimento WIZ).

Equipe de trabalho	

<u>Membros da equipe</u>: Axel Mahayana (Black Belt – líder da equipe), Denise Sampaio (montagem), Marlon Oliveira (engenharia industrial), Sandra Barbosa (PCP) e Arthur Santos (manutenção).

<u>"Champion"</u>: Otávio Cerqueira (gerente da Fábrica I)

<u>Especialistas para suporte técnico</u>: Marcos Siqueira (manutenção) e Victoria Ryan (controladoria).

Responsabilidades dos membros e logística da equipe	Anexo II

Cronograma preliminar	

Define: 28/02/2012, Measure: 15/04/2012, Analyze: 30/06/2012, Improve: 30/08/2012 e Control: 30/12/2012.

O *Project Charter* deverá conter os tópicos apresentados a seguir.

Descrição do problema

A descrição do problema deve apresentar respostas às seguintes questões:
- Qual é o problema (ou oportunidade) considerado?
- Que indicadores ou métricas são usados para medir o problema?
- Qual é a diferença entre o valor atual para cada indicador e o valor almejado (lacuna)?
- Onde o problema é observado?
- Quando o problema é observado?
- Qual será o impacto da solução do problema?
- Quais serão os ganhos financeiros resultantes da solução do problema?
- Quais serão as consequências se o problema não for resolvido?

Peter Pande, Robert Neuman e Roland Cavanagh[5], a partir da experiência com a implementação do *Lean* Seis Sigma em várias empresas, incluindo a GE, nos ensinam que a descrição do problema é muito importante para:
- Garantir que a equipe responsável pelo desenvolvimento do projeto entendeu corretamente a situação apresentada no *Business Case*.
- Consolidar os pontos de consenso entre a equipe e as responsabilidades de seus membros.
- Garantir que o projeto é adequado como um "Projeto *Lean* Seis Sigma".
- Estabelecer o patamar inicial dos indicadores usados para medir o problema (*baseline*), que será utilizado como base de comparações para avaliação dos resultados alcançados com o projeto.

Definição da meta

Nas palavras de Vicente Falconi Campos[6], uma meta é constituída por um objetivo gerencial (associado ao problema ou oportunidade), um valor e um prazo.

Um exemplo de meta é:
- Objetivo = reduzir as perdas de produção por parada de linha na Fábrica I
- Valor = em 50%
- Prazo = até o final do ano.

A meta apresentada acima será utilizada como exemplo ao longo deste capítulo. É fácil perceber que a meta e o problema constituem um par: "o problema é a meta não alcançada"[7].

Avaliação do histórico do problema:

Fatos e dados históricos que ajudarão no entendimento e na valorização do problema (como ocorre e o que se está perdendo) deverão ser apresentados em um anexo ao *Project Charter*. Durante o levantamento do histórico do problema, o retorno econômico e o impacto do projeto sobre os clientes/consumidores e sobre as estratégias da empresa deverão ser avaliados.

Nessa fase, as ferramentas **Métricas do Seis Sigma, Gráfico Sequencial, Carta de Controle e Análise de Séries Temporais** poderão ser de grande auxílio para a equipe (veja a Figura 5.3 e o anexo A).

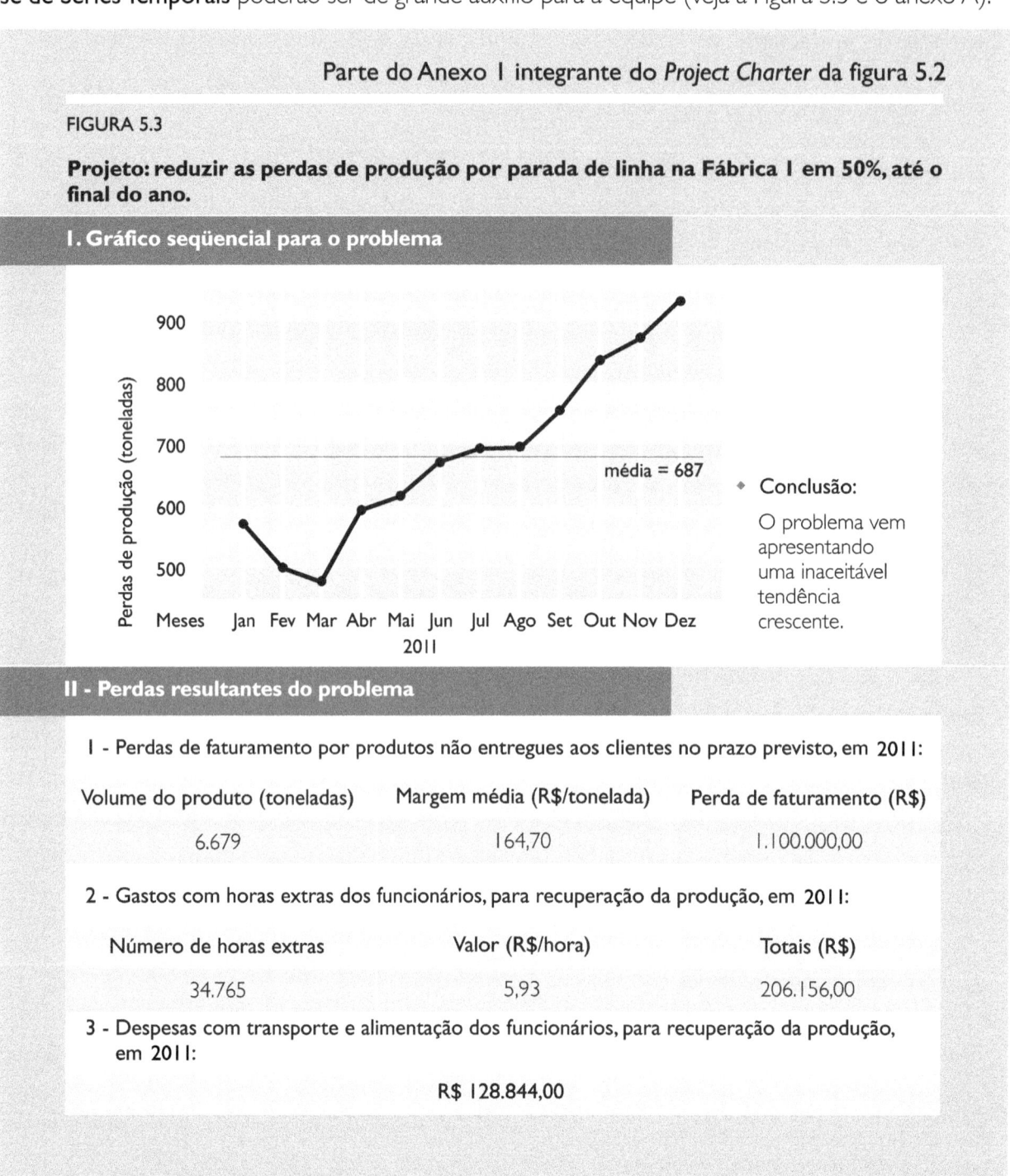

Parte do Anexo I integrante do *Project Charter* da figura 5.2

FIGURA 5.3

Projeto: reduzir as perdas de produção por parada de linha na Fábrica I em 50%, até o final do ano.

I. Gráfico seqüencial para o problema

média = 687

♦ **Conclusão:**
O problema vem apresentando uma inaceitável tendência crescente.

(Gráfico: Perdas de produção (toneladas) vs Meses Jan–Dez 2011)

II - Perdas resultantes do problema

1 - Perdas de faturamento por produtos não entregues aos clientes no prazo previsto, em 2011:

Volume do produto (toneladas)	Margem média (R$/tonelada)	Perda de faturamento (R$)
6.679	164,70	1.100.000,00

2 - Gastos com horas extras dos funcionários, para recuperação da produção, em 2011:

Número de horas extras	Valor (R$/hora)	Totais (R$)
34.765	5,93	206.156,00

3 - Despesas com transporte e alimentação dos funcionários, para recuperação da produção, em 2011:

R$ 128.844,00

Na avaliação do retorno econômico, fatores como aumento nas vendas, melhoria nas margens, aumento de produtividade e maior retenção de clientes devem ser levados em consideração. Ela deverá ser validada pelo departamento financeiro/controladoria da empresa.

É importante destacar que, para que as conclusões obtidas a partir da análise do histórico do problema possam ser, de fato, consideradas verdadeiras, os dados que deram origem a essa análise devem ser confiáveis. Para garantir a confiabilidade dos dados gerados por todos os sistemas de medição, inspeção e registro utilizados durante a execução de todas as etapas do DMAIC, devem ser usadas as ferramentas para **Avaliação de Sistemas de Medição e Inspeção** (veja o anexo A).

Após o levantamento do histórico do problema e do retorno econômico, a equipe – juntamente com o *Champion* – deve avaliar se o projeto é realmente prioritário para a unidade de negócio e se será patrocinado pelos gestores envolvidos, isto é, deve identificar se o mesmo deverá, de fato, ser desenvolvido. Em caso negativo, o projeto não deverá ser executado e o *Champion* ficará responsável por selecionar novo projeto. Em caso afirmativo, a equipe deverá continuar a elaboração do *Project Charter*, definindo os tópicos a seguir:

Apresentação de possíveis restrições e suposições

Possíveis restrições, como baixo tempo de dedicação dos membros da equipe ao projeto e inexistência de dados confiáveis, deverão ser registradas neste item do *Project Charter*.

Também devem ser documentadas suposições associadas a necessidades para o desenvolvimento do projeto, como suporte de especialistas ou consultores internos para fornecer auxílio à equipe em momentos específicos do giro do DMAIC.

Outra possível suposição se refere a tipos de soluções cuja implementação a equipe deve considerar inviável.

Definição dos membros da equipe de trabalho e de suas responsabilidades

O *Project Charter* deve apresentar a identificação e as responsabilidades dos membros *full-time* da equipe, dos especialistas responsáveis por suporte técnico específico, do *Black Belt* ou *Green Belt* (líder da equipe) e do *Champion*.

Definição da logística da equipe

Neste item, devem ser respondidas questões como:
- Qual será a frequência das reuniões de equipe?
- Qual será a frequência das reuniões com o *Champion* e com os *Sponsors*?
- Onde a equipe se reunirá?
- Qual será a duração das reuniões?

Definição do cronograma preliminar do projeto

Neste tópico deverão ser definidas datas preliminares para a finalização de atividades prioritárias do projeto, como a conclusão de cada etapa do DMAIC (*milestones*).

◆ Durante a execução de todas as etapas do *DMAIC*, deverá ser utilizada outra ferramenta muito útil – o Mapa de Raciocínio, que é uma documentação progressiva da forma de pensamento empregada durante o giro completo do *DMAIC*. Ele deve ser iniciado quando começa a etapa *Define* e atualizado continuamente, à medida que as atividades previstas no *DMAIC* vão sendo realizadas. Somente ao término da última etapa do *DMAIC* o Mapa de Raciocínio é concluído. No capítulo 6, esta ferramenta será apresentada em detalhes.

◆ Na etapa *Define* do *DMAIC*, é importante identificar os principais clientes/consumidores do projeto e incorporar informações geradas por procedimentos utilizados para avaliar as necessidades desses clientes/consumidores. Essas informações são usadas com os seguintes objetivos:
  • Garantir que o problema e a meta já definidos estejam realmente relacionados a questões prioritárias para a satisfação dos clientes/consumidores.
  • Enfatizar a importância de se manter sempre o foco na satisfação dos clientes/consumidores, mesmo que o projeto tenha como objetivo principal a melhoria de resultados que afetem mais diretamente outros beneficiários da empresa.
  • Assegurar que não sejam implementadas medidas prejudiciais às relações da empresa com seus clientes/consumidores.

O conjunto de dados que representam as necessidades e expectativas dos clientes/consumidores e suas percepções quanto aos produtos da empresa é denominado **Voz do Cliente** (*Voice of the Customer* ou *VOC*). Esses dados, que podem ser provenientes de reclamações, comentários, resultados de grupos-foco e respostas a pesquisas, devem ser usados para a identificação das chamadas **Características Críticas para a Qualidade** (*Critical to Quality* ou *CTQs*) dos produtos da empresa e de suas respectivas especificações (veja o anexo A e os demais volumes da Série Werkema de Excelência Empresarial.).

O problema do projeto deverá ser relacionado às *CTQs*. Nas palavras de Pande, Neuman e Cavanagh[8]: "se a empresa já possui implementado um sistema para avaliação da satisfação de consumidores, a obtenção da **Voz do Cliente** não deverá ser uma tarefa difícil, cara ou demorada. Caso contrário, deverá ser realizada uma análise mais cuidadosa dos recursos necessários à obtenção das informações sobre a satisfação dos clientes/consumidores desejáveis, em vista da urgência para desenvolvimento do projeto".

Na etapa *Define* também deve ser utilizado um diagrama que tem como objetivo definir o principal processo envolvido no projeto e, consequentemente, facilitar a visualização do escopo do trabalho. Esse diagrama é denominado *SIPOC* (veja a Figura 5.4). A denominação **SIPOC** resulta das iniciais, em inglês, dos cinco elementos presentes no diagrama: fornecedores (*Suppliers*), insumos (*Inputs*), processo (*Process*), produtos (*Outputs*) e consumidores (*Customers*).

Por meio do *SIPOC* é possível a padronização, entre os participantes da equipe, *Champions* e demais gestores, do escopo do projeto e da forma de visualização do principal processo envolvido.

Detalhes do processo não devem ser apresentados no *SIPOC*, já que não são úteis nessa etapa do *DMAIC*. O detalhamento deverá ser feito na etapa *Analyze*, por meio do uso das ferramentas Mapa de Processo ou Fluxograma.

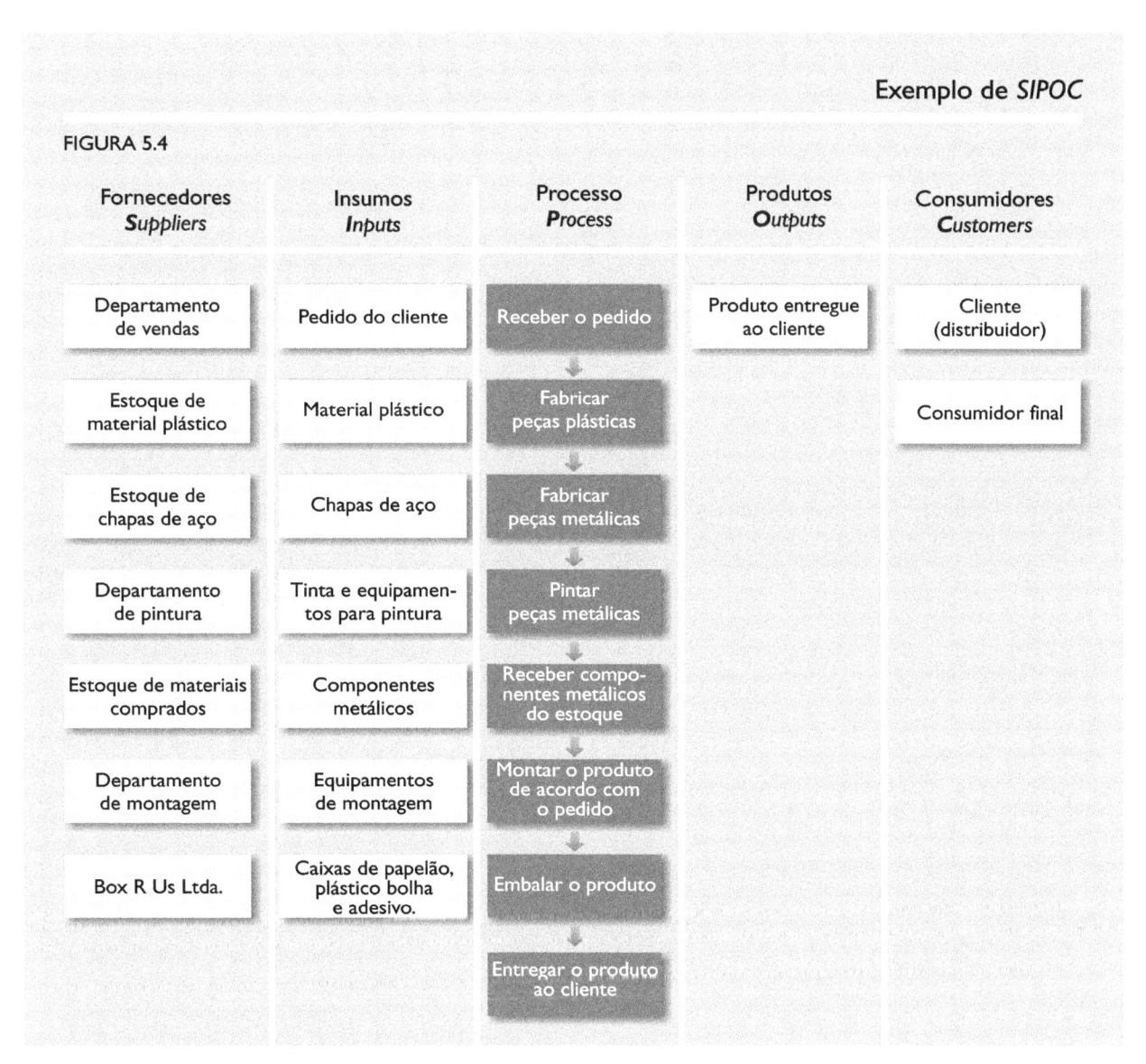

Exemplo de *SIPOC*

FIGURA 5.4

Fornecedores *Suppliers*	Insumos *Inputs*	Processo *Process*	Produtos *Outputs*	Consumidores *Customers*
Departamento de vendas	Pedido do cliente	Receber o pedido	Produto entregue ao cliente	Cliente (distribuidor)
Estoque de material plástico	Material plástico	Fabricar peças plásticas		Consumidor final
Estoque de chapas de aço	Chapas de aço	Fabricar peças metálicas		
Departamento de pintura	Tinta e equipamentos para pintura	Pintar peças metálicas		
Estoque de materiais comprados	Componentes metálicos	Receber componentes metálicos do estoque		
Departamento de montagem	Equipamentos de montagem	Montar o produto de acordo com o pedido		
Box R Us Ltda.	Caixas de papelão, plástico bolha e adesivo.	Embalar o produto		
		Entregar o produto ao cliente		

Etapa M: *Measure* (Medir)

Na segunda etapa do *DMAIC* (Figura 5.5), o problema deverá ser refinado ou focalizado. Para isso, as duas questões abaixo devem ser respondidas:
- Que resultados devem ser medidos para a obtenção de dados úteis à focalização do problema?
- Quais são os focos prioritários do problema? (Os focos são indicados pela análise dos dados gerados pela medição de resultados associados ao problema.)

Por meio das atividades realizadas nessa etapa, o problema do projeto poderá ser dividido em outros problemas de menor escopo ou mais específicos, de mais fácil solução[9].

Criando a Cultura Lean Seis Sigma

Integração das ferramentas Lean Seis Sigma ao DMAIC - Etapa Measure

FIGURA 5.5

M	Atividades	Ferramentas
Measure: determinar a localização ou foco do problema.	Decidir entre as alternativas de coletar novos dados ou usar dados já existentes na empresa.	• Avaliação de Sistemas de Medição/Inspeção (*MSE*)
	Identificar a forma de estratificação para o problema.	• Estratificação
	Planejar a coleta de dados.	• Plano para Coleta de Dados • Folha de Verificação • Amostragem
	Preparar e testar os Sistemas de Medição/Inspeção.	• Avaliação de Sistemas de Medição/Inspeção (*MSE*)
	Coletar dados.	• Plano para Coleta de Dados • Folha de Verificação • Amostragem
	Analisar o impacto das várias partes do problema e identificar os problemas prioritários.	• Estratificação • Diagrama de Pareto • Mapeamento do Fluxo de Valor (*VSM*) • Métricas *Lean*
	Estudar as variações dos problemas prioritários identificados.	• Gráfico Sequencial • Carta de Controle • Análise de Séries Temporais • Histograma • *Boxplot* • Índices de Capacidade • Métricas do Seis Sigma • Análise Multivariada • Mapeamento do Fluxo de Valor (*VSM*) • Métricas *Lean*
	Estabelecer a meta de cada problema prioritário.	• Cálculo Matemático • *Kaizen*
	A meta pertence à área de atuação da equipe? **NÃO** → Atribuir à área responsável e acompanhar o projeto para o alcance da meta. **SIM** ↓	

FIGURA 5.5 — Integração das ferramentas *Lean* Seis Sigma ao *DMAIC* - Etapa *Measure* (continuação)

Perguntas-chave do *Measure*

- Como o problema pode ser estratificado? Isto é, quais são os fatores de estratificação?
- Existem dados históricos confiáveis para a estratificação do problema? Como esses dados foram coletados?
- Caso não existam dados históricos, como os novos dados serão coletados?
- Quais são os focos do problema (estratos mais significativos)?
- Como os focos se comportam ao longo do tempo (análise de variação dos focos)?
- Quais são as metas específicas para cada um dos focos do problema?
- As metas específicas são suficientes para o alcance da meta geral?
- As metas específicas pertencem à área de atuação da equipe?

Por exemplo, o problema **elevada perda de produção por parada de linha na Fábrica I** poderá ser visto, após a realização das atividades previstas na etapa *Measure*, como resultante de três problemas prioritários:

- Perdas de produção por parada de linha na Fábrica I por atraso na importação de polímeros.
- Perdas de produção por parada de linha na Fábrica I por falta de ordem de fabricação de reagente.
- Perdas de produção por parada de linha na Fábrica I por manutenção elétrica não programada no relê do condensador AXW3.

Note que agora existem três problemas mais localizados e, consequentemente, mais simples de resolver que o problema apresentado inicialmente. Cada um desses três problemas deverá ter sua própria meta estabelecida e suas causas e soluções identificadas. Os **dados** representam o ponto de partida para a realização da etapa *Measure*.

Neste ponto, a equipe deverá decidir entre as alternativas de coletar novos dados ou usar dados já existentes na empresa. Frequentemente, **os dados já existentes não são confiáveis**, o que implica a necessidade de coleta de novos dados. No entanto, antes da coleta de novos dados ou da análise dos dados já existentes, a forma de estratificação para o problema deverá ser identificada. A **Estratificação** consiste na observação do problema sob diferentes aspectos, isto é, no agrupamento dos dados sob vários pontos de vista, de modo a focalizar o problema.

É possível realizar a estratificação do problema sob os seguintes pontos de vista[10]:

- **Tempo:**

    Os resultados são diferentes de manhã, à tarde, à noite, neste mês, no mês passado?

- **Local:**

    Os resultados são diferentes em regiões, cidades, fábricas ou linhas de produção diferentes? Em partes diferentes de um produto (porta, gabinete, console)?

- **Tipo:**

    Os resultados são diferentes dependendo do fornecedor, do produto, da embalagem, do consumidor, do tipo do ponto de venda?

- **Sintoma:**
  Os resultados são diferentes se o defeito é do tipo A ou do tipo B, se o sucateamento de produtos é por devolução, recusa ou avaria interna, se a parada de linha é por falta de material ou por manutenção?
- **Indivíduo:**
  Os resultados são diferentes dependendo do operador, da turma, do vendedor, do supervisor?

Após a definição da forma de estratificação, deve ser iniciado o planejamento da coleta de dados. Uma importante ferramenta que deve ser utilizada nesta atividade é o **Plano para Coleta de Dados** (Figura 5.6), que pode ser entendido como o *5W1H – who, what, where, when, why* e *how* – do processo de coleta de dados.

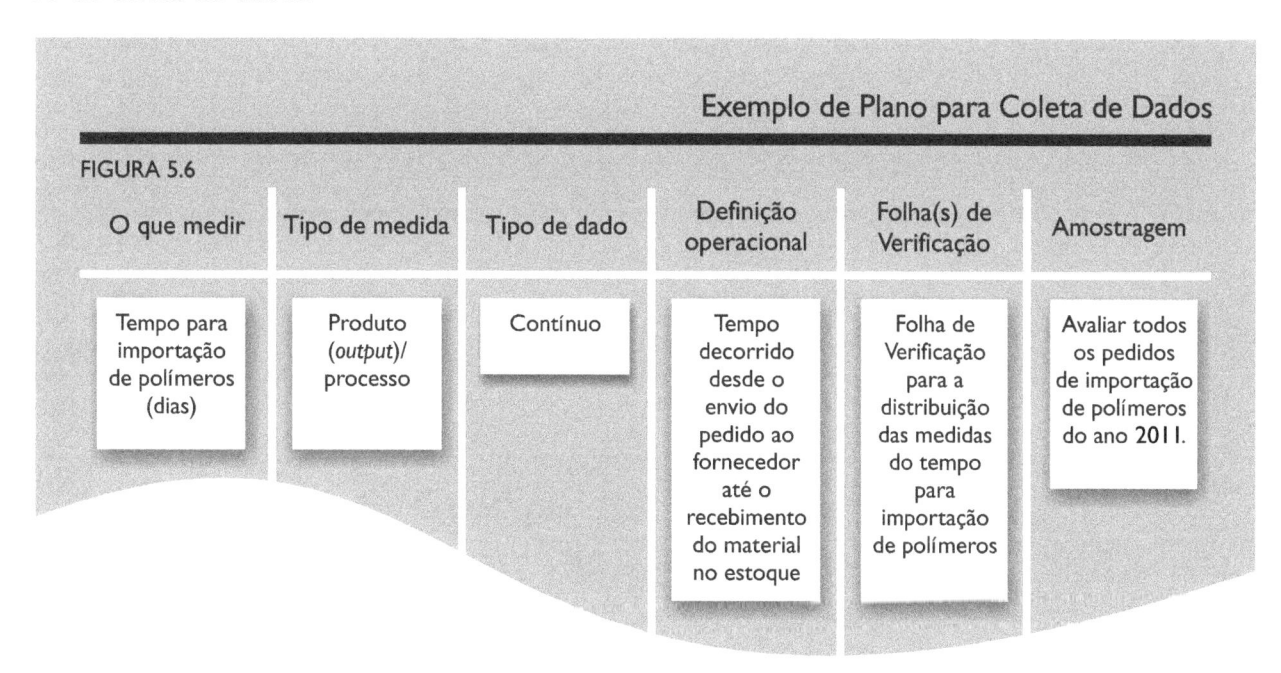

FIGURA 5.6 — Exemplo de Plano para Coleta de Dados

O que medir	Tipo de medida	Tipo de dado	Definição operacional	Folha(s) de Verificação	Amostragem
Tempo para importação de polímeros (dias)	Produto (*output*)/processo	Contínuo	Tempo decorrido desde o envio do pedido ao fornecedor até o recebimento do material no estoque	Folha de Verificação para a distribuição das medidas do tempo para importação de polímeros	Avaliar todos os pedidos de importação de polímeros do ano 2011.

Durante a elaboração do Plano para Coleta de Dados, a equipe deverá construir **Folhas de Verificação** (Figura 5.7) para registro dos dados e definir a estratégia de **Amostragem** a ser utilizada, com o objetivo de garantir que os dados sejam coletados de modo eficaz.

É importante enfatizar que, antes do início da coleta de dados, devem ser realizados a preparação e o teste dos sistemas de medição e inspeção a serem utilizados. Para isso, são empregadas as ferramentas para **Avaliação de Sistemas de Medição e Inspeção**. Estas ferramentas permitem a quantificação do grau de exatidão dos dados gerados pelos sistemas de medição e inspeção da empresa.

O próximo passo consiste, finalmente, na coleta dos dados, que deverá ser realizada de acordo com os procedimentos definidos no Plano para Coleta de Dados.

A seguir, com base nos dados obtidos e na forma de estratificação previamente definida, a equipe deverá analisar o impacto das várias partes do problema e identificar os problemas prioritários, por meio da construção de **Diagramas de Pareto**. Esses diagramas tornam evidente e visual a estratificação e a priorização do problema, permitindo o estabelecimento de metas mais específicas[11].

Folha de Verificação

FIGURA 5.7 — Estratificação das paradas de linha por obstrução das tubulações

Área: departamento de engenharia industrial   **Fábrica:** Fábrica I
Fatores de estratificação: dia da semana, código da turma, tipo de catalisador e local das obstruções.
Período: jan/11 a dez/11   **Data de coleta dos dados:** 07/01/12
Responsável: José Maurício Nogueira
Observações:

Código de turma	Tipo de catalisador	Dia da semana					
		Segunda	Terça	Quarta	Quinta	Sexta	Sábado
CM 10	I	A A B D	A C	A A C	A A A B D	A A A D	A C
CM 10	II	A A B	A D	A B	A A A B	A A B	A A
CM 12	I	A B C	A A B	A A B	A A D	A A A B	A B
CM 12	II	A A B	A A B	A B C D	A B	A A B	A A D
PM 12	I	A A B	A A B B	A A	A B D	A	A A A B
PM 12	II	A B	A A A	A A	A B B C	A B	A A A C

Locais das obstruções: A - na entrada do reator   C - entre o reator e a torre de resfriamento
                        B - na saída do reator   D - entre a torre de resfriamento e o filtro.

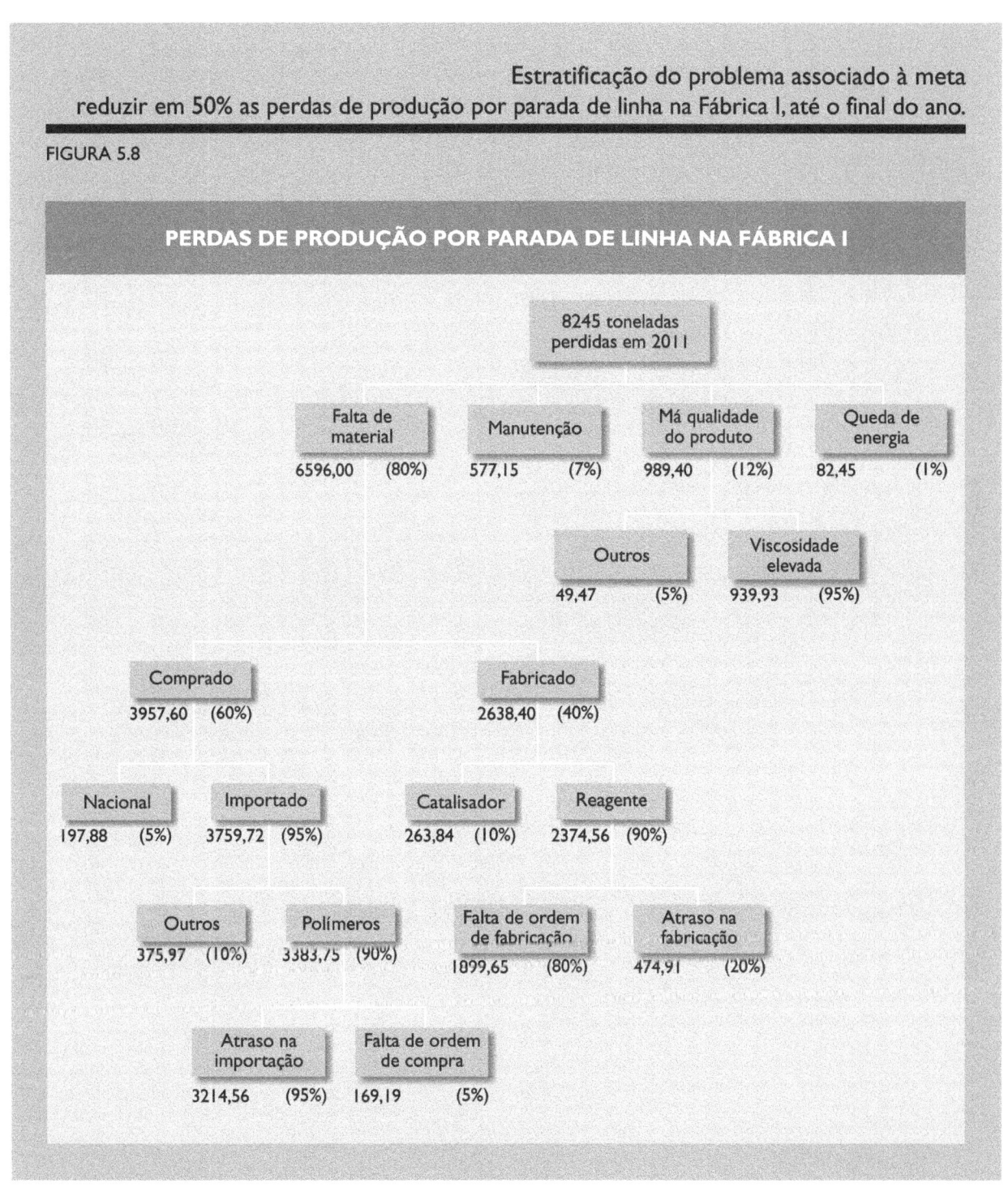

FIGURA 5.8 Estratificação do problema associado à meta reduzir em 50% as perdas de produção por parada de linha na Fábrica I, até o final do ano.

PERDAS DE PRODUÇÃO POR PARADA DE LINHA NA FÁBRICA I

- 8245 toneladas perdidas em 2011
  - Falta de material — 6596,00 (80%)
  - Manutenção — 577,15 (7%)
  - Má qualidade do produto — 989,40 (12%)
    - Outros — 49,47 (5%)
    - Viscosidade elevada — 939,93 (95%)
  - Queda de energia — 82,45 (1%)

- Comprado — 3957,60 (60%)
  - Nacional — 197,88 (5%)
  - Importado — 3759,72 (95%)
    - Outros — 375,97 (10%)
    - Polímeros — 3383,75 (90%)
      - Atraso na importação — 3214,56 (95%)
      - Falta de ordem de compra — 169,19 (5%)

- Fabricado — 2638,40 (40%)
  - Catalisador — 263,84 (10%)
  - Reagente — 2374,56 (90%)
    - Falta de ordem de fabricação — 1899,65 (80%)
    - Atraso na fabricação — 474,91 (20%)

A Figura 5.8 apresenta um possível resultado da estratificação do problema associado à meta **reduzir em 50% as perdas de produção por parada de linha na Fábrica I, até o final do ano**. As informações nela contidas são apresentadas com o objetivo de facilitar a visualização e a priorização do problema, nos Diagramas de Pareto da Figura 5.9.

Criando a Cultura Lean Seis Sigma

Diagramas de Pareto para priorização do problema associado à meta reduzir em 50% as perdas de produção por parada de linha na Fábrica I, até o final do ano.

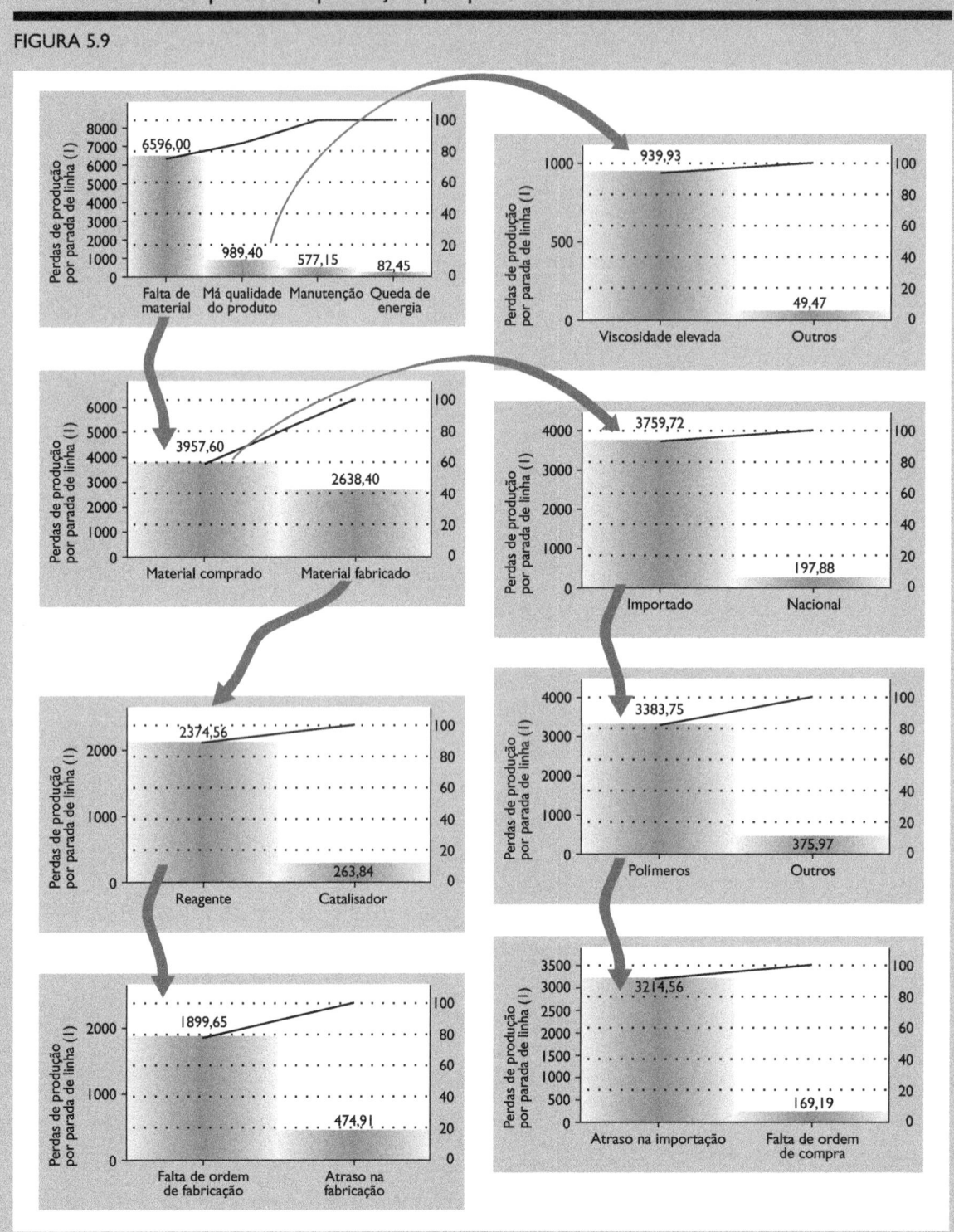

FIGURA 5.9

Gráfico 1 — Perdas de produção por parada de linha (l):
- Falta de material: 6596,00
- Má qualidade do produto: 989,40
- Manutenção: 577,15
- Queda de energia: 82,45

Gráfico 2 — Perdas de produção por parada de linha (l):
- Viscosidade elevada: 939,93
- Outros: 49,47

Gráfico 3 — Perdas de produção por parada de linha (l):
- Material comprado: 3957,60
- Material fabricado: 2638,40

Gráfico 4 — Perdas de produção por parada de linha (l):
- Importado: 3759,72
- Nacional: 197,88

Gráfico 5 — Perdas de produção por parada de linha (l):
- Reagente: 2374,56
- Catalisador: 263,84

Gráfico 6 — Perdas de produção por parada de linha (l):
- Polímeros: 3383,75
- Outros: 375,97

Gráfico 7 — Perdas de produção por parada de linha (l):
- Falta de ordem de fabricação: 1899,65
- Atraso na fabricação: 474,91

Gráfico 8 — Perdas de produção por parada de linha (l):
- Atraso na importação: 3214,56
- Falta de ordem de compra: 169,19

A partir da análise da Figura 5.9, é possível perceber que os problemas mais específicos e que mais contribuem para o problema inicial **elevadas perdas de produção por parada de linha na Fábrica I** são:
- Perdas de produção por parada de linha na Fábrica I por atraso na importação de polímeros.
- Perdas de produção por parada de linha na Fábrica I por falta de ordem de fabricação de reagente.
- Perdas de produção por parada de linha na Fábrica I por fabricação de produto com viscosidade elevada.

Portanto, as atividades da etapa *Measure* do *DMAIC* descritas até o momento permitem a divisão do problema inicial em problemas diferentes, mais focados e de solução menos complexa.

É importante destacar que conhecimentos preciosos para o alcance da meta também serão obtidos por meio do **estudo das variações**[12] associadas aos problemas prioritários identificados. Por exemplo, vamos considerar o problema prioritário **fabricação de produto com viscosidade elevada**, que resultou da análise da Figura 5.9.

A informação **viscosidade elevada** é muito ampla e necessita ser mais detalhada antes de se iniciar a busca das causas que levam à fabricação de produto com essa característica. Nesse detalhamento poderia ser realizada a comparação entre o valor médio da viscosidade das produções do último trimestre do ano 2011 e as especificações existentes para a viscosidade do produto.

Considere que, realizando essa comparação, tenham sido obtidos os seguintes resultados (dados sob forma codificada):
- Viscosidade média – 70 *centipoises*[13].
- Especificações para a viscosidade: limite superior de especificação (LSE) = 73 *centipoises*.

Aparentemente, poderia parecer que não há problemas em relação à viscosidade. No entanto, se for utilizada a ferramenta **Histograma**, com base nos valores individuais para a viscosidade das produções do último trimestre do ano 2011, as conclusões obtidas poderão ser bastante diferentes.

A Figura 5.10 apresenta um histograma que poderia ser obtido a partir dos valores individuais para a viscosidade das produções do último trimestre do ano 2011.

FIGURA 5.10 — Histograma dos valores individuais para a viscosidade das produções do último trimestre de 2011

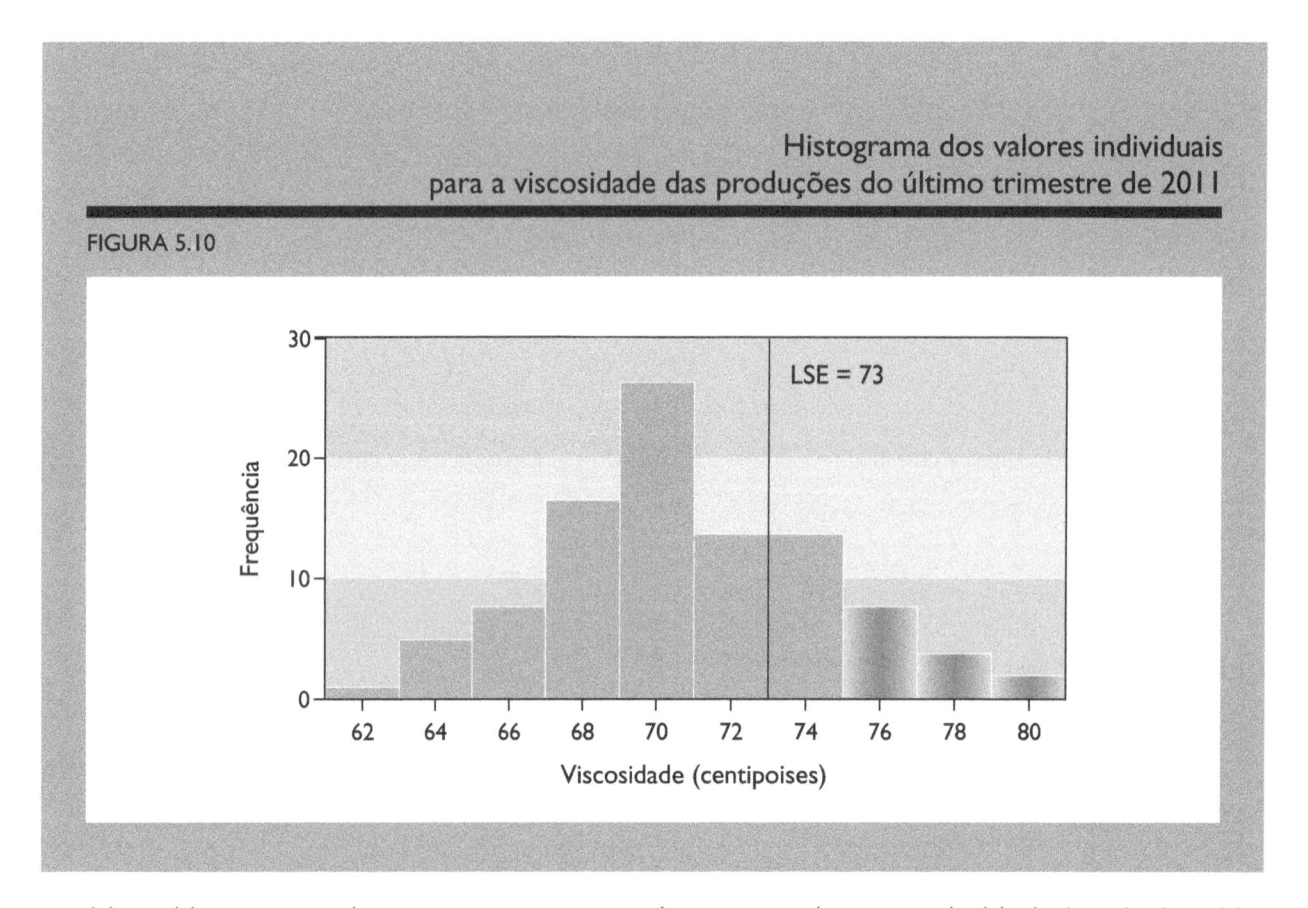

Nesse histograma, as barras escuras correspondem aos produtos que, devido à elevada viscosidade, resultaram em perda de produção por parada de linha (o produto estava muito viscoso e entupiu as tubulações; além da perda imediata desse produto, o trabalho de desobstrução das tubulações impediu novas produções). Portanto, a partir do histograma é possível concluir que, no que diz respeito à parada de linha, **viscosidade elevada** é equivalente a **viscosidade igual ou superior a 75 centipoises**.

Além do histograma, poderiam ser empregadas as ferramentas **Índices de Capacidade e Métricas do Lean Seis Sigma** (DPMO – defeitos por milhão de oportunidades e nível na Escala Sigma, por exemplo), para uma avaliação mais clara do desempenho inicial do resultado que se deseja melhorar (baseline).

Com o objetivo de complementar os conhecimentos gerados na fase de estudo das variações dos problemas prioritários, também podem ser usadas as **Cartas de Controle**. A Figura 5.11 apresenta a Carta de Controle para os valores individuais da viscosidade das produções do último trimestre do ano 2011.

Carta de Controle para os valores individuais da viscosidade das produções do último trimestre de 2011

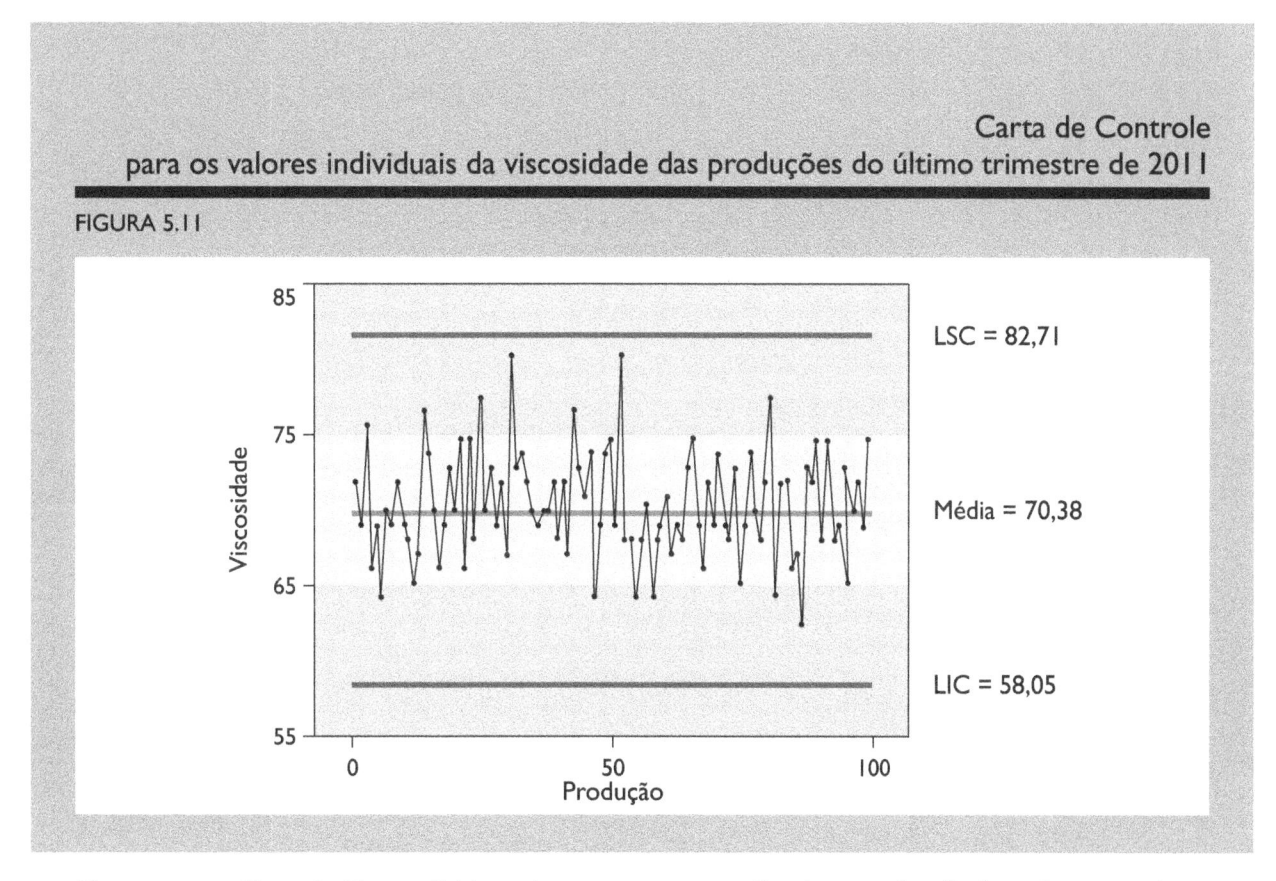

FIGURA 5.11

LSC = 82,71
Média = 70,38
LIC = 58,05

Como no gráfico da Figura 5.11 todos os pontos estão dentro dos limites de controle, com ausência de configurações não aleatórias, é possível concluir que as produções com viscosidade igual ou superior a 75 centipoises são resultantes da variação natural do processo produtivo[14] (a ferramenta Carta de Controle é apresentada em detalhes em outro volume da Série Werkema de Excelência Empresarial.).

Após a realização da fase de estudo das variações, a meta inicial **reduzir em 50% as perdas de produção por parada de linha na Fábrica I, até o final do ano** poderia ser desdobrada nas seguintes metas prioritárias e mais específicas:

- Reduzir em 70% as perdas de produção por parada de linha na Fábrica I, por atraso na importação de polímeros, até o final do ano.
- Eliminar as perdas de produção por parada de linha na Fábrica I, por falta de ordem de fabricação de reagente, até o final do ano.
- Eliminar a ocorrência de produções com viscosidade igual ou superior a 75 centipoises, resultantes da variação natural do processo produtivo, até o final do ano.

A partir dos Diagramas de Pareto da Figura 5.9, é possível concluir que as três metas prioritárias estabelecidas acima são suficientes para levar ao alcance da meta definida inicialmente:

- Reduzir em 70% as perdas de produção por parada de linha na Fábrica I, por atraso na importação de polímeros, até o final do ano:
Redução 1 = 0,7 X 3.214,56 = 2.250,19 toneladas

- Eliminar as perdas de produção por parada de linha na Fábrica I, por falta de ordem de fabricação de reagente, até o final do ano:
Redução 2 = 1.899,65 toneladas

- Eliminar a ocorrência de produções com viscosidade igual ou superior a 75 centipoises, resultantes da variação natural do processo produtivo, até o final do ano:
Redução 3 = 939,93 toneladas

- Total da redução = 2.250,19 + 1.899,65 + 939,93 = 5.089,77 toneladas.

- Como 5.089,77 = 0,6173 X 8.245 (8.245 toneladas representam as perdas de produção por parada de linha em 2011), se as três metas prioritárias forem alcançadas, as perdas de produção por parada de linha na Fábrica I serão reduzidas em 61,73% e a meta inicial será superada.

Note que, dependendo da natureza do projeto, as ferramentas **Gráfico Sequencial, Análise de Séries Temporais e Análise Multivariada** também podem ser utilizadas na fase de estudo das variações dos problemas prioritários (anexo A e demais volumes da Série Werkema de Excelência Empresarial.).

Durante a etapa *Measure*, também é muito importante investigar o próprio local da ocorrência do problema. Essa investigação ou observação pode ser feita por meio do emprego de fotografias e filmagens, para a coleta de informações adicionais que não podem ser obtidas sob a forma de dados numéricos[15].

É importante destacar que cada meta prioritária estabelecida ao final da etapa *Measure* pode pertencer ou não à área de atuação da equipe responsável pela condução do projeto original. Se uma meta for classificada como pertencente à área da equipe, o giro do *DMAIC* deverá ter continuidade, agora na etapa *Analyze*. Caso contrário, a meta poderá ser atribuída à área diretamente responsável, devendo ser iniciado um novo projeto, que terá essa meta como inicial. O desenvolvimento desse projeto deverá ser acompanhado pela equipe responsável pelo alcance da meta associada ao projeto original[16].

Para deixar clara a diferença entre os dois tipos de metas, vamos considerar que o alcance da meta inicial **reduzir em 50% as perdas de produção por parada de linha na Fábrica I, até o final do ano** seja responsabilidade de uma equipe liderada por um *Black Belt* do departamento de planejamento e controle da produção (PCP) da empresa e patrocinada por um *Champion* do mesmo departamento.

A meta prioritária **reduzir em 70% as perdas de produção por parada de linha na Fábrica I por atraso na importação de polímeros, até o final do ano** deverá ser atribuída a uma equipe liderada por um *Black Belt* do departamento de compras da empresa, área diretamente envolvida com o problema prioritário associado à meta.

A equipe do departamento de compras, ao receber essa meta, deverá estabelecer um novo projeto, para o qual ela se transformará em meta inicial. Note que, na etapa *Measure* do *DMAIC* referente a esse novo projeto, o problema associado à nova meta inicial poderia ser desdobrado segundo a forma mostrada na Figura 5.12.

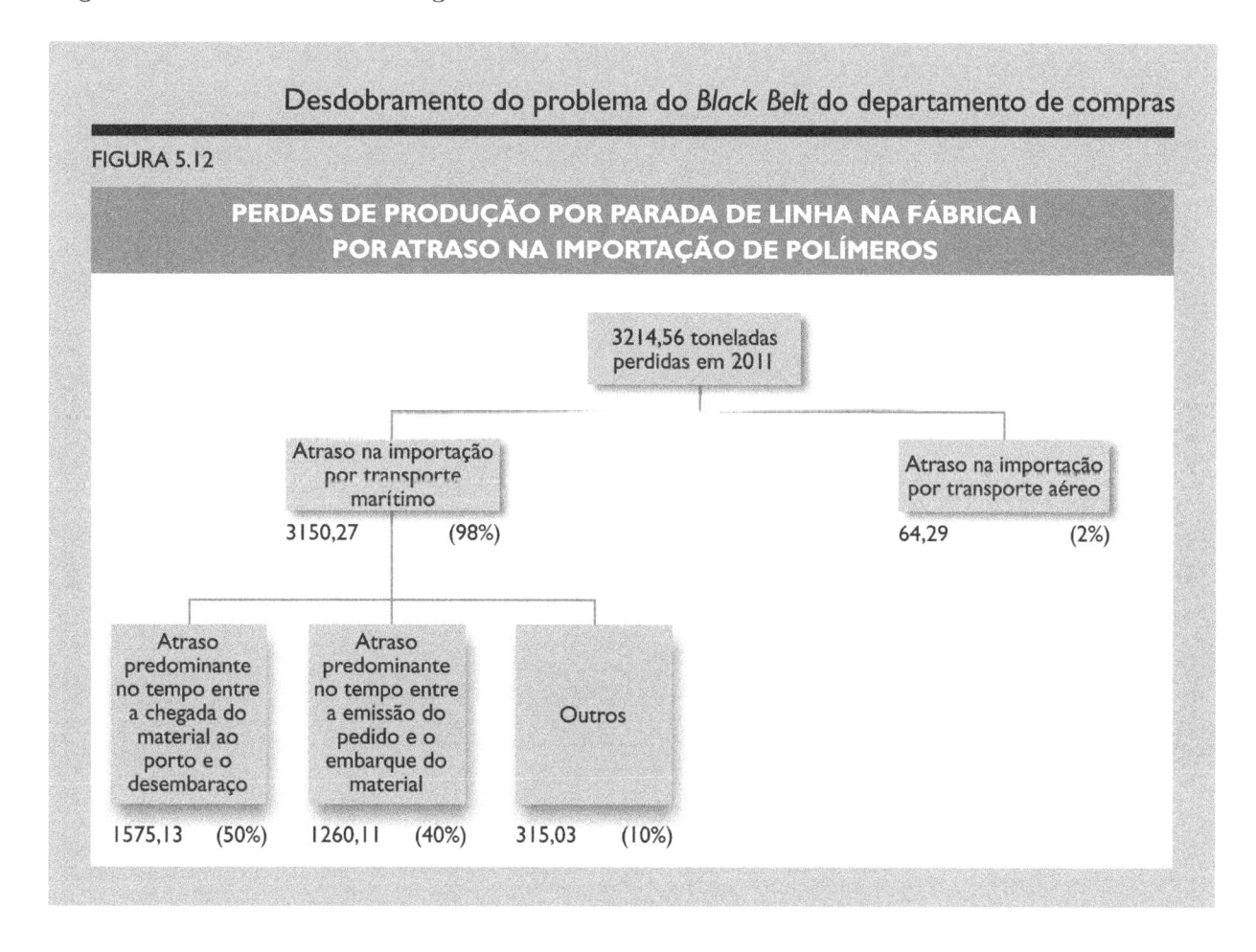

Desdobramento do problema do *Black Belt* do departamento de compras

FIGURA 5.12

PERDAS DE PRODUÇÃO POR PARADA DE LINHA NA FÁBRICA I
POR ATRASO NA IMPORTAÇÃO DE POLÍMEROS

3214,56 toneladas perdidas em 2011

- Atraso na importação por transporte marítimo — 3150,27 (98%)
  - Atraso predominante no tempo entre a chegada do material ao porto e o desembaraço — 1575,13 (50%)
  - Atraso predominante no tempo entre a emissão do pedido e o embarque do material — 1260,11 (40%)
  - Outros — 315,03 (10%)
- Atraso na importação por transporte aéreo — 64,29 (2%)

Como os dois problemas prioritários identificados na Figura 5.12 possivelmente mostram variações significativas, a equipe do departamento de compras deveria, a seguir, realizar a fase de estudo das variações prevista no *DMAIC*. As Figuras de 5.13 a 5.16 apresentam possíveis resultados desse estudo.

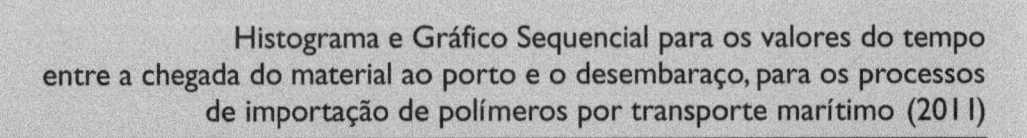

FIGURA 5.13

Histograma e Gráfico Sequencial para os valores do tempo entre a chegada do material ao porto e o desembaraço, para os processos de importação de polímeros por transporte marítimo (2011)

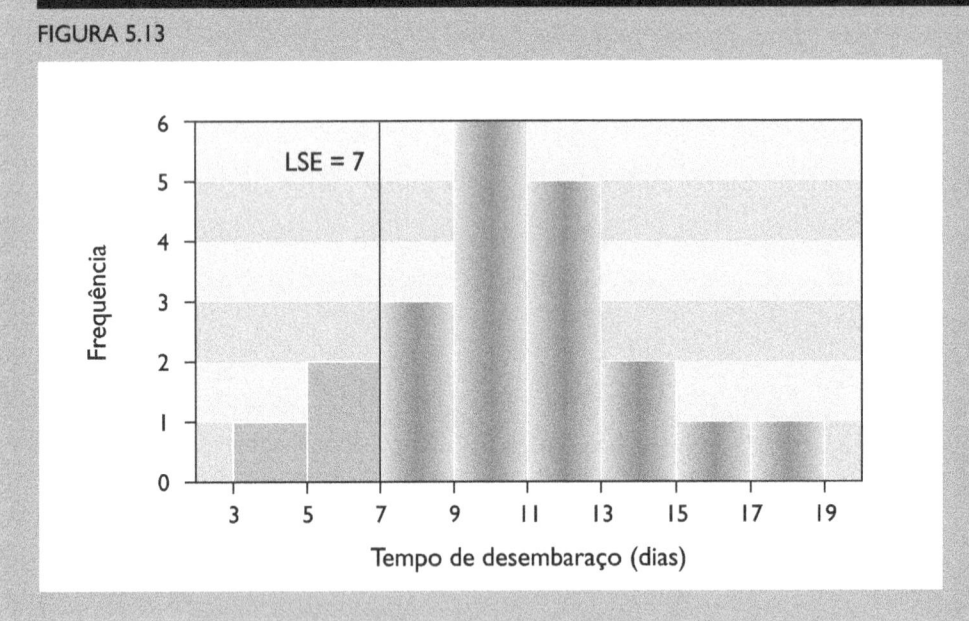

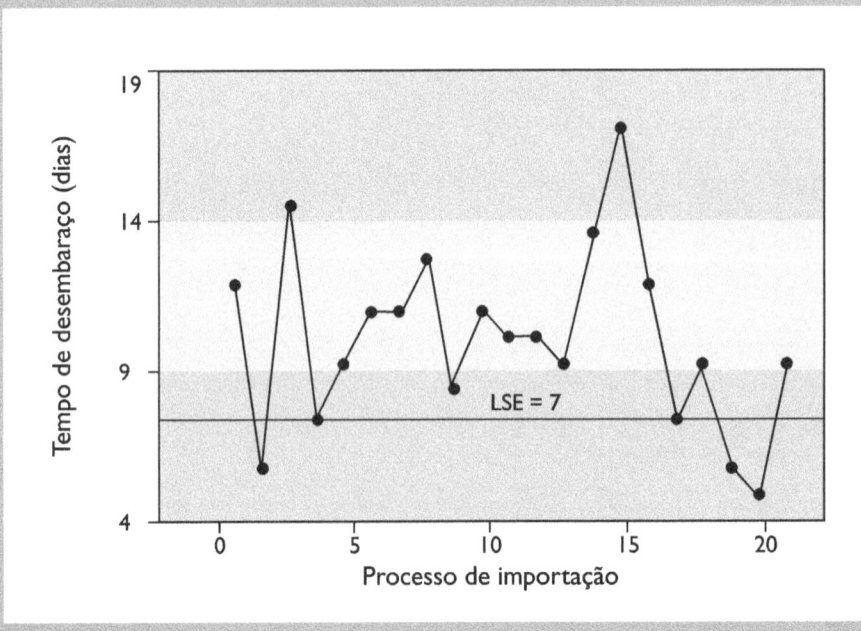

Conclusão: Dos 21 processos de importação de polímeros por transporte marítimo no ano 2011, apenas cinco (24%) foram capazes de atender às especificações para o tempo entre a chegada do material ao porto e o desembaraço.

Cartas de Controle x e AM para os valores do tempo entre a chegada do material ao porto e o desembaraço, para os processos de importação de polímeros por transporte marítimo (2011)

FIGURA 5.14

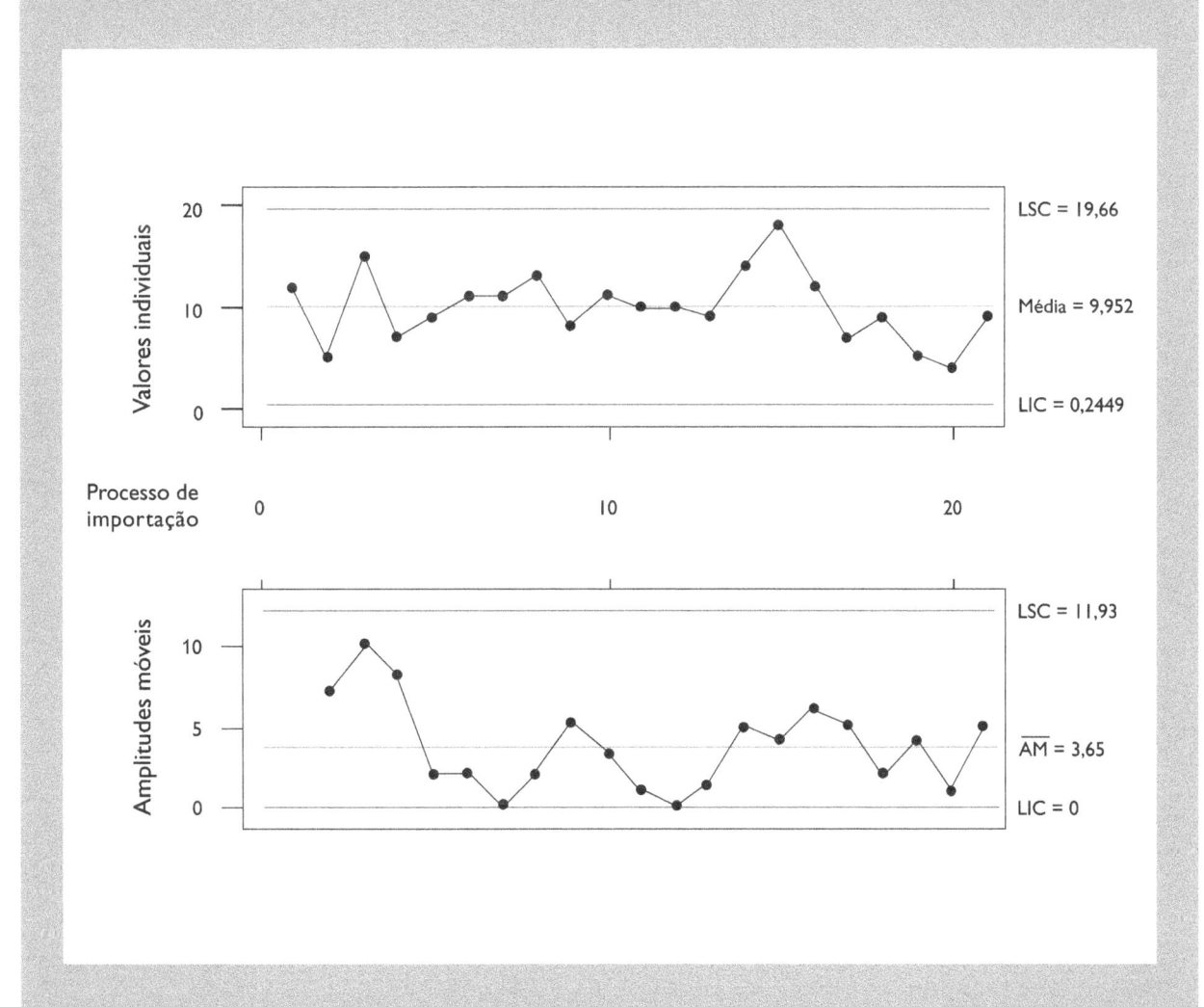

LSC = 19,66
Média = 9,952
LIC = 0,2449

LSC = 11,93
$\overline{AM}$ = 3,65
LIC = 0

Conclusões:

- O tempo entre a chegada do material ao porto e o desembaraço está sob controle.

- Os atrasos são decorrência da variação natural do processo de importação de polímeros por transporte marítimo.

Criando a Cultura Lean Seis Sigma

Histograma e Gráfico Sequencial do tempo entre a emissão do pedido e o embarque do material, para os processos de importação de polímeros por transporte marítimo (2011)

FIGURA 5.15

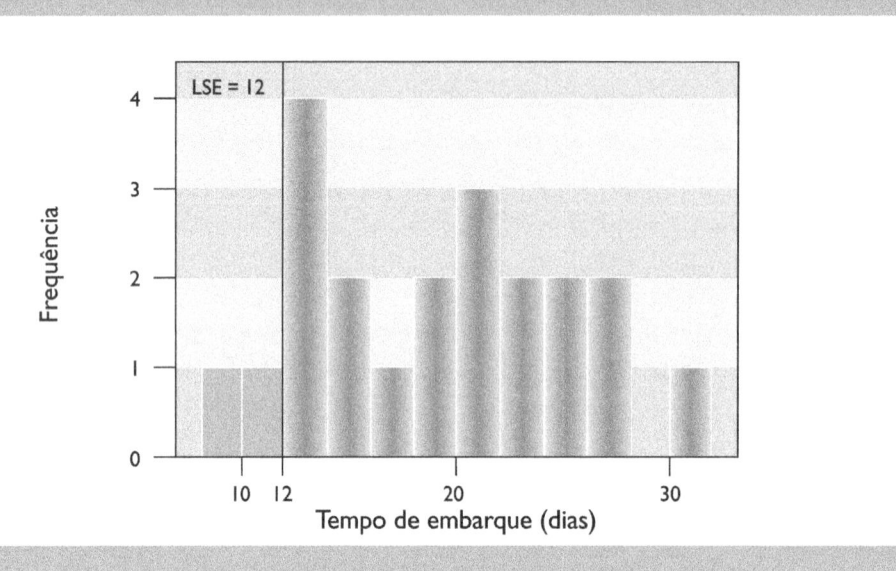

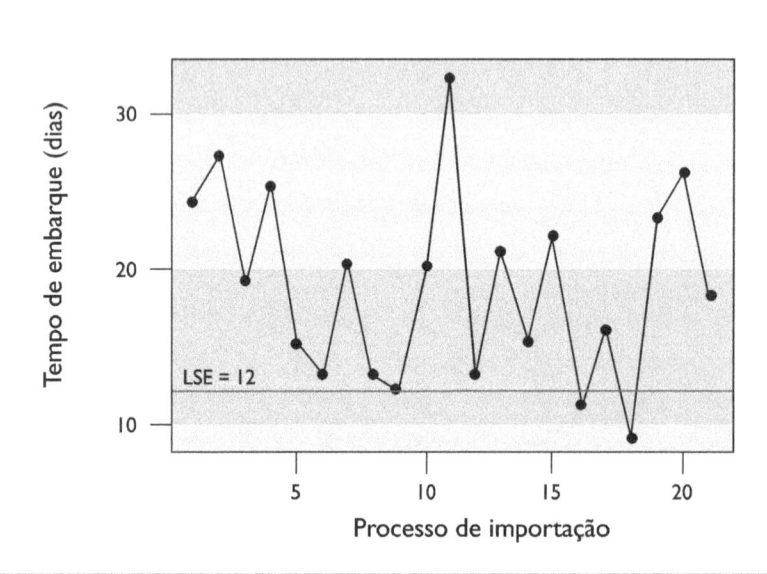

Conclusão: dos 21 processos de importação de polímeros por transporte marítimo no ano 2011, apenas três (14%) foram capazes de atender às especificações para o tempo entre a emissão do pedido e o embarque do material.

FIGURA 5.16

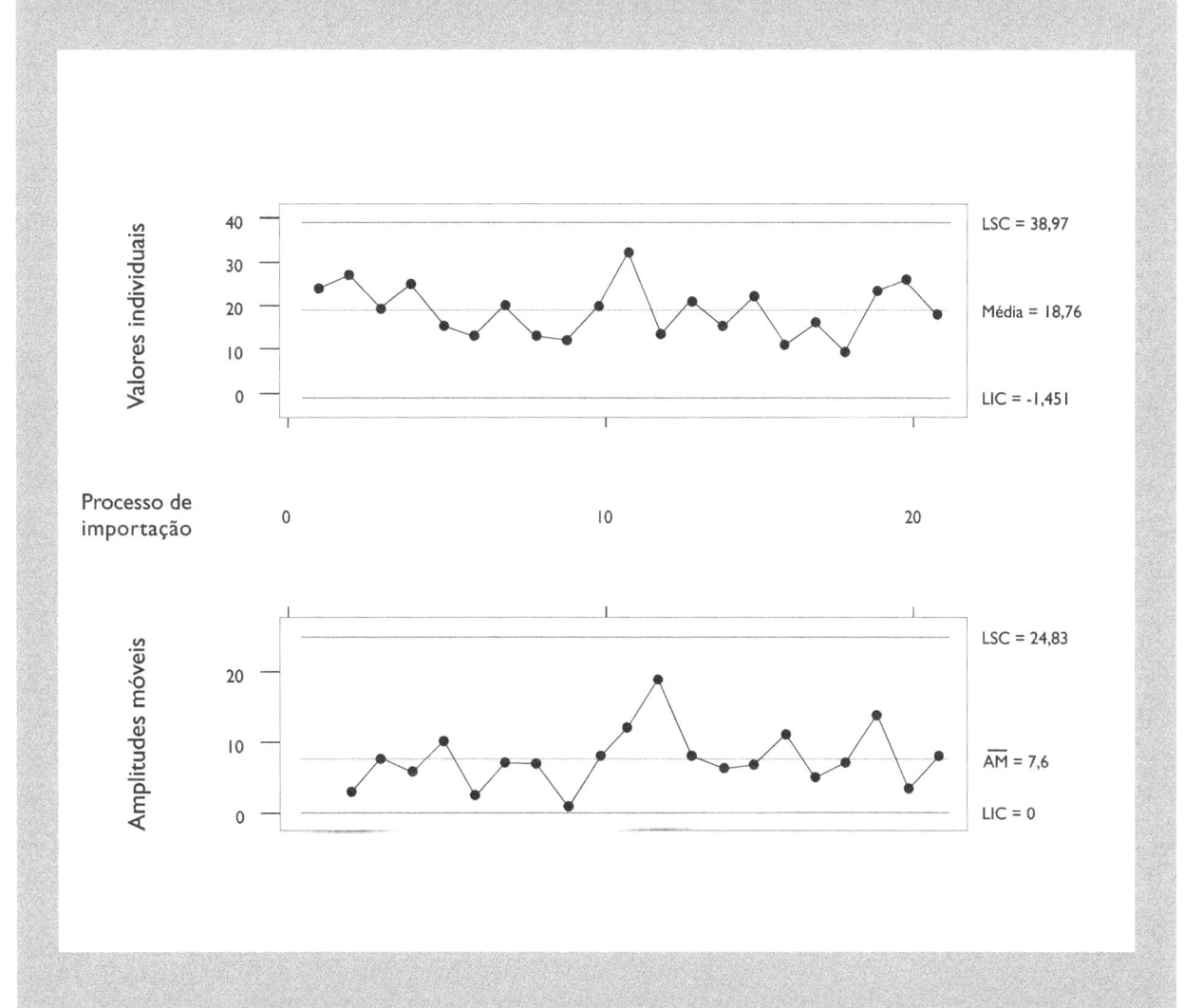

Cartas de Controle x e AM para os valores do tempo entre a emissão do pedido e o embarque do material, para os processos de importação de polímeros por transporte marítimo (2011)

Valores individuais — LSC = 38,97; Média = 18,76; LIC = -1,451

Processo de importação

Amplitudes móveis — LSC = 24,83; $\overline{AM}$ = 7,6; LIC = 0

Conclusões:

- O tempo entre a emissão do pedido e o embarque do material está sob controle.

- Os atrasos são decorrência da variação natural do processo de importação de polímeros por transporte marítimo.

A partir da análise das Figuras de 5.13 a 5.16, é possível concluir que, nesse caso, as seguintes metas prioritárias poderiam ser estabelecidas:

- **Meta prioritária 1**
  Eliminar as perdas de produção por parada de linha na Fábrica I, por atraso no tempo entre a chegada do material ao porto e o desembaraço, decorrente da variação natural do processo de importação de polímeros por transporte marítimo, até o final do ano.

- **Meta prioritária 2**
  Eliminar as perdas de produção por parada de linha na Fábrica I, por atraso no tempo entre a emissão do pedido e o embarque do material, decorrente da variação natural do processo de importação de polímeros por transporte marítimo, até o final do ano.

É fácil perceber que as duas metas prioritárias definidas acima seriam suficientes para levar ao alcance da nova meta inicial:
- Meta prioritária 1
  Redução = 1.575,13 toneladas
- Meta prioritária 2
  Redução = 1.260,11 toneladas
- Total da redução = 1.575,13 + 1.260,11 = 2.835,24 toneladas.
- Como 2.835,24 = 0,8820 × 3.214,56 (3.214,56 toneladas representam as perdas de produção por parada de linha na Fábrica I por atraso na importação de polímeros em 2011), se as duas metas prioritárias fossem alcançadas, a nova meta inicial seria superada.

Já a meta prioritária **eliminar as perdas de produção por parada de linha na Fábrica I, por falta de ordem de fabricação de reagente, até o final do ano** é uma meta que pertence à área de atuação da equipe que está conduzindo o projeto originalmente definido, porque o PCP é o departamento diretamente responsável pela emissão das ordens de fabricação. Para o alcance dessa meta, a equipe deverá dar início à etapa *Analyze* do *DMAIC*.

Por outro lado, a meta prioritária **eliminar a ocorrência de produções com viscosidade igual ou superior a 75 centipoises, resultantes da variação natural do processo produtivo, até o final do ano** deverá ser atribuída a uma equipe do departamento de engenharia industrial. Essa equipe, ao receber a meta, deverá dar início a um novo projeto.

Etapa A: *Analyze* (Analisar)

Na terceira etapa do *DMAIC* (Figura 5.17), deverão ser determinadas as causas fundamentais do problema prioritário associado a cada uma das metas definidas na etapa anterior. Isto é, nesta etapa, para cada meta, será respondida a pergunta: por que o problema prioritário existe?

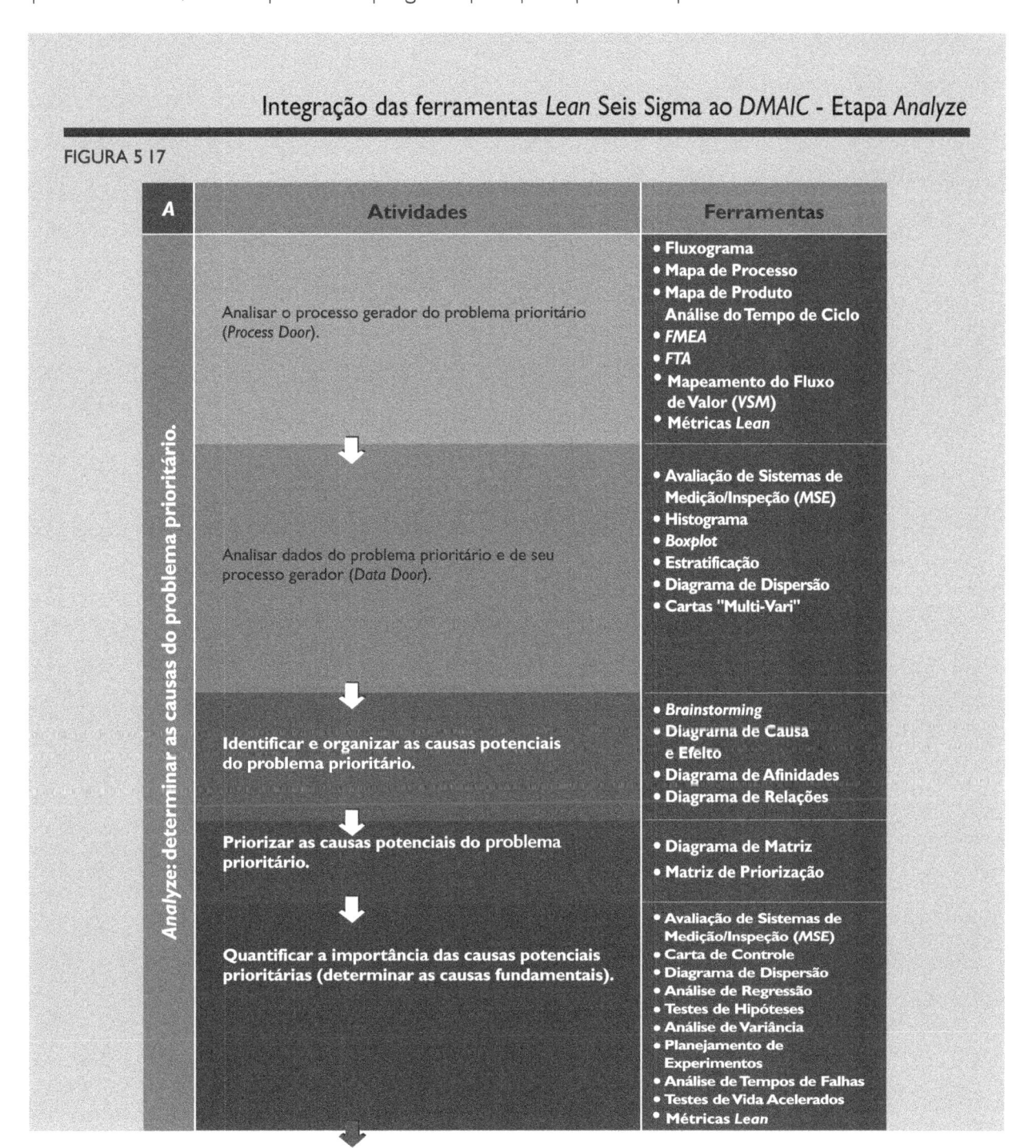

FIGURA 5.17 — Integração das ferramentas *Lean* Seis Sigma ao *DMAIC* - Etapa *Analyze*

A	Atividades	Ferramentas
Analyze: determinar as causas do problema prioritário.	Analisar o processo gerador do problema prioritário (*Process Door*).	• Fluxograma • Mapa de Processo • Mapa de Produto • Análise do Tempo de Ciclo • FMEA • FTA • Mapeamento do Fluxo de Valor (*VSM*) • Métricas *Lean*
	Analisar dados do problema prioritário e de seu processo gerador (*Data Door*).	• Avaliação de Sistemas de Medição/Inspeção (*MSE*) • Histograma • Boxplot • Estratificação • Diagrama de Dispersão • Cartas "Multi-Vari"
	Identificar e organizar as causas potenciais do problema prioritário.	• Brainstorming • Diagrama de Causa e Efeito • Diagrama de Afinidades • Diagrama de Relações
	Priorizar as causas potenciais do problema prioritário.	• Diagrama de Matriz • Matriz de Priorização
	Quantificar a importância das causas potenciais prioritárias (determinar as causas fundamentais).	• Avaliação de Sistemas de Medição/Inspeção (*MSE*) • Carta de Controle • Diagrama de Dispersão • Análise de Regressão • Testes de Hipóteses • Análise de Variância • Planejamento de Experimentos • Análise de Tempos de Falhas • Testes de Vida Acelerados • Métricas *Lean*

FIGURA 5.17　Integração das ferramentas *Lean* Seis Sigma ao *DMAIC* - Etapa *Analyze*　(continuação)

Perguntas-chave do *Analyze*

- Qual o processo gerador do problema?
- Quais são as causas potenciais que mais influenciam o problema?
- É necessário revisar o Mapa de Processo?
- As causas potenciais foram priorizadas?
- As causas potenciais foram comprovadas (quantificadas)?
- Quais são as causas fundamentais?

Se representarmos por **Y** uma medida do problema prioritário e por $x_1, x_2, x_3, ..., x_n$ os elementos do processo gerador desse problema, então, na etapa *Analyze*, a equação $Y = f(x_1, x_2, ..., x_n)$ deverá ser resolvida. Solucioná-la significa determinar quais são os **x**s do processo que mais afetam o desempenho de **Y**. Estes **x**s são as causas fundamentais do problema, que buscamos descobrir.

Para a descoberta das causas fundamentais, necessitamos realizar dois tipos de análise. O primeiro consiste no exame do processo gerador do problema prioritário (*Process Door*[17]), para permitir um melhor entendimento do fluxo e a identificação de oportunidades para redução do tempo de ciclo e dos custos do processo. As ferramentas **Fluxograma** (Figura 5.18), **Mapa de Processo**, **Mapa de Produto**, **Análise do Tempo de Ciclo**, *FMEA* (Figura 5.19) e *FTA* serão extremamente úteis à condução dessa análise.

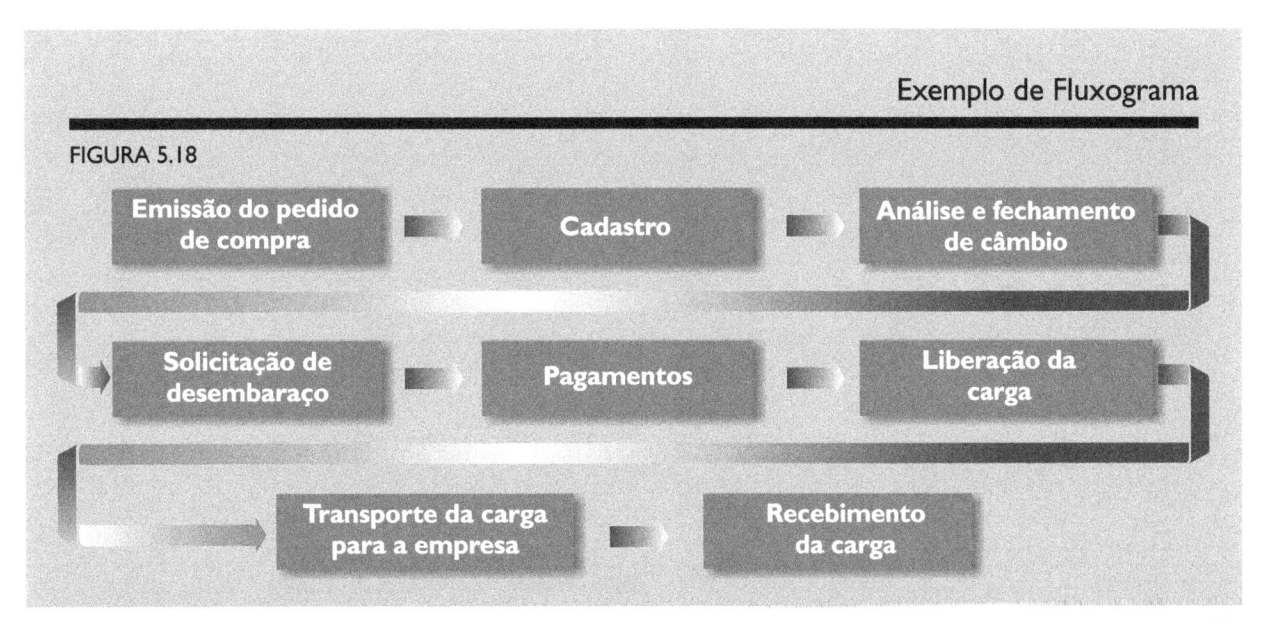

Exemplo de Fluxograma

FIGURA 5.18

Emissão do pedido de compra → Cadastro → Análise e fechamento de câmbio → Solicitação de desembaraço → Pagamentos → Liberação da carga → Transporte da carga para a empresa → Recebimento da carga

Exemplo de *FMEA* de Processo

FIGURA 5.19

FMEA ■ Produto ✓ Processo

Data da elaboração:
Data da próxima revisão:

Item	Nome do componente/ equipamento	Função	Falhas possíveis			Controles atuais	Índices			
			Modos	Efeito(s)	Causas		G	O	D	R
1	Reator	Garantir a reação de conversão	Reação incompleta	Obstrução da tubulação por viscosidade elevada do produto	pH inadequado	Inexistentes	10	4	6	240

O próximo passo consiste na análise de dados do problema prioritário e de seu processo gerador (**Data Door**). Nessa fase são examinados dados provenientes do processo (principalmente os dados coletados na etapa *Measure*), com o objetivo de descobrir indicações ou **pistas** sobre as possíveis causas do problema prioritário. Neste passo, busca-se, basicamente, descobrir quais são os fatores (**x**s) que introduzem variações nos resultados associados ao problema (**Y**) e como essas variações se apresentam.

Por exemplo, para o alcance da meta **eliminar a ocorrência de produções com viscosidade igual ou superior a 75** *centipoises*, **resultantes da variação natural do processo produtivo, até o final do ano**, poderiam ser utilizados dados do processo, para avaliação das variações na viscosidade dentro de uma mesma batelada de produto e também entre diferentes bateladas.

As ferramentas que serão muito úteis para a análise dos dados com os propósitos descritos acima são **Avaliação de Sistemas de Medição e Inspeção, Histograma,** *Boxplot*, **Estratificação, Diagrama de Dispersão** (Figura 5.20) e **Cartas "Multi-Vari"** (Figura 5.21).

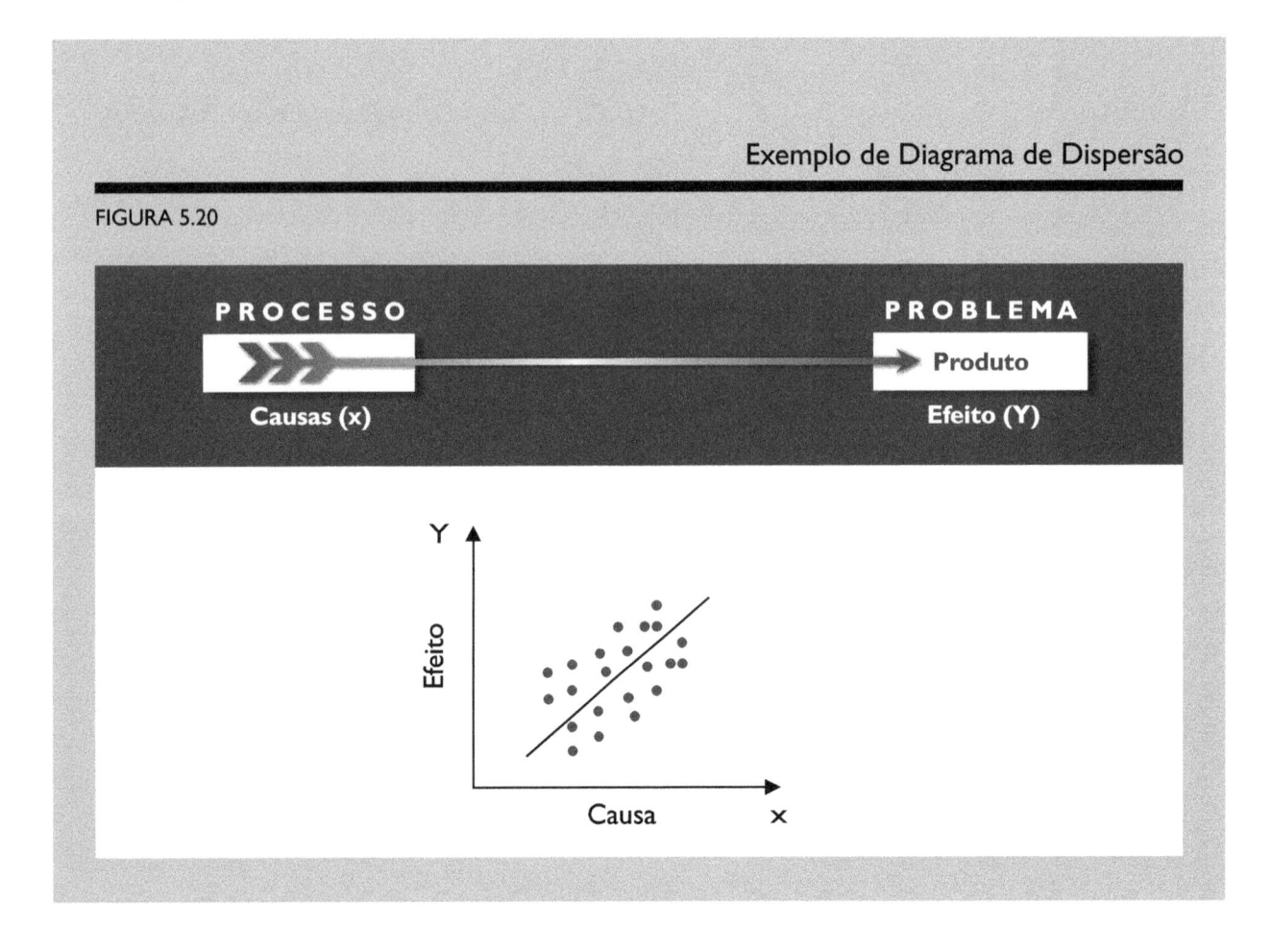

FIGURA 5.20 — Exemplo de Diagrama de Dispersão

FIGURA 5.21 Exemplo de Cartas "Multi-Vari"

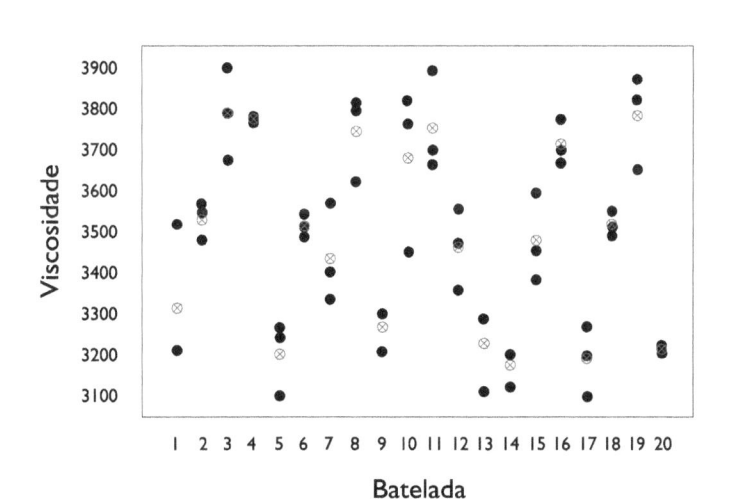

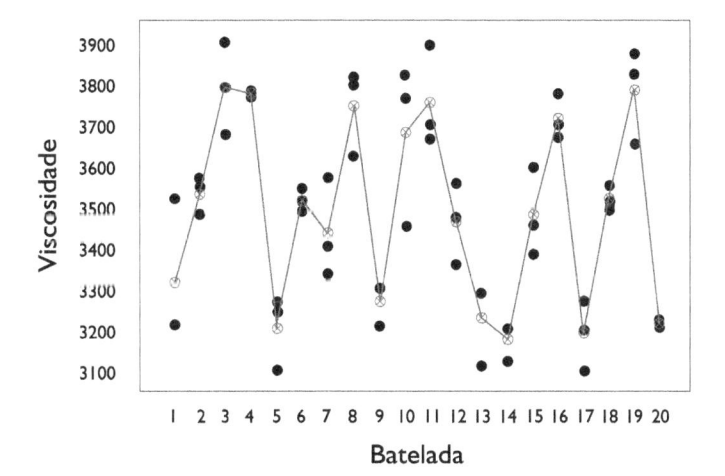

Conclusão: a variação entre as bateladas é maior que a variação dentro das bateladas.

Após a conclusão das atividades *Process Door* e *Data Door*, a equipe deve identificar e organizar as causas potenciais do problema prioritário. Para a criação de uma lista de causas potenciais, deve ser realizado um *Brainstorming*, do qual devem participar os membros da equipe, além de especialistas no problema e processo envolvidos no projeto. As informações levantadas deverão ser organizadas, para maior facilidade de visualização, por meio do uso de uma destas ferramentas: **Diagrama de Causa e Efeito, Diagrama de Afinidades e Diagrama de Relações.**

Ao término da construção do Diagrama de Causa e Efeito (ou outro diagrama equivalente), geralmente é identificado um grande número de causas potenciais para o problema. No entanto, será necessário coletar dados para verificar as que, realmente, contribuem de modo significativo para a ocorrência do problema. Como geralmente não é viável coletar dados de todas as causas potenciais identificadas, será necessário priorizá-las, por meio do emprego de um **Diagrama de Matriz** ou de uma **Matriz de Priorização**[18].

Exemplo de Matriz de Priorização

FIGURA 5.22

		Problema prioritário			
		Atraso no tempo entre a chegada do material ao porto e o desembaraço, decorrente da variação natural do processo de importação de polímeros por transporte marítimo.	Atraso no tempo entre a emissão do pedido e o embarque, decorrente da variação natural do processo de importação de polímeros por transporte marítimo.	Falta de ordem de fabricação de reagentes.	
	Peso (5 a 10)	9	8	10	Total
Causa potencial	Tempo elevado de preparação da carga pelos fornecedores.	0	5	0	40
	Mudanças freqüentes no roteiro de viagem feitas pelos fornecedores, sem comunicar à empresa.	5	5	0	85
	Deficiências do *software* utilizado na programação da produção.	1	0	5	59
	Falta de treinamento das pessoas que trabalham em áreas administrativas da empresa.	3	0	3	57
	Falhas nos registros de controle de estoques de matérias-primas usadas na fabricação de reagentes.	0	0	5	50

Legenda: 5 - Correlação forte   3 - Correlação moderada   1 - Correlação fraca   0 - Correlação ausente

A Matriz de Priorização correlaciona as saídas do processo (medidas associadas aos problemas prioritários e a outros resultados importantes) às entradas e outras variáveis do mesmo (causas potenciais dos problemas prioritários). A Figura 5.22 apresenta como exemplo uma configuração para a Matriz de Priorização que poderia resultar do trabalho da equipe que busca atingir a meta **reduzir em 50% as perdas de produção por parada de linha na Fábrica I, até o final do ano**.

A seguir, o verdadeiro grau de influência das causas potenciais prioritárias deve ser quantificado, através do uso de ferramentas como **Avaliação de Sistemas de Medição e Inspeção, Cartas de Controle, Diagrama de Dispersão, Análise de Regressão, Testes de Hipóteses, Análise de Variância, Planejamento de Experimentos (*Design of Experiments – DOE*), Análise de Tempos de Falhas e Testes de Vida Acelerados.**

Esta fase do *Analyze* corresponde, então, à quantificação da importância das causas potenciais prioritárias (determinação das causas fundamentais) do problema considerado. É importante destacar que as ferramentas utilizadas nesta última fase da etapa *Analyze* do *DMAIC* podem variar e dependem muito do problema e do processo abordados no projeto.

Por exemplo, suponha que, para o problema **ocorrência de produções com viscosidade igual ou superior a 75 centipoises, resultantes da variação natural do processo produtivo**, a equipe do departamento de engenharia industrial da empresa do exemplo tenha determinado as seguintes causas potenciais prioritárias:
- Temperatura de mistura inadequada
- pH inadequado à mistura
- Concentração de formaldeído inadequada
- Baixa velocidade de mistura.

Para que a equipe possa obter conhecimento quantitativo sobre o grau de importância dessas causas na viscosidade do produto, poderão ser utilizadas as ferramentas Planejamento de Experimentos (veja Figura 5.23) ou Análise de Regressão, que serão apresentadas em detalhes em outros volumes da Série Werkema de Excelência Empresarial.

Portanto, ao final da etapa *Analyze*, as causas fundamentais do problema prioritário devem estar identificadas e quantificadas, de modo a constituírem a base para a geração de soluções, que ocorrerá na próxima etapa do *DMAIC*.

Experimento realizado pela equipe do departamento de engenharia industrial[19]

FIGURA 5.23

Formulário para documentação do experimento realizado para a otimização da viscosidade do produto químico

1 - OBJETIVO
Identificar os fatores que afetam a viscosidade do produto químico e a melhor condição de operação do processo.

2 - INFORMAÇÕES ANTERIORES
As condições atuais de operação do processo resultam em viscosidades superiores a 75 centipoises, que provocam obstruções das tubulações.

A concentração de formaldeído (fator C) é atualmente utilizada no nível alto. É interesse da empresa reduzir essa concentração o máximo possível, mas as tentativas realizadas anteriormente resultaram em fracasso, porque a viscosidade do produto era seriamente comprometida.[20]

A qualidade da principal matéria-prima utilizada no processo sofre variações de um lote para outro, mas não se conhece qual é o impacto dessas variações sobre a viscosidade.

3 - VARIÁVEIS EXPERIMENTAIS

Variáveis-resposta	Método de medição
1 - Viscosidade	Procedimento XYZ

Fatores	Níveis
1 - Temperatura (A)	A_1, A_2,
2 - pH (B)	B_1, B_2,
3 - Concentração de formaldeído (C)	C_1, C_2,
4 - Velocidade de mistura (D)	D_1, D_2,

Variáveis de ruído	Método de controle
1 - Lote de matéria-prima	Utilizar dois lotes de matéria-prima no experimento - cada lote tem volume suficiente para a realização de oito ensaios (cada lote será considerado um bloco).

4 - FORMA DE CONDUÇÃO DO EXPERIMENTO
Realizar uma réplica de um experimento fatorial 2^4 em dois blocos.

5 - MÉTODO DE ALEATORIZAÇÃO
A ordem de realização dos ensaios dentro de cada bloco será aleatorizada por meio da utilização do MINITAB.

6 - MATRIZ DE PLANEJAMENTO/FOLHA DE VERIFICAÇÃO PARA COLETA DE DADOS
Experimento fatorial 2^4 em dois blocos incompletos:

Ensaio	Bloco	Temperatura	pH	Concentração	Velocidade de mistura	Viscosidade
1	1	+	-	-	-	
2	1	-	+	-	-	
3	1	-	-	+	-	
4	1	+	+	+	-	
5	1	-	-	-	+	
6	1	+	+	-	+	
7	1	+	-	+	+	
8	1	-	+	+	+	
9	2	-	-	-	-	
10	2	+	+	-	-	
11	2	+	-	+	-	
12	2	-	+	+	-	
13	2	+	-	-	+	
14	2	-	+	-	+	
15	2	-	-	+	+	
16	2	+	+	+	+	

7 - MÉTODOS DE ANÁLISE ESTATÍSTICA
Diagrama de Pareto e gráfico de probabilidade normal para os efeitos. Gráficos de interações entre os fatores e gráficos de efeitos principais.

8 - CUSTO ESTIMADO, CRONOGRAMA E RESTRIÇÕES
Completar o experimento em um dia.

Integração das ferramentas Lean Seis Sigma ao DMAIC

Etapa I: Improve (Melhorar)

Na quarta etapa do DMAIC (Figura 5.24), inicialmente devem ser geradas ideias sobre soluções potenciais para a eliminação das causas fundamentais do problema prioritário detectadas na etapa Analyze.

Integração das ferramentas Lean Seis Sigma ao DMAIC - Etapa Improve

FIGURA 5.24

I	Atividades	Ferramentas
Improve: propor, avaliar e implementar soluções para o problema prioritário.	Gerar ideias de soluções potenciais para a eliminação das causas fundamentais do problema prioritário.	• Brainstorming • Diagrama de Causa e Efeito • Diagrama de Afinidades • Diagrama de Relações • Mapeamento do Fluxo de Valor (VSM Futuro) • Métricas Lean • Redução de Setup
	Priorizar as soluções potenciais.	• Diagrama de Matriz • Matriz de Priorização
	Avaliar e minimizar os riscos das soluções prioritárias.	• FMEA • Stakeholder Analysis
	Testar em pequena escala as soluções selecionadas (teste piloto).	• Teste na Operação • Testes de Mercado • Simulação • Kaizen • Métricas Lean • Kanban • 5S • TPM • Redução de Setup • Poka-Yoke (Mistake-Proofing) • Gestão Visual
	Identificar e implementar melhorias ou ajustes para as soluções selecionadas, caso necessário.	• Operação Evolutiva (EVOP) • Testes de Hipóteses • Mapeamento do Fluxo de Valor (VSM Futuro) • Métricas Lean
	A meta foi alcançada? NÃO → Retorno à etapa M ou implementar o Design for Lean Six Sigma (DFLSS). SIM ↓	
	Elaborar e executar um plano para a implementação das soluções em larga escala.	• 5W2H • Diagrama da Árvore • Diagrama de Gantt • PERT / CPM • Diagrama do Processo Decisório (PDPC) • Kaizen • Métricas Lean • Kanban • 5S • TPM • Redução de Setup • Poka-Yoke (Mistake-Proofing) • Gestão Visual

FIGURA 5.24 Integração das ferramentas *Lean* Seis Sigma ao *DMAIC* - Etapa *Improve* *(continuação)*

Perguntas-chave do *Improve*

- Quais são as possíveis soluções?
- Será necessário priorizar as soluções?
- As soluções priorizadas apresentam algum risco?
- Será necessário testar as soluções?
- Como os testes serão executados?
- Quais os resultados dos testes?
- Qual o plano de ação para implementar as soluções em larga escala?
- As ações foram implementadas conforme planejado?
- As metas específicas foram alcançadas?

Nesta fase inicial da etapa *Improve*, Pande, Neuman e Cavanagh[21] nos ensinam que, durante uma sessão de **Brainstorming**, as seguintes perguntas devem ser formuladas e respondidas pela equipe:
- "Quais são as ideias sobre as formas para eliminação das causas fundamentais?
- Todas essas ideias podem ser transformadas em soluções de elevado potencial para implementação?
- Que soluções possivelmente levarão ao alcance da meta com menor custo e maior facilidade de execução?
- Como testar as soluções escolhidas, com o objetivo de se garantirem o alcance da meta e a ausência de efeitos correlatos indesejáveis?"

As ideias levantadas nesta fase devem ser refinadas e combinadas para darem origem às soluções potenciais para o alcance da meta prioritária. O uso de uma destas ferramentas: **Diagrama de Causa e Efeito, Diagrama de Afinidades ou Diagrama de Relações** poderá auxiliar a equipe na condução dessa tarefa. É importante que as soluções potenciais sejam elaboradas de modo claro e formalmente registradas.

O próximo passo consiste na priorização das soluções potenciais, por meio do emprego de um **Diagrama de Matriz** ou de uma **Matriz de Priorização** (veja um exemplo na Figura 5.25).

Exemplo de configuração para uma Matriz de Priorização das soluções potenciais

FIGURA 5.25

	Critério para priorização						
	Baixo Custo	Facilidade	Rapidez	Elevado impacto sobre as causas fundamentais	Baixo potencial para criar novos problemas	Contribuição para a satisfação do consumidor	
Peso (5 a 10)	9	8	8	10	10	7	
Solução							Total
I	3	3	1	5	5	1	166
II	5	5	5	3	5	0	205
III	3	5	5	5	3	3	208
IV	1	5	3	3	5	1	160
V	5	3	1	3	5	3	178

Legenda: 5 - Correlação forte   3 - Correlação moderada   1 - Correlação fraca   0 - Correlação ausente

A seguir, os riscos das soluções prioritárias devem ser avaliados e minimizados. A ferramenta *FMEA (Failure Mode and Effect Analysis)*, uma abordagem estruturada para identificação e avaliação de riscos, pode ser bastante útil para limitar os riscos associados à implementação de mudanças no processo, decorrentes das soluções prioritárias consideradas.

Outra ferramenta que deve ser utilizada nesta fase é denominada **Stakeholder Analysis**[22] (Análise de Grupos de Interesse). Um *stakeholder* é uma pessoa, área ou departamento que será afetado pelas soluções prioritárias consideradas ou que deverá participar da implementação dessas soluções. *Stakeholders* típicos são gestores e operadores que trabalham no processo que está sendo modificado e nos processos imediatamente anteriores e posteriores a ele, além de consumidores, fornecedores e a área financeira da empresa. O resultado da *Stakeholder Analysis* é constituído por:
- Uma relação dos *stakeholders*
- Uma escala que indica os possíveis níveis de comprometimento de cada *stakeholder*
- O nível de comprometimento de cada *stakeholder* necessário à implementação, com sucesso, das soluções prioritárias
- O atual nível de comprometimento de cada *stakeholder*
- A mudança necessária no nível de comprometimento de cada *stakeholder*, para que as soluções prioritárias sejam implementadas com sucesso.

A Figura 5.26 apresenta um exemplo de uso da ferramenta *Stakeholder Analysis*.

Exemplo de utilização da ferramenta *Stakeholder Analysis* na etapa *Improve* do DMAIC

FIGURA 5.26

Nível de comprometimento	Stakeholder		
	Diretor do departamento de engenharia industrial	Gerente do setor de suprimentos	Supervisor da linha 3 da fábrica
Apoio forte			X
Apoio moderado	X		
Apoio fraco		X	
Neutro			
Oposição fraca			0
Oposição moderada		0	
Oposição forte	0		

Legenda: 0 - Atual nível de comprometimento   X - Nível de comprometimento necessário

Em outro volume da Série Werkema de Excelência Empresarial serão apresentados procedimentos que a equipe responsável pelo projeto pode utilizar para promover a mudança necessária no nível de comprometimento de cada *stakeholder*, com o objetivo de minimizar os riscos para o sucesso da implementação das soluções prioritárias.

A próxima fase do *Improve* consiste em realizar **Testes na Operação** das soluções prioritárias escolhidas pela equipe, isto é, testar em pequena escala as soluções selecionadas (teste piloto). Nessa fase, dependendo da natureza do projeto, as ferramentas **Testes de Mercado** e **Simulação** poderão ser utilizadas.

A partir dos resultados do teste piloto, devem ser identificados e implementados possíveis ajustes ou melhorias para as soluções selecionadas. Essas tarefas podem ser realizadas com o auxílio das ferramentas **Operação Evolutiva (*EVOP*)** e **Testes de Hipóteses**.

Após a implementação dos possíveis ajustes, a equipe deve avaliar se as soluções selecionadas tiveram potencial suficiente para levar ao alcance da meta e se não produziram efeitos correlatos indesejáveis. Caso o resultado dessa avaliação seja desfavorável, a equipe deverá retornar à etapa M do *DMAIC* para um maior aprofundamento da análise ou considerar a possibilidade de implementar o *Design for Lean Six Sigma* (*DFLSS*), para elaborar novo projeto do produto e/ou do processo considerados no trabalho (veja o capítulo 8).

Se o resultado do mapeamento for favorável (meta atingida e ausência de efeitos correlatos indesejáveis), o próximo passo consistirá na elaboração e execução de um plano para a implementação das soluções em larga escala. Nessa fase poderão ser utilizadas como ferramentas de planejamento: **Diagrama de Gantt, Diagrama de Árvore, 5W2H, PERT/CPM** e o **Diagrama do Processo Decisório** (mencionados no anexo A e em outro volume da Série Werkema de Excelência Empresarial).

Etapa C: *Control* (Controlar)

A primeira fase da quinta etapa do *DMAIC* (Figura 5.27) consiste na avaliação do alcance da meta em larga escala. Com esse objetivo, os resultados obtidos após a ampla implementação das soluções devem ser monitorados para a confirmação do alcance do sucesso.

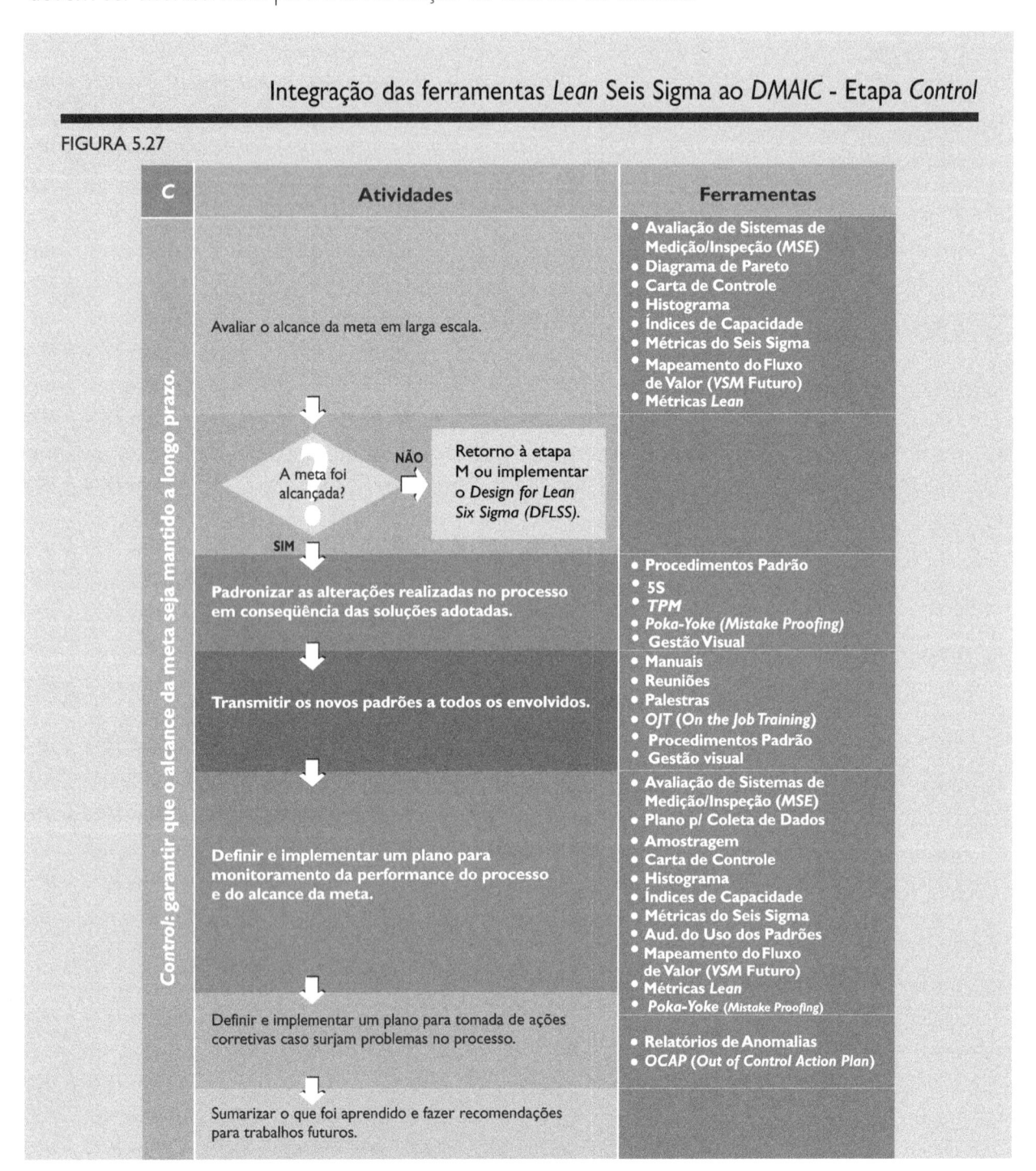

Integração das ferramentas *Lean* Seis Sigma ao *DMAIC* - Etapa *Control*

FIGURA 5.27

C	Atividades	Ferramentas
Control: garantir que o alcance da meta seja mantido a longo prazo.	Avaliar o alcance da meta em larga escala.	• Avaliação de Sistemas de Medição/Inspeção (*MSE*) • Diagrama de Pareto • Carta de Controle • Histograma • Índices de Capacidade • Métricas do Seis Sigma • Mapeamento do Fluxo de Valor (*VSM* Futuro) • Métricas *Lean*
	A meta foi alcançada? NÃO → Retorno à etapa M ou implementar o *Design for Lean Six Sigma* (*DFLSS*). SIM ↓	
	Padronizar as alterações realizadas no processo em conseqüência das soluções adotadas.	• Procedimentos Padrão • 5S • *TPM* • Poka-Yoke (*Mistake Proofing*) • Gestão Visual
	Transmitir os novos padrões a todos os envolvidos.	• Manuais • Reuniões • Palestras • OJT (*On the Job Training*) • Procedimentos Padrão • Gestão visual
	Definir e implementar um plano para monitoramento da performance do processo e do alcance da meta.	• Avaliação de Sistemas de Medição/Inspeção (*MSE*) • Plano p/ Coleta de Dados • Amostragem • Carta de Controle • Histograma • Índices de Capacidade • Métricas do Seis Sigma • Aud. do Uso dos Padrões • Mapeamento do Fluxo de Valor (*VSM* Futuro) • Métricas *Lean* • Poka-Yoke (*Mistake Proofing*)
	Definir e implementar um plano para tomada de ações corretivas caso surjam problemas no processo.	• Relatórios de Anomalias • OCAP (*Out of Control Action Plan*)
	Sumarizar o que foi aprendido e fazer recomendações para trabalhos futuros.	

FIGURA 5.27 Integração das ferramentas Lean Seis Sigma ao DMAIC - Etapa Control (continuação)

Perguntas-chave do Control

- A meta global foi alcançada?
- Foi obtido o retorno financeiro previsto?
- Foram criados ou alterados padrões para a manutenção dos resultados?
- As pessoas das áreas envolvidas com o cumprimento dos novos padrões foram treinadas?
- Quais variáveis do processo serão monitoradas e como elas serão acompanhadas?
- Como será o acompanhamento do processo com base no sistema de monitoramento (planos de manutenção corretiva e preventiva)?
- O que foi aprendido e quais as recomendações da equipe?

Essa confirmação deve ser feita por meio do emprego de dados coletados antes e após a implementação das soluções em larga escala, que permitirão a comparação dos resultados e a verificação do alcance da meta.

Nesta fase, as ferramentas **Avaliação de Sistemas de Medição e Inspeção, Diagrama de Pareto, Carta de Controle, Histograma, Índices de Capacidade** e **Métricas do *Lean* Seis Sigma** serão especialmente úteis.

Caso o resultado do mapeamento do alcance da meta em larga escala seja desfavorável, a equipe deverá retornar à etapa M do *DMAIC* para um maior aprofundamento da análise ou considerar a possibilidade de implementar o *Design for Lean Six Sigma* (*DFLSS*), para elaborar novo projeto do produto e/ou do processo considerados no trabalho (capítulo 8).

Se o resultado do mapeamento for favorável (meta atingida em larga escala), a próxima fase consistirá na padronização das alterações realizadas no processo em consequência das soluções adotadas. Nesse sentido, novos **procedimentos operacionais padrão** devem ser estabelecidos ou os procedimentos antigos devem ser revisados.

Os procedimentos operacionais padrão devem incorporar mecanismos que garantam a realização de atividades "à prova de erro" (***Mistake-Proofing*** ou ***Poka-Yoke***), de modo a enfatizar a detecção e correção de erros, antes que esses se transformem em defeitos transmitidos para o cliente/consumidor. Também é muito importante que os novos padrões sejam divulgados para todos os envolvidos, por meio da **elaboração de manuais de treinamento e da realização de palestras, reuniões e treinamento no trabalho** (*On the Job Training – OJT*). É fundamental que os padrões sejam claros, com utilização de figuras e símbolos que facilitem o seu entendimento e estejam disponíveis no local e na forma necessários[23].

A próxima fase da etapa *Control* consiste em definir e implementar um plano para monitoramento da performance do processo e do alcance da meta. Essa fase é muito importante para impedir que o problema já resolvido ocorra novamente no futuro, devido, por exemplo, à desobediência aos padrões.

As ferramentas **Avaliação de Sistemas de Medição e Inspeção, Plano para Coleta de Dados,**

Folha de Verificação, Amostragem, Carta de Controle, Histograma, Índices de Capacidade, Métricas do *Lean* Seis Sigma e **Auditoria do Uso dos Padrões** podem ser utilizadas no dia a dia, para garantir que os resultados alcançados sejam mantidos. Também deve ser definido e implementado um plano para a tomada de ações corretivas, caso surjam problemas no processo. Esse plano deve contemplar o uso de **Relatórios de Anomalias** e do *OCAP* (*Out of Control Action Plan*).

Finalmente, todas as atividades realizadas devem ser recapituladas, para que seja feita uma reflexão sobre a forma de condução do projeto e também para que sejam levantados os pontos não abordados no trabalho. Esses, por sua vez, deverão ser apresentados aos gestores envolvidos no projeto, para uma possível definição de novos trabalhos. Essa última atividade consiste, então, em sumarizar o que foi aprendido e fazer recomendações para trabalhos futuros.

Capítulo 6
Mapa de Raciocínio

"A alma mais forte e mais bem constituída é aquela que os sucessos não orgulham e que não se abate com os reveses."

Plutarco

Introdução

O Mapa de Raciocínio[1] é uma documentação progressiva da forma de raciocínio durante a execução de um trabalho ou projeto. Ele deve documentar:
- A meta inicial do projeto (objetivo inicial)
- As questões às quais a equipe precisou responder durante o desenvolvimento do projeto
- O que foi feito para responder às questões
- Respostas às questões
- Novas questões, novos passos, novas respostas.

Para ser efetivo, o Mapa de Raciocínio deve possuir as seguintes características:
- Apresentar todas as atividades paralelas desenvolvidas durante a execução do projeto.
- Mostrar a relevância das perguntas formuladas, ferramentas utilizadas e atividades realizadas para o alcance da meta inicial do projeto.
- Apresentar a identificação da etapa do *DMAIC* correspondente a cada parte do projeto.
- Apresentar referências aos documentos que contêm o detalhamento dos dados e do uso de ferramentas necessárias ao desenvolvimento do projeto (utilizadas para responder às perguntas constantes no Mapa de Raciocínio). Esses documentos podem ser integrados ao mesmo sob a forma de anexos.
- Apresentar símbolos, fontes, formatos ou cores distintos, com o objetivo de destacar os diferentes elementos do mapa: perguntas, respostas, referências aos documentos que justificam as respostas, etapas do *DMAIC* e caminhos paralelos seguidos dentro de cada etapa.

A seguir são identificados os principais benefícios do uso do Mapa de Raciocínio[2]:
- Permite a documentação de informações que, muitas vezes, são de conhecimento apenas da equipe responsável pelo desenvolvimento do projeto. Em outras palavras, torna possível a retenção, na empresa, do conhecimento gerado e serve como fonte de consulta para o desenvolvimento de projetos similares, o que pode evitar duplicidade de esforços.
- A natureza evolutiva do Mapa de Raciocínio força os responsáveis pela condução do projeto a questionar a lógica de seu pensamento e de suas análises e ações, tendo em vista a meta a ser atingida.
- Pode constituir a base de uma apresentação do projeto que está sendo desenvolvido para colegas, pessoas de outras áreas funcionais da empresa, gestores, fornecedores e clientes.

- Facilita o entendimento do projeto por pessoas que não participam da equipe. Por meio do Mapa de Raciocínio, é mais fácil entender:
  - Por que e como foram coletados os dados;
  - As análises realizadas, as interpretações dos resultados e as conclusões daí decorrentes;
  - Que perguntas ainda necessitam ser respondidas;
  - Quais são os resultados não conclusivos;
  - Os aspectos do trabalho que estão fora da área de influência direta e imediata da equipe e necessitam de suporte dos níveis gerenciais.
- O Mapa de Raciocínio favorece contribuições (novos conhecimentos e ideias) de pessoas que não fazem parte da equipe responsável pelo trabalho, já que o entendimento do projeto fica facilitado.

É importante que a equipe responsável pelo projeto tome cuidado para não cometer os seguintes erros no uso do Mapa de Raciocínio:
- Tratá-lo como um documento estático, elaborado no início do projeto e depois abandonado. A principal característica da ferramenta é o seu caráter dinâmico, ou seja: ele deve ser um documento evolutivo, que funciona como um **diário de bordo** do trabalho. O Mapa de Raciocínio deverá registrar, em tempo real, as perguntas a serem respondidas e os novos conhecimentos adquiridos na busca das respostas a essas perguntas, durante o desenvolvimento do projeto.
- Redigir as perguntas, respostas e atividades realizadas de maneira confusa ou deixar de apresentá-las. Esse erro compromete a utilidade do Mapa de Raciocínio como uma ferramenta cuja função é facilitar o questionamento da lógica do raciocínio, das análises e das ações adotadas.
- Transformá-lo na única documentação do projeto, sobrecarregando-o com dados, gráficos e análises detalhadas. Essa parte do trabalho deve estar registrada em outros documentos e o Mapa de Raciocínio deve fazer referência a eles, quando apropriado.

A ferramenta Mapa de Raciocínio será ilustrada a seguir, com base no problema usado como exemplo no capítulo 5[3,4].

Exemplo 1 - Mapa de Raciocínio do projeto de um *Black Belt* do departamento de planejamento e controle de produção (PCP) de uma empresa

FIGURA 6.1

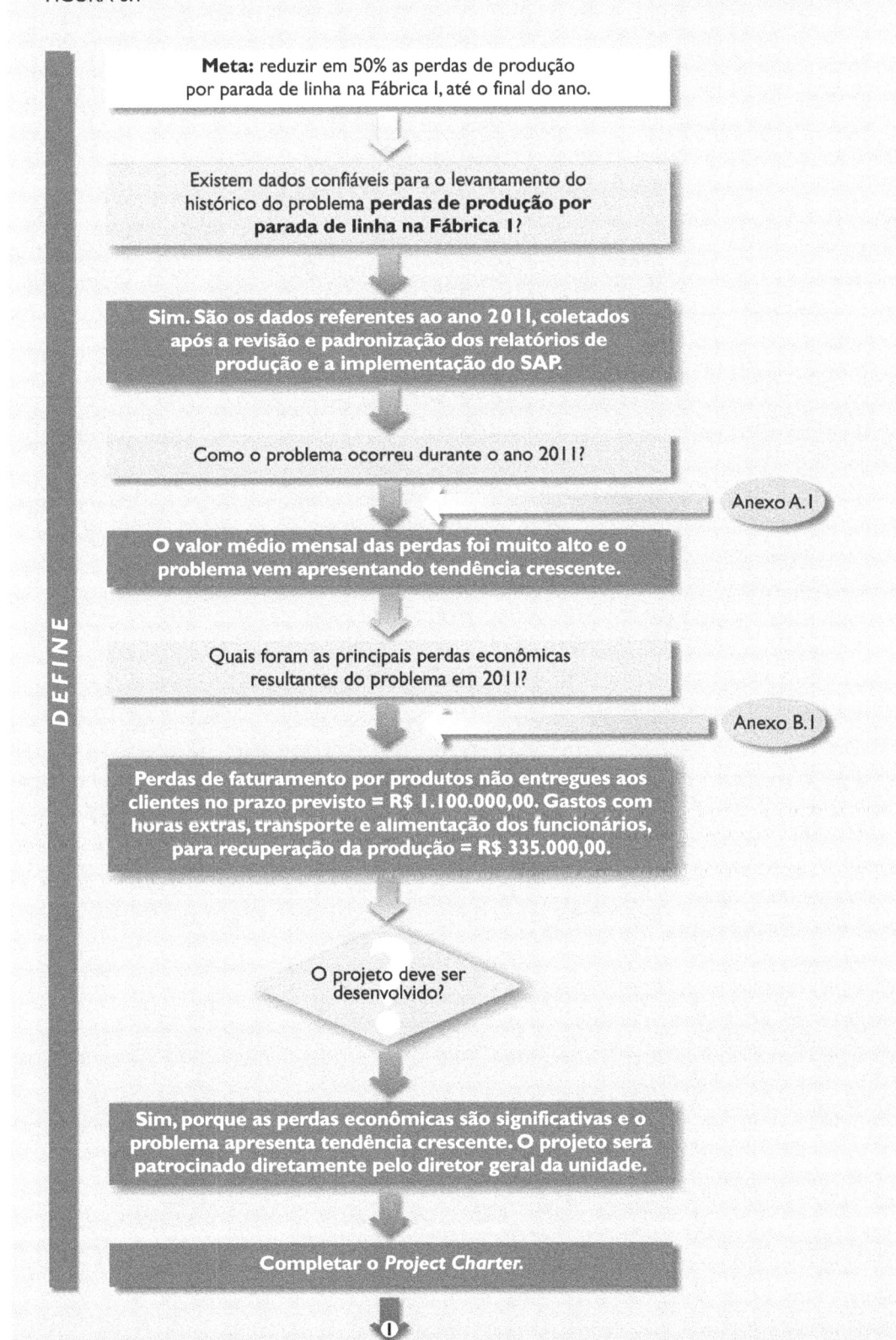

DEFINE

Meta: reduzir em 50% as perdas de produção por parada de linha na Fábrica I, até o final do ano.

↓

Existem dados confiáveis para o levantamento do histórico do problema **perdas de produção por parada de linha na Fábrica I**?

↓

Sim. São os dados referentes ao ano 2011, coletados após a revisão e padronização dos relatórios de produção e a implementação do SAP.

↓

Como o problema ocorreu durante o ano 2011? (Anexo A.1)

↓

O valor médio mensal das perdas foi muito alto e o problema vem apresentando tendência crescente.

↓

Quais foram as principais perdas econômicas resultantes do problema em 2011? (Anexo B.1)

↓

Perdas de faturamento por produtos não entregues aos clientes no prazo previsto = R$ 1.100.000,00. Gastos com horas extras, transporte e alimentação dos funcionários, para recuperação da produção = R$ 335.000,00.

↓

◇ O projeto deve ser desenvolvido?

↓

Sim, porque as perdas econômicas são significativas e o problema apresenta tendência crescente. O projeto será patrocinado diretamente pelo diretor geral da unidade.

↓

Completar o *Project Charter.*

↓

①

Exemplo 1 - Mapa de Raciocínio do projeto de um *Black Belt* do departamento de planejamento e controle de produção (PCP) de uma empresa

FIGURA 6.1 (continuação)

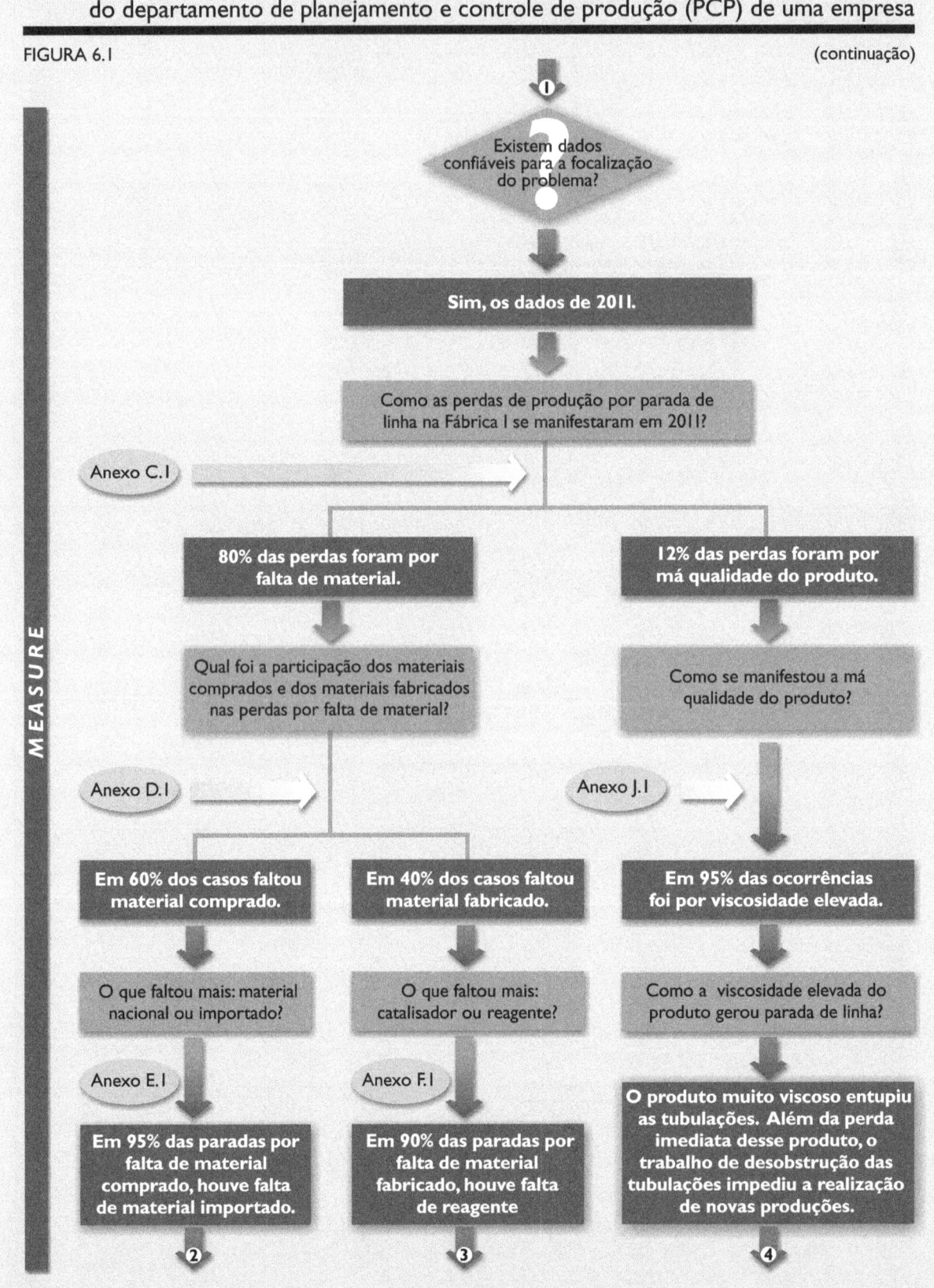

MEASURE

①

Existem dados confiáveis para a focalização do problema?

↓

Sim, os dados de 2011.

↓

Como as perdas de produção por parada de linha na Fábrica 1 se manifestaram em 2011?

Anexo C.1 →

- 80% das perdas foram por falta de material.
- 12% das perdas foram por má qualidade do produto.

Qual foi a participação dos materiais comprados e dos materiais fabricados nas perdas por falta de material?

Como se manifestou a má qualidade do produto?

Anexo D.1 →   Anexo J.1 →

- Em 60% dos casos faltou material comprado.
- Em 40% dos casos faltou material fabricado.
- Em 95% das ocorrências foi por viscosidade elevada.

- O que faltou mais: material nacional ou importado?
- O que faltou mais: catalisador ou reagente?
- Como a viscosidade elevada do produto gerou parada de linha?

Anexo E.1 →   Anexo F.1 →

- Em 95% das paradas por falta de material comprado, houve falta de material importado.
- Em 90% das paradas por falta de material fabricado, houve falta de reagente
- O produto muito viscoso entupiu as tubulações. Além da perda imediata desse produto, o trabalho de desobstrução das tubulações impediu a realização de novas produções.

② ③ ④

Mapa de Raciocínio

**Exemplo 1 - Mapa de Raciocínio do projeto de um *Black Belt*
do departamento de planejamento e controle de produção (PCP) de uma empresa**

FIGURA 6.1 (continuação)

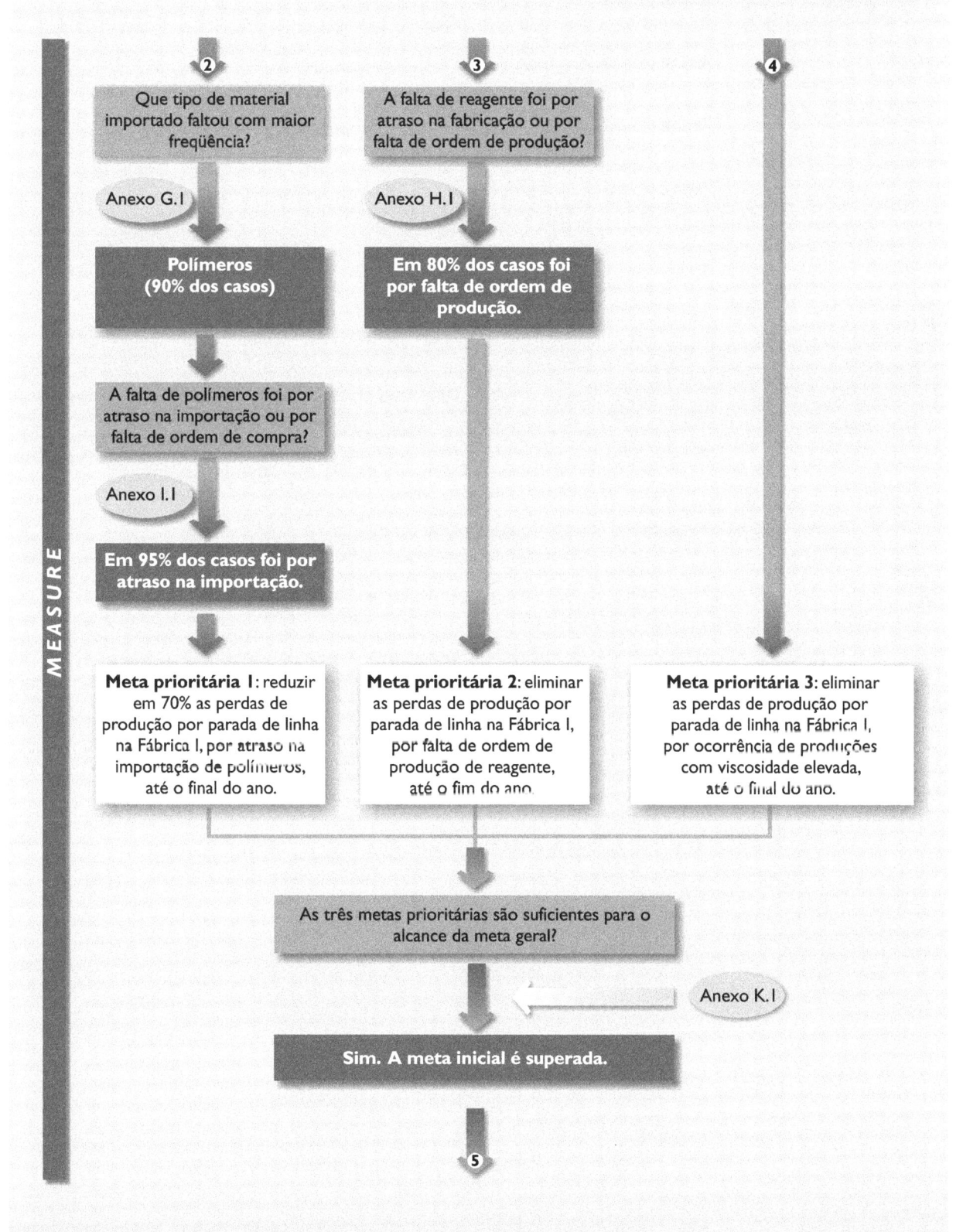

MEASURE

② Que tipo de material importado faltou com maior freqüência?

Anexo G.1

Polímeros (90% dos casos)

A falta de polímeros foi por atraso na importação ou por falta de ordem de compra?

Anexo I.1

Em 95% dos casos foi por atraso na importação.

③ A falta de reagente foi por atraso na fabricação ou por falta de ordem de produção?

Anexo H.1

Em 80% dos casos foi por falta de ordem de produção.

④

Meta prioritária 1: reduzir em 70% as perdas de produção por parada de linha na Fábrica I, por atraso na importação de polímeros, até o final do ano.

Meta prioritária 2: eliminar as perdas de produção por parada de linha na Fábrica I, por falta de ordem de produção de reagente, até o fim do ano.

Meta prioritária 3: eliminar as perdas de produção por parada de linha na Fábrica I, por ocorrência de produções com viscosidade elevada, até o final do ano.

As três metas prioritárias são suficientes para o alcance da meta geral?

Anexo K.1

Sim. A meta inicial é superada.

⑤

Criando a Cultura Lean Seis Sigma

Exemplo 1 - Mapa de Raciocínio do projeto de um *Black Belt* do departamento de planejamento e controle de produção (PCP) de uma empresa

FIGURA 6.1 (continuação)

⑤

- A meta prioritária 1 pertence à área de atuação da equipe?
  - Não. É uma meta delegável ao departamento de compras da empresa, área diretamente envolvida com o problema associado à meta.
  - Delegar a meta ao departamento de compras e acompanhar o projeto para o seu alcance.

- A meta prioritária 2 pertence à área de atuação da equipe?
  - Sim, porque o PCP é o departamento diretamente responsável pela emissão das ordens de produção.
  - Dar início à análise do processo gerador do problema associado à meta prioritária eliminar as perdas de produção por parada de linha na Fábrica I por falta de ordem de produção de reagente, até o final do ano.

- A meta prioritária 3 pertence à área de atuação da equipe?
  - Não. É uma meta delegável ao departamento de engenharia industrial, área diretamente envolvida com o problema associado à meta.
  - Atribuir a meta ao departamento de engenharia industrial e acompanhar o projeto para o seu alcance.

Continuação das etapas do *DMAIC*

MEASURE — ANALYZE — IMPROVE — CONTROL

Mapa de Raciocínio

Projeto: reduzir as perdas de produção por parada de linha na Fábrica I em 50%, até o final do ano.

Gráfico sequencial para o problema

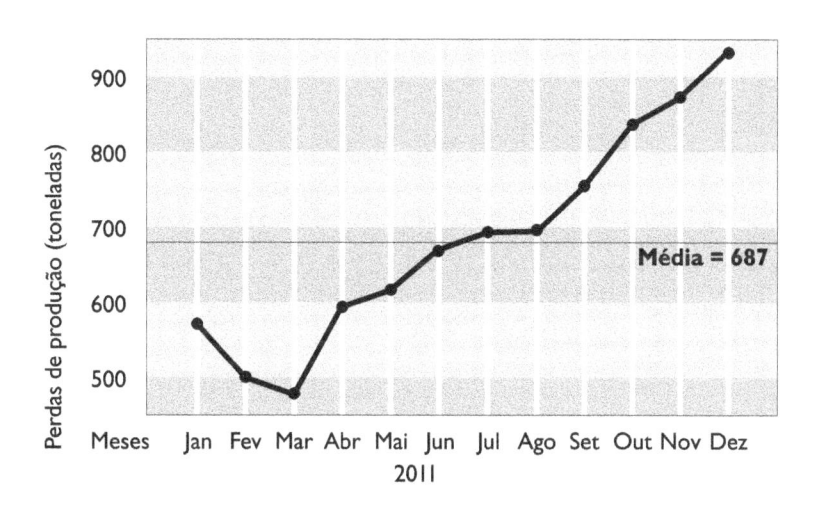

- Conclusão: o problema vem apresentando uma inaceitável tendência crescente.

Perdas resultantes do problema

1 - Perdas de faturamento por produtos não entregues aos clientes no prazo previsto, em 2011:

Volume do produto (toneladas)	Margem média (R$/tonelada)	Perda de faturamento (R$)
6.679	164,70	1.100.000,00

2 - Gastos com horas extras dos funcionários, para recuperação da produção, em 2011:

Número de horas extras	Valor (R$/hora)	Totais (R$)
34.765	5,93	206.156,00

3 - Gastos com transporte e alimentação dos funcionários, para recuperação da produção, em 2011:

R$ 128.844,00

Anexo C.1

Perdas de produção por parada de linha na Fábrica I (2011)

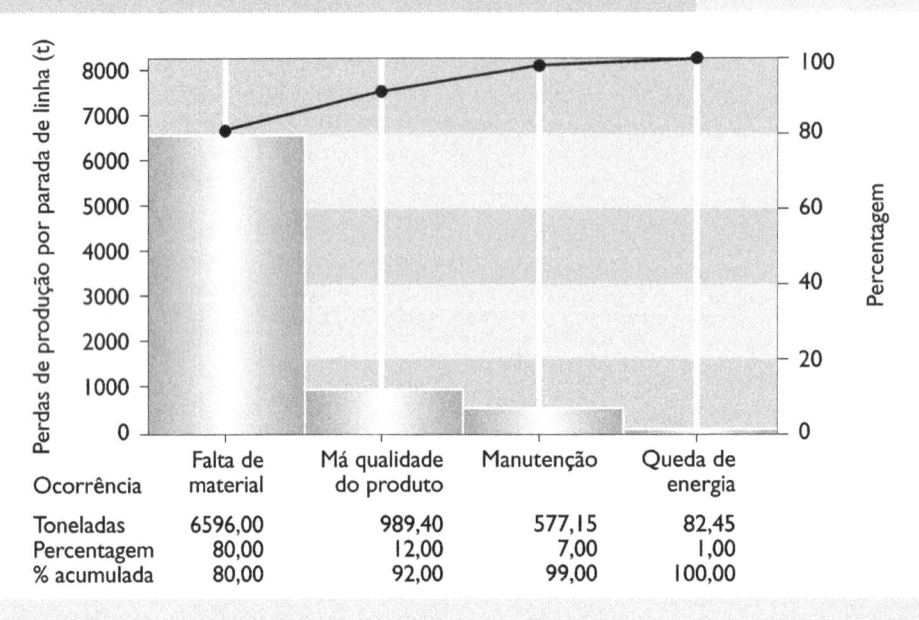

Ocorrência	Falta de material	Má qualidade do produto	Manutenção	Queda de energia
Toneladas	6596,00	989,40	577,15	82,45
Percentagem	80,00	12,00	7,00	1,00
% acumulada	80,00	92,00	99,00	100,00

◆ Conclusão: focar as perdas de produção por falta de material e por má qualidade do produto.

Anexo D.1

Perdas de produção por parada de linha na Fábrica I, por falta de material (2011)

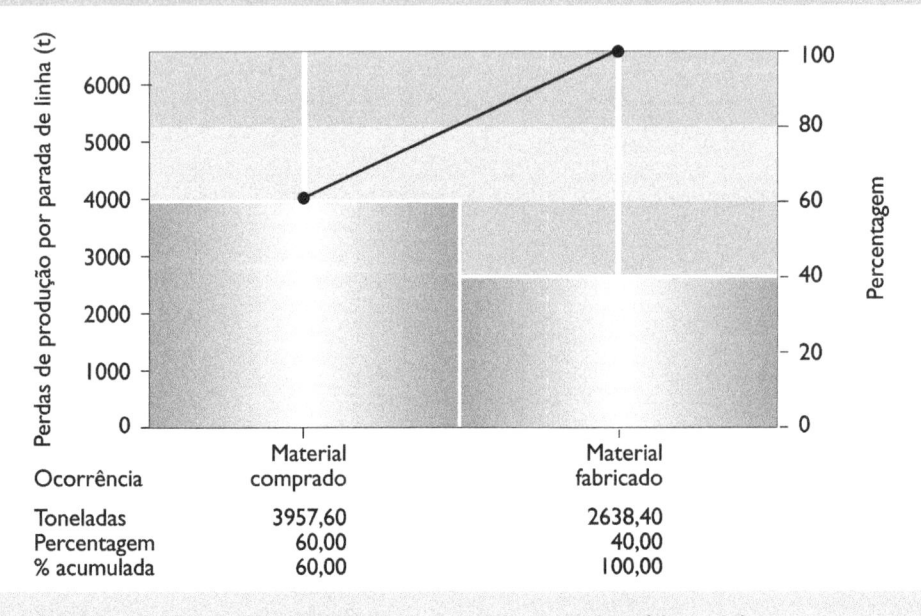

Ocorrência	Material comprado	Material fabricado
Toneladas	3957,60	2638,40
Percentagem	60,00	40,00
% acumulada	60,00	100,00

◆ Conclusão: focar a falta dos dois tipos de material (comprado e fabricado).

Perdas de produção por parada de linha na Fábrica I, por falta de material comprado (2011)

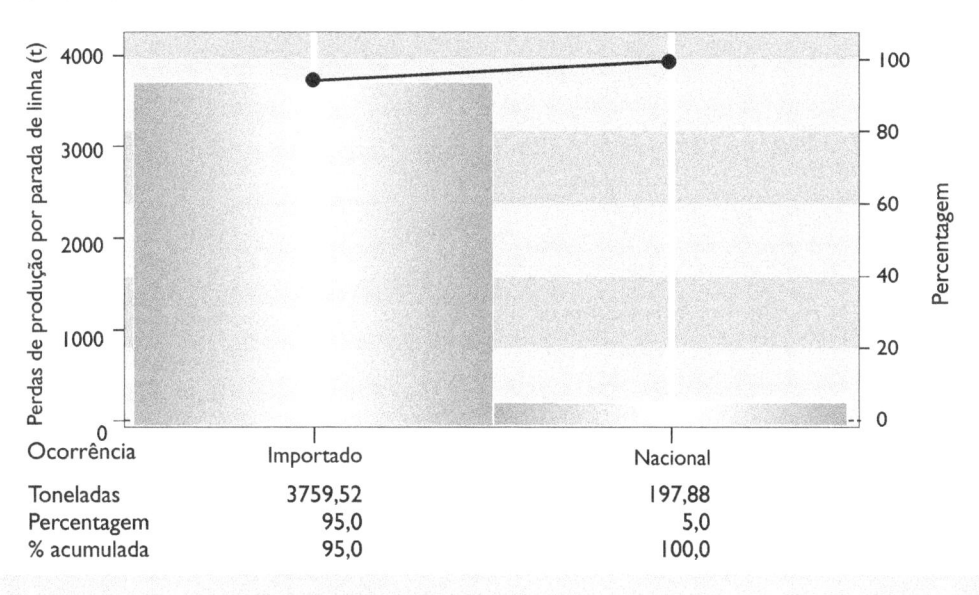

Ocorrência	Importado	Nacional
Toneladas	3759,52	197,88
Percentagem	95,0	5,0
% acumulada	95,0	100,0

◆ Conclusão: focar a falta de material importado.

Perdas de produção por parada de linha na Fábrica I, por falta de material fabricado (2011)

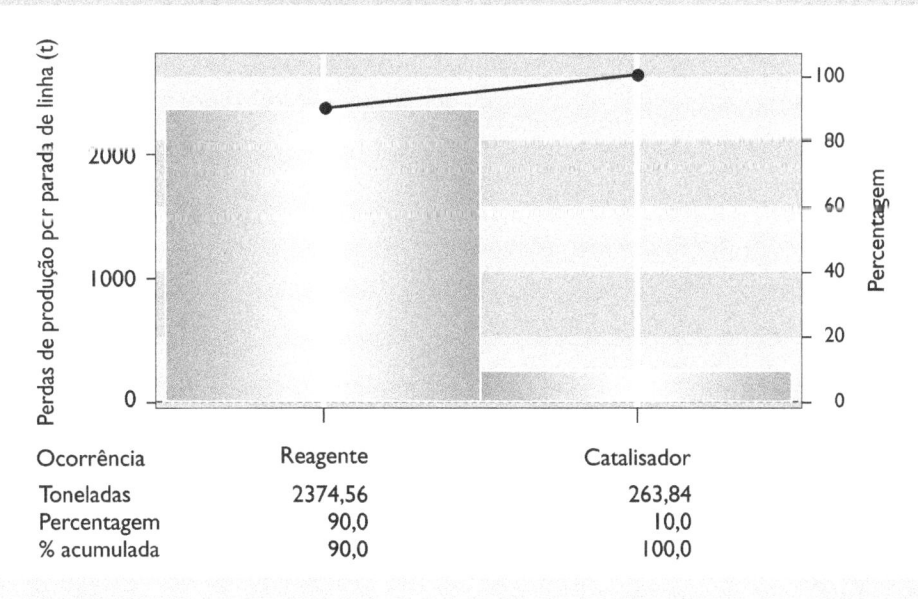

Ocorrência	Reagente	Catalisador
Toneladas	2374,56	263,84
Percentagem	90,0	10,0
% acumulada	90,0	100,0

◆ Conclusão: focar a falta de reagente.

Anexo G.1

Perdas de produção por parada de linha na Fábrica I, por falta de material importado (2011)

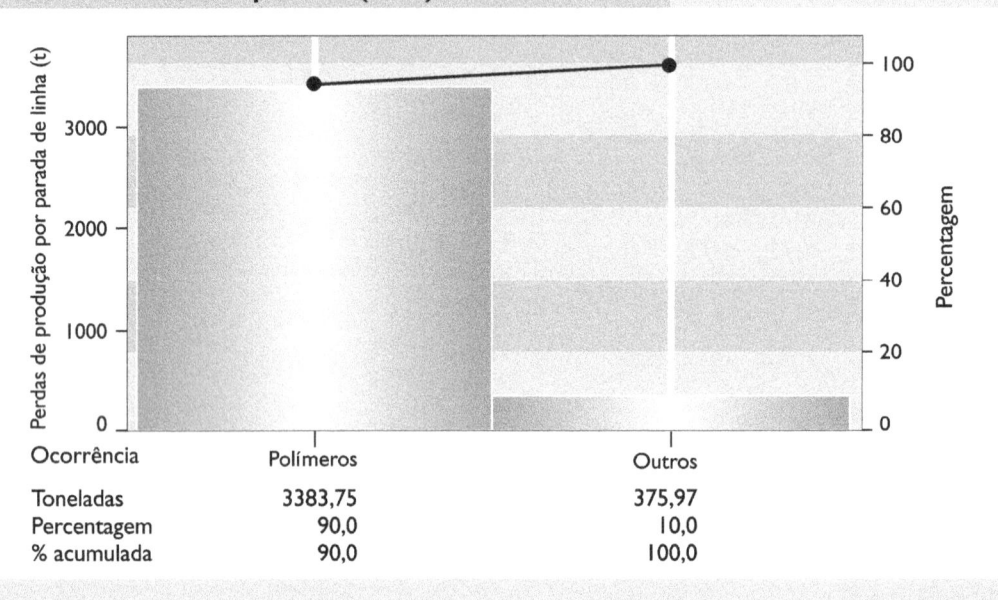

Ocorrência	Polímeros	Outros
Toneladas	3383,75	375,97
Percentagem	90,0	10,0
% acumulada	90,0	100,0

◆ Conclusão: focar a falta de polímeros importados.

Anexo H.1

Perdas de produção por parada de linha na Fábrica I, por falta de reagente (2011)

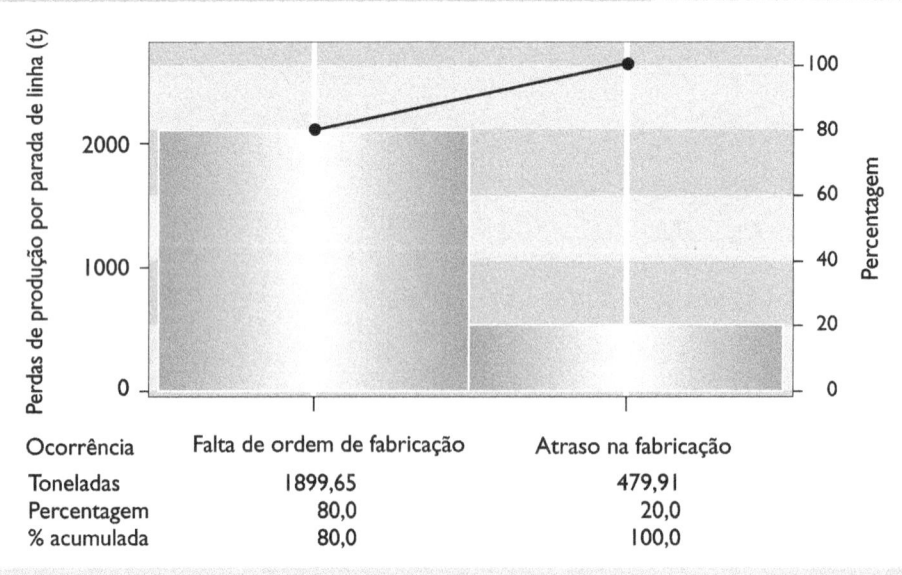

Ocorrência	Falta de ordem de fabricação	Atraso na fabricação
Toneladas	1899,65	479,91
Percentagem	80,0	20,0
% acumulada	80,0	100,0

◆ Conclusão: focar a falta de ordem de fabricação de reagente.

Perdas de produção por parada de linha na Fábrica I, por falta de polímeros importados (2011)

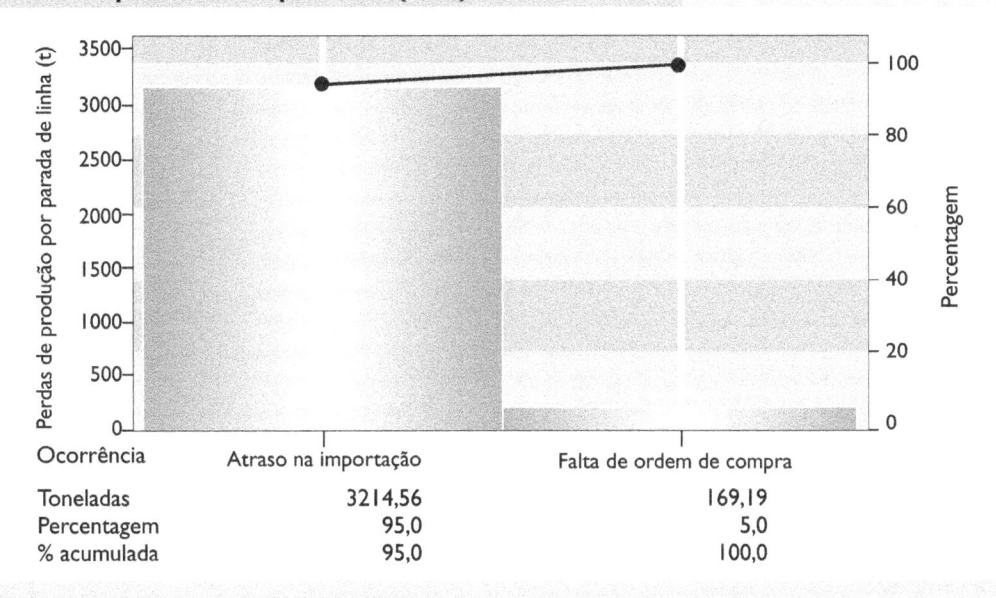

Ocorrência	Atraso na importação	Falta de ordem de compra
Toneladas	3214,56	169,19
Percentagem	95,0	5,0
% acumulada	95,0	100,0

◆ Conclusão: focar o atraso na importação de polímeros.

Perdas de produção por parada de linha na Fábrica I, por má qualidade do produto (2011)

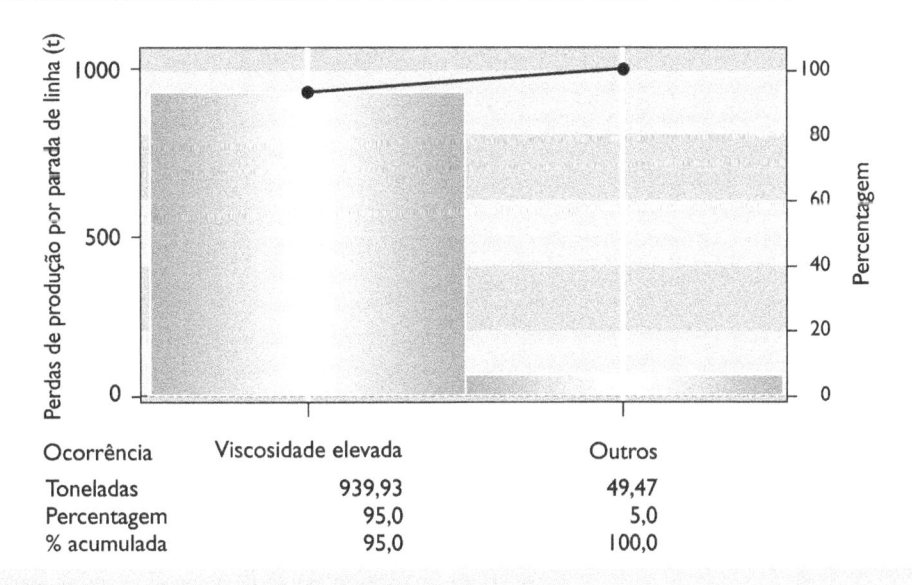

Ocorrência	Viscosidade elevada	Outros
Toneladas	939,93	49,47
Percentagem	95,0	5,0
% acumulada	95,0	100,0

◆ Conclusão: focar as produções com viscosidade elevada.

Anexo K.1

Verificação do alcance da meta inicial

A partir dos Diagramas de Pareto dos anexos H.1, I.1 e J.1, é possível concluir que as metas prioritárias são suficientes para levar ao alcance da meta inicial:

- **Reduzir em 70% as perdas de produção por parada de linha na Fábrica I, por atraso na importação de polímeros, até o final do ano.**
  - Redução 1 = 0,7 × 3.214,56 = 2.250,19 toneladas (anexo I.1).
- **Eliminar as perdas de produção por parada de linha na Fábrica I, por falta de ordem de fabricação de reagente, até o final do ano.**
  - Redução 2 = 1.899,65 toneladas. (anexo H.1).
- **Eliminar a ocorrência de produções com viscosidade elevada, até o final do ano.**
  - Redução 3 = 939,93 toneladas (anexo J.1)
- Total da redução = 2.250,13 + 1.899,65 + 939,93 = 5.089,77 toneladas.
- Como 5.089,77 = 0,6173 × 8.245 (8.245 toneladas representam as perdas de produção por parada de linha em 2011 - anexo C.1), se as três metas prioritárias forem alcançadas, as perdas de produção por parada de linha na Fábrica I serão reduzidas em 61,73% e a meta inicial será superada.

Mapa de Raciocínio

Exemplo 2 - Mapa de Raciocínio do projeto de um *Black Belt* do departamento de compras de uma empresa

FIGURA 6.2

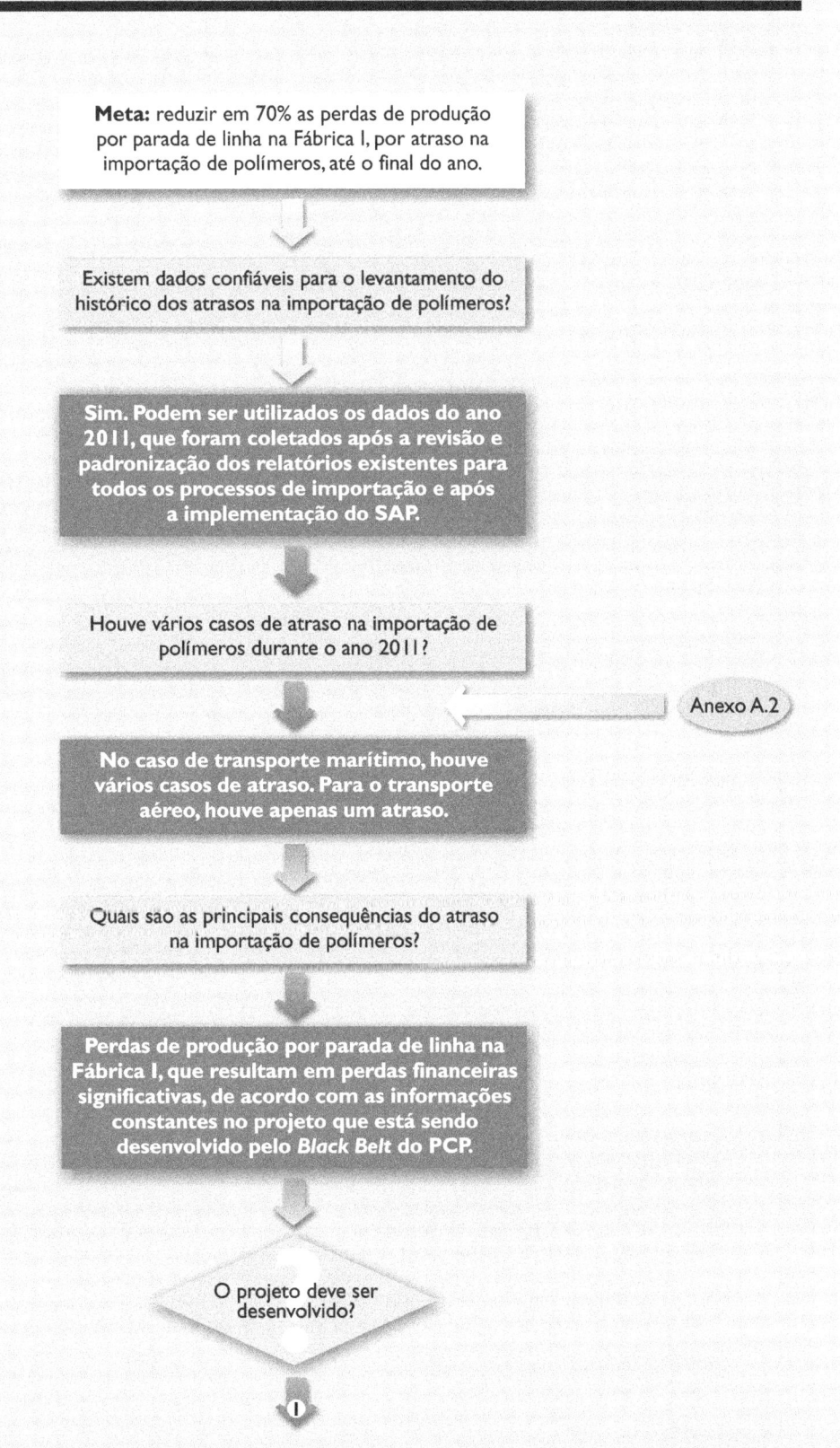

DEFINE

Meta: reduzir em 70% as perdas de produção por parada de linha na Fábrica I, por atraso na importação de polímeros, até o final do ano.

⬇

Existem dados confiáveis para o levantamento do histórico dos atrasos na importação de polímeros?

⬇

Sim. Podem ser utilizados os dados do ano 2011, que foram coletados após a revisão e padronização dos relatórios existentes para todos os processos de importação e após a implementação do SAP.

⬇

Houve vários casos de atraso na importação de polímeros durante o ano 2011?

⬇ ← Anexo A.2

No caso de transporte marítimo, houve vários casos de atraso. Para o transporte aéreo, houve apenas um atraso.

⬇

Quais são as principais consequências do atraso na importação de polímeros?

⬇

Perdas de produção por parada de linha na Fábrica I, que resultam em perdas financeiras significativas, de acordo com as informações constantes no projeto que está sendo desenvolvido pelo *Black Belt* do PCP.

⬇

◇ O projeto deve ser desenvolvido?

①

Criando a Cultura Lean Seis Sigma

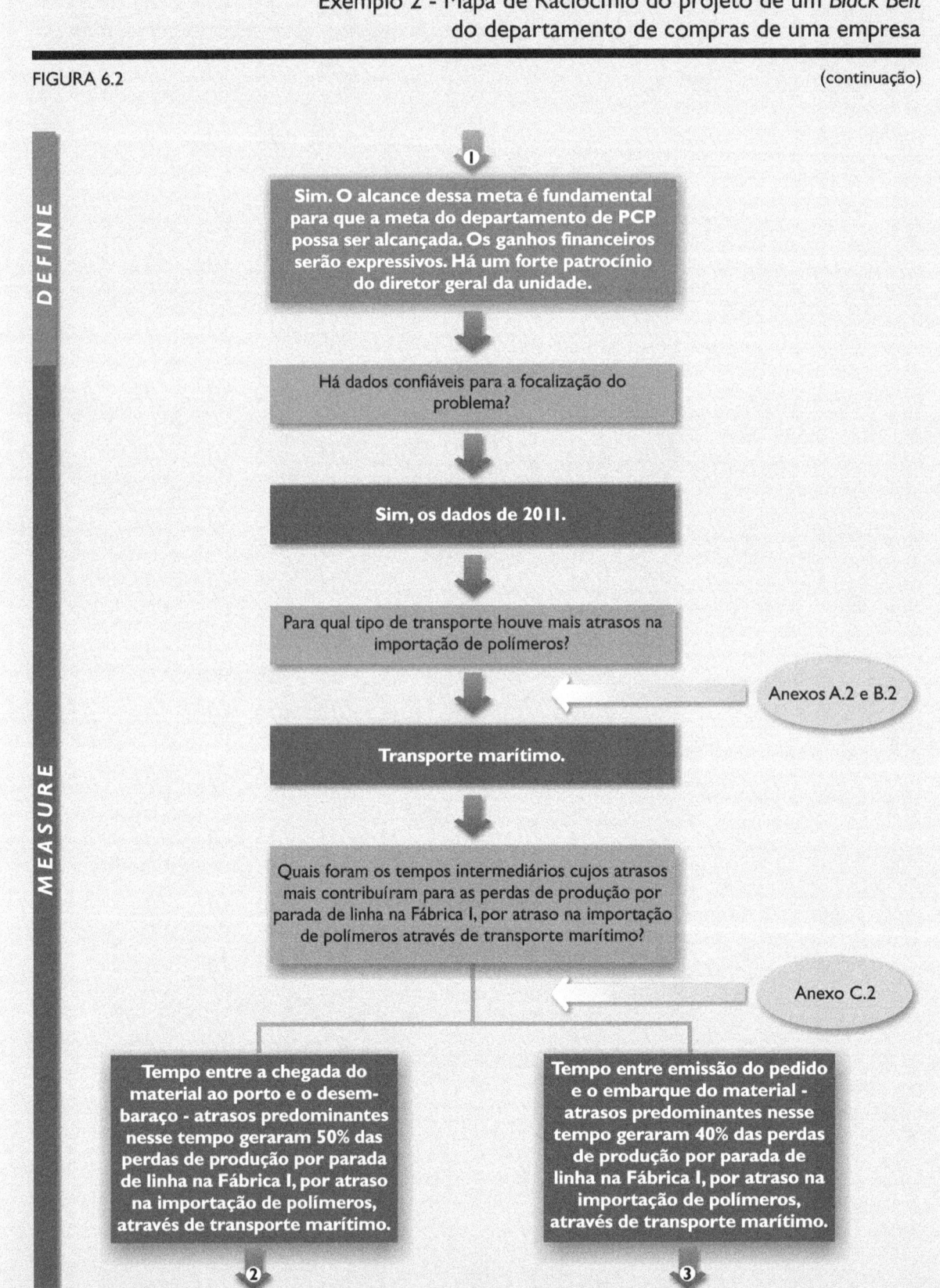

Exemplo 2 - Mapa de Raciocínio do projeto de um *Black Belt* do departamento de compras de uma empresa

FIGURA 6.2 (continuação)

DEFINE

① Sim. O alcance dessa meta é fundamental para que a meta do departamento de PCP possa ser alcançada. Os ganhos financeiros serão expressivos. Há um forte patrocínio do diretor geral da unidade.

↓

Há dados confiáveis para a focalização do problema?

↓

MEASURE

Sim, os dados de 2011.

↓

Para qual tipo de transporte houve mais atrasos na importação de polímeros?

↓ ← Anexos A.2 e B.2

Transporte marítimo.

↓

Quais foram os tempos intermediários cujos atrasos mais contribuíram para as perdas de produção por parada de linha na Fábrica I, por atraso na importação de polímeros através de transporte marítimo?

← Anexo C.2

Tempo entre a chegada do material ao porto e o desembaraço - atrasos predominantes nesse tempo geraram 50% das perdas de produção por parada de linha na Fábrica I, por atraso na importação de polímeros, através de transporte marítimo. ②

Tempo entre emissão do pedido e o embarque do material - atrasos predominantes nesse tempo geraram 40% das perdas de produção por parada de linha na Fábrica I, por atraso na importação de polímeros, através de transporte marítimo. ③

Mapa de Raciocínio

Exemplo 2 - Mapa de Raciocínio do projeto de um *Black Belt* do departamento de compras de uma empresa

FIGURA 6.2 (continuação)

MEASURE

②

Como foram as variações no tempo entre a chegada do material ao porto e o desembaraço? Em quantos processos de importação de polímeros o limite superior de especificação para esse tempo foi superado?

Anexo D.2 →

76% dos processos de importação de polímeros por transporte marítimo não foram capazes de atender o LSE para o tempo entre a chegada do material ao porto e o desembaraço. Os atrasos foram decorrentes da variação natural do processo de importação.

Meta prioritária 1: eliminar as perdas de produção por parada de linha na Fábrica I, por atraso no tempo entre a chegada do material ao porto e o desembaraço, decorrente da variação natural do processo de importação de polímeros por transporte marítimo, até o final do ano.

③

Como foram as variações no tempo entre a emissão do pedido e o embarque do material? Em quantos processos de importação de polímeros o limite superior de especificação para esse tempo foi ultrapassado?

Anexo E.2 →

86% dos processos de importação de polímeros por transporte marítimo não foram capazes de atender o LSE para o tempo entre a emissão do pedido e o embarque. Os atrasos foram decorrentes da variação natural do processo de importação.

Meta prioritária 2: eliminar as perdas de produção por parada de linha na Fábrica I, por atraso no tempo entre a emissão do pedido e o embarque do material, decorrente da variação natural do processo de importação de polímeros por transporte marítimo, até o final do ano.

As duas metas prioritárias são suficientes para o alcance da meta inicial?

Anexo F.2 →

Sim. A meta inicial será superada.

As metas prioritárias pertencem a área de atuação da equipe?

④

Exemplo 2 - Mapa de Raciocínio do projeto de um *Black Belt* do departamento de compras de uma empresa

FIGURA 6.2 (continuação)

④

Sim. O departamento de compras é a área diretamente responsável pelos problemas associados às metas prioritárias.

⬇

Dar início à analise do processo de importação de polímeros por transporte marítimo.

⬇

◇ Existe fluxograma ou mapa desse processo?

⬇

Existe fluxograma, mas já está obsoleto devido a mudanças na legislação e nas práticas comerciais.

⬇

Elaborar um novo fluxograma do processo.

⬇

Continuação das etapas do *DMAIC*.

Tempos para importação de polímeros por transporte marítimo (2011)

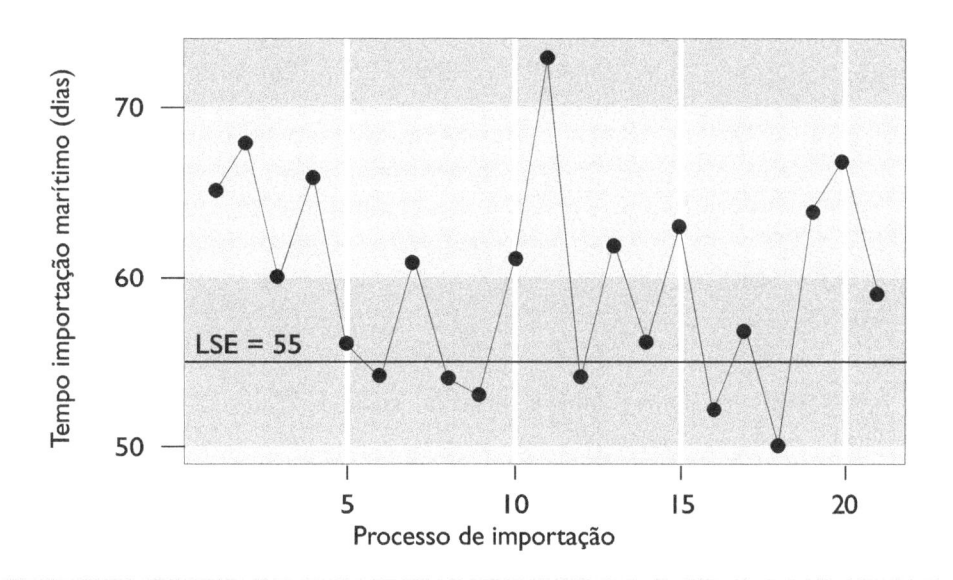

- Conclusão: houve atraso para a maioria dos processos de importação por transporte marítimo.

Tempos para importação de polímeros por transporte aéreo (2011)

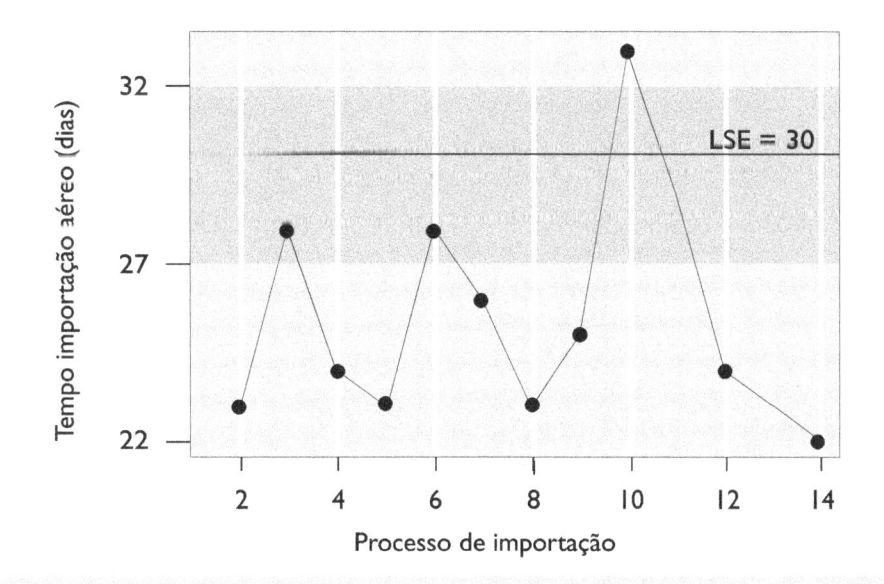

- Conclusão: houve atraso para apenas um processo de importação por transporte aéreo.

Criando a Cultura Lean Seis Sigma

Anexo B.2

Perdas de produção por parada de linha na Fábrica I por atraso na importação de polímeros (2011)

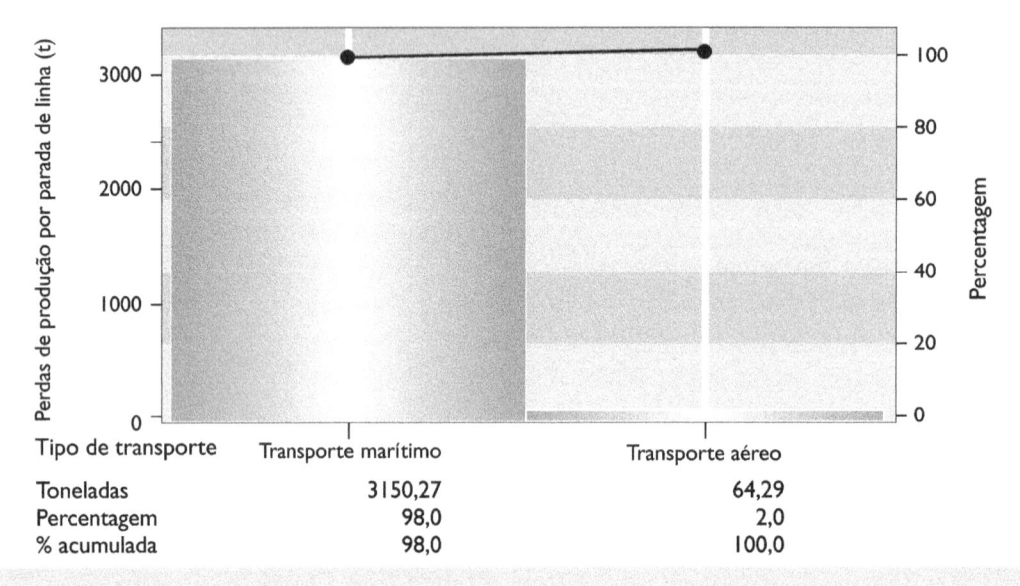

Tipo de transporte	Transporte marítimo	Transporte aéreo
Toneladas	3150,27	64,29
Percentagem	98,0	2,0
% acumulada	98,0	100,0

◆ Conclusão: focar o atraso na importação de polímeros por transporte marítimo.

Anexo C.2

Perdas de produção por parada de linha na Fábrica I por atraso na importação de polímeros por transporte marítimo (2011)

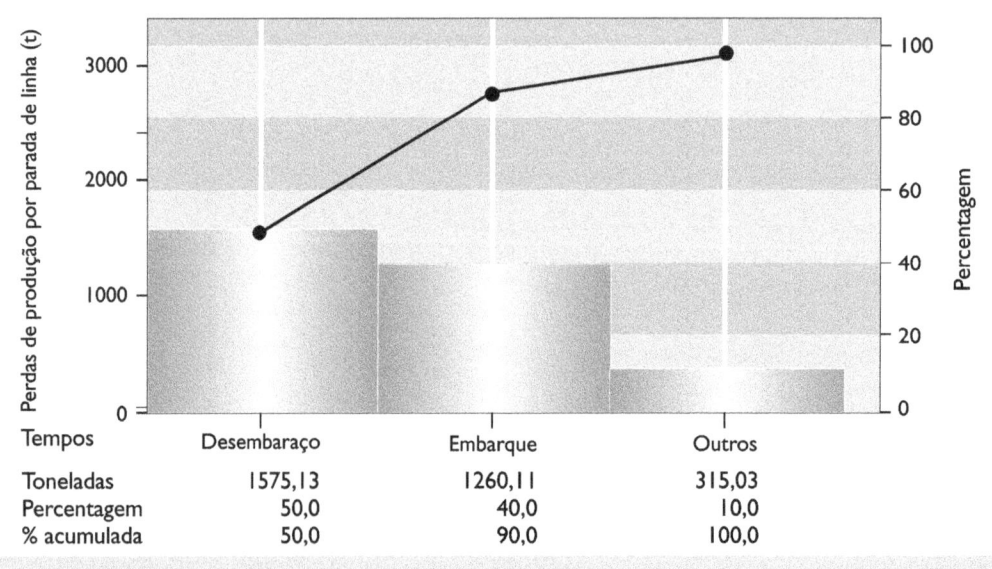

Tempos	Desembaraço	Embarque	Outros
Toneladas	1575,13	1260,11	315,03
Percentagem	50,0	40,0	10,0
% acumulada	50,0	90,0	100,0

◆ Conclusão: focar o atraso no tempo entre a chegada do material ao porto e o desembaraço e também o atraso entre a emissão do pedido e o embarque do material.

Histograma e Gráfico Sequencial para os valores do tempo entre a chegada do material ao porto e o desembaraço, para os processos de importação de polímeros por transporte marítimo (2011)

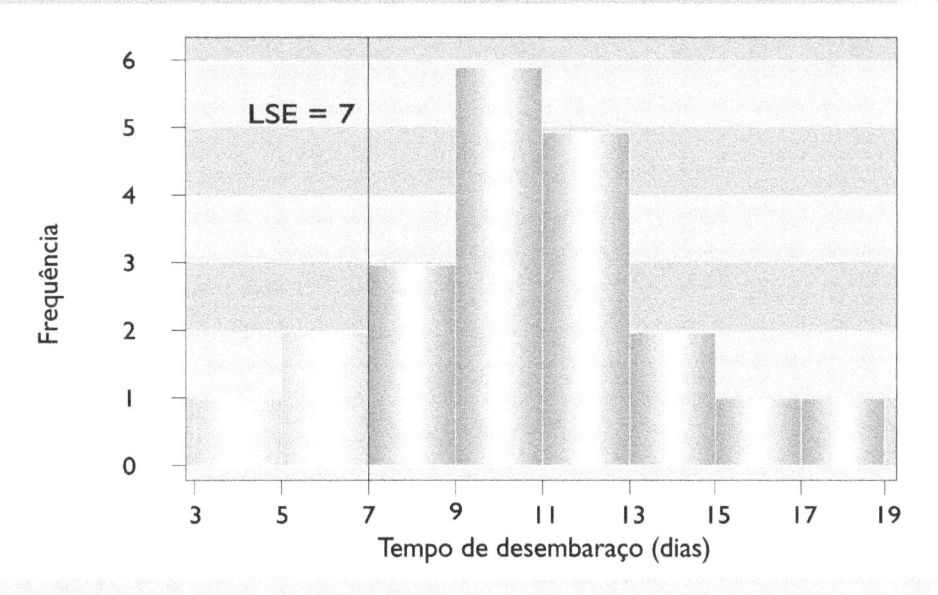

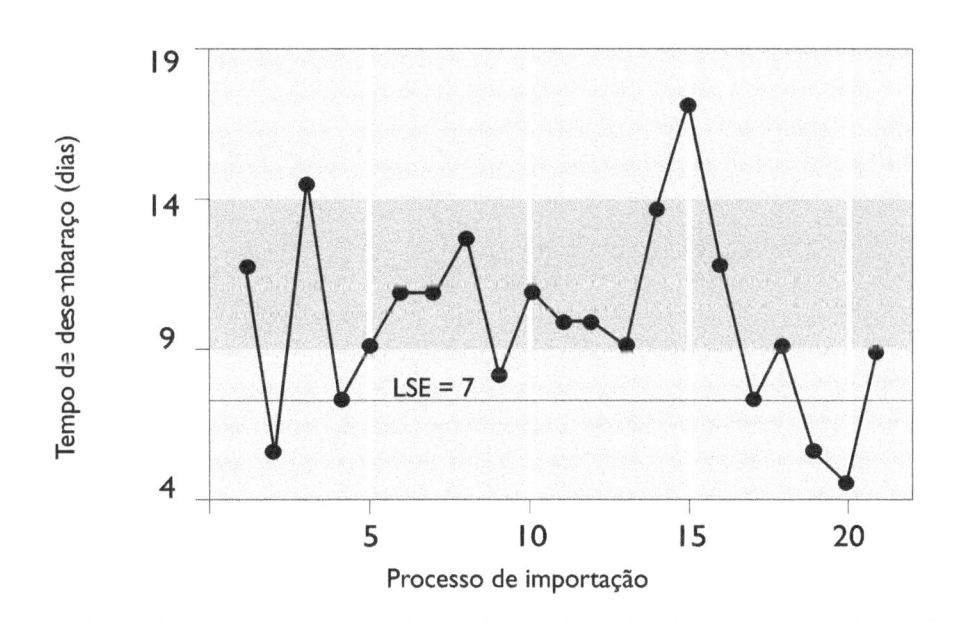

◆ Conclusão: dos 21 processos de importação de polímeros por transporte marítimo no ano 2011, apenas cinco (24%) foram capazes de atender às especificações para o tempo entre a chegada do material ao porto e o desembaraço.

Anexo D.2 (parte 2)

Cartas de Controle x e AM para os valores do tempo entre a chegada do material ao porto e o desembaraço, para os processos de importação de polímeros por transporte marítimo (2011)

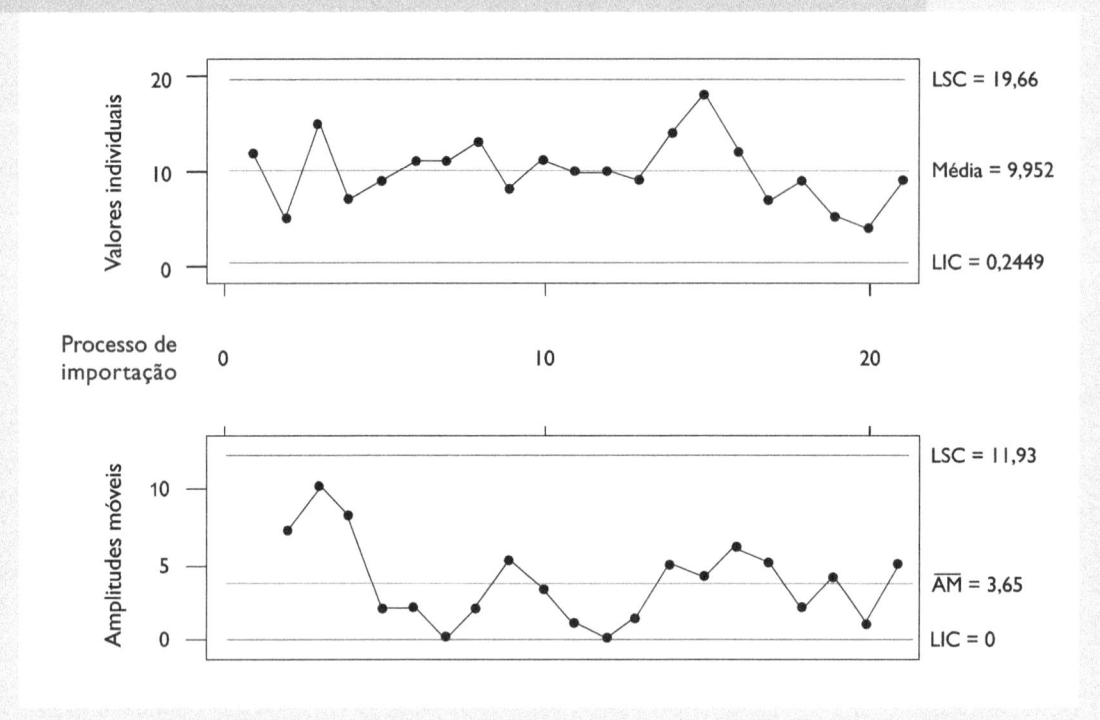

[Gráfico superior: Valores individuais vs. Processo de importação]
- LSC = 19,66
- Média = 9,952
- LIC = 0,2449

[Gráfico inferior: Amplitudes móveis]
- LSC = 11,93
- $\overline{AM}$ = 3,65
- LIC = 0

♦ Conclusões: o tempo entre a chegada do material ao porto e o desembaraço está sob controle.

Os atrasos são decorrência da variação natural do processo de importação de polímeros por transporte marítimo.

Mapa de Raciocínio

Histograma e Gráfico Sequencial do tempo entre a emissão do pedido e o embarque do material, para os processos de importação de polímeros por transporte marítimo (2011).

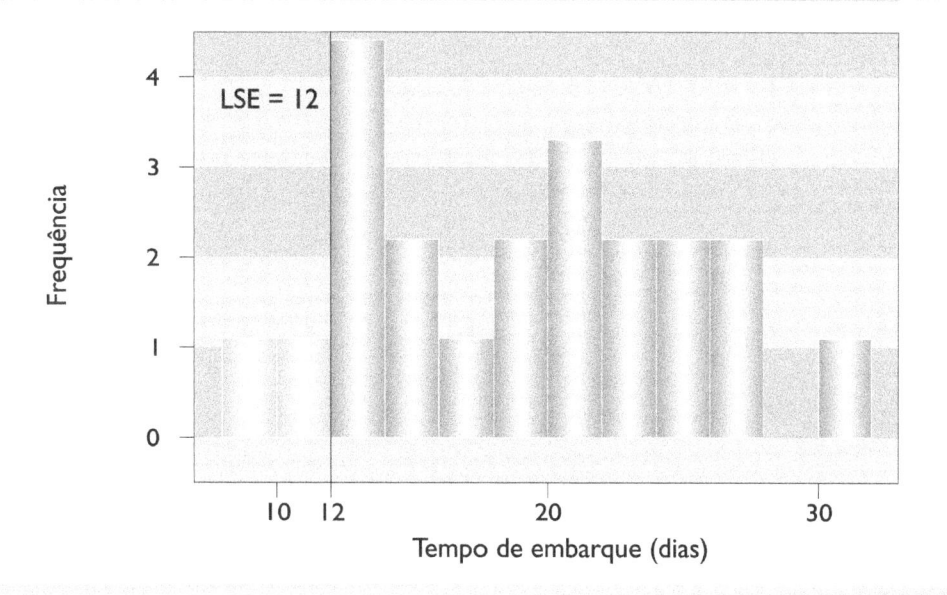

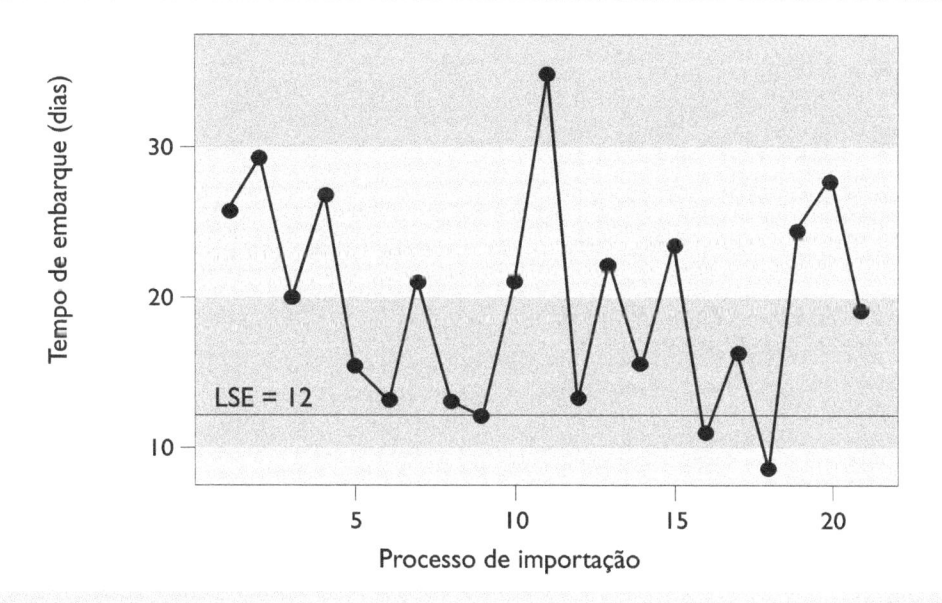

◆ Conclusão: dos 21 processos de importação de polímeros por transporte marítimo no ano 2011, apenas três (14%) foram capazes de atender às especificações para o tempo entre a emissão do pedido e o embarque do material.

Anexo E.2 (parte 2)

Cartas de Controle x e AM para os valores do tempo entre a emissão do pedido e o embarque do material, para os processos de importação de polímeros por transporte marítimo (2011).

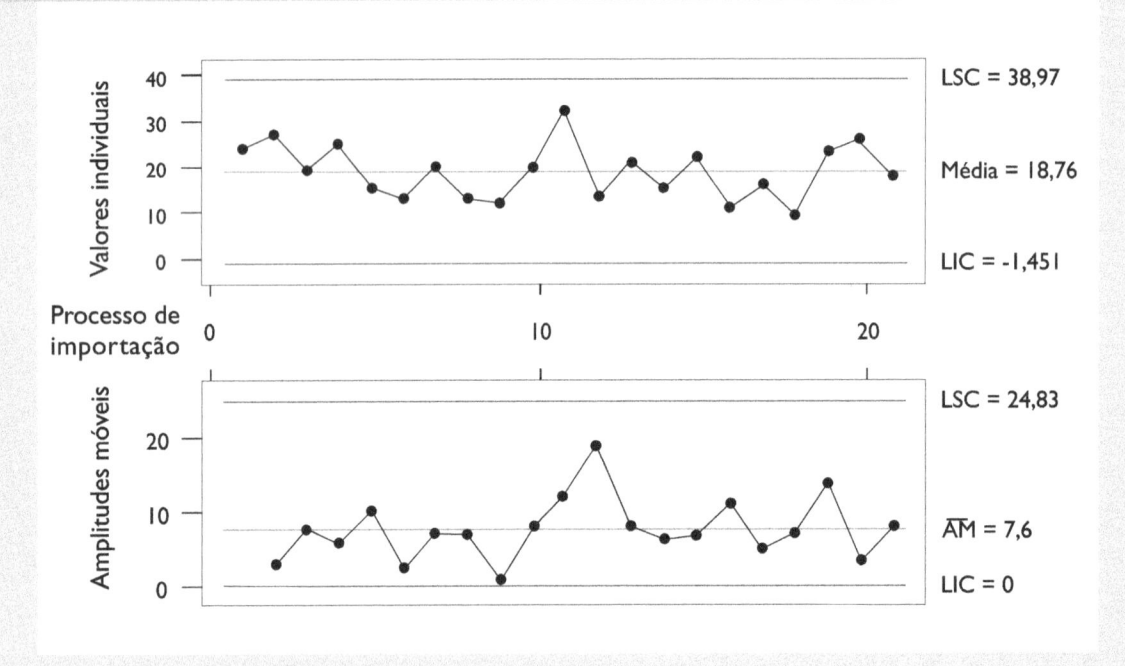

[Gráfico superior - Valores individuais]
- LSC = 38,97
- Média = 18,76
- LIC = -1,451

Processo de importação

[Gráfico inferior - Amplitudes móveis]
- LSC = 24,83
- $\overline{AM}$ = 7,6
- LIC = 0

◆ Conclusões: o tempo entre a emissão do pedido e o embarque do material está sob controle.

Os atrasos são decorrência da variação natural do processo de importação de polímeros por transporte marítimo.

Anexo F.2

Cálculo da redução das perdas de produção por parada de linha resultante do alcance das metas prioritárias 1 e 2:

- Meta prioritária 1:
  Redução = 1.575,13 toneladas (anexo C.2).
- Meta prioritária 2:
  Redução = 1.260,11 toneladas (anexo C.2).
- Total da redução = 1.575,13 + 1.260,11 = 2.835,24 toneladas
- Perdas de produção por parada de linha na Fábrica I, por atraso na importação de polímeros = 3.214,56 toneladas (anexo B.2).
- Como 2.835,24 = 0,8820 x 3.214,56, se as duas metas prioritárias forem alcançadas, a meta inicial será superada (a redução será de 88,2%).

Exemplo 3 - Mapa de Raciocínio do projeto de um *Black Belt* do departamento de engenharia industrial de uma empresa

FIGURA 6.3

DEFINE

Meta Inicial: eliminar as perdas de produção por parada de linha na Fábrica I, por ocorrência de produções com viscosidade elevada, até o final do ano.

↓

Vale a pena investir neste projeto?

↓

Sim. A ocorrência de produções com viscosidade elevada vem contribuindo para gerar perdas de produção por parada de linha na Fábrica I, as quais representam um prejuízo financeiro considerável para a empresa. O alcance da meta desse projeto é fundamental para garantir o alcance da meta do PCP, que é reduzir em 50% as perdas de produção por parada de linha na Fábrica I, até o final do ano.

↓

O problema já está suficientemente focado?

↓

Não. O problema ocorrência de produções com viscosidade elevada é muito amplo e necessita ser mais detalhado antes de se iniciar a busca das causas que levam à fabricação dessas produções.

↓

MEASURE

Como a viscosidade elevada do produto gera perdas de produção por parada de linha?

↓

O produto muito viscoso entope as tubulações. Além da perda imediata desse produto, o trabalho de desobstrução das tubulações impede novas produções.

↓

①

Criando a Cultura Lean Seis Sigma

Exemplo 3 - Mapa de Raciocínio do projeto de um *Black Belt* do departamento de engenharia industrial de uma empresa

FIGURA 6.3 (continuação)

MEASURE

(1)

As perdas de produção por produto com viscosidade elevada são mais acentuadas em um turno específico?

← Anexo A.3

Não.

As perdas de produção por produto com viscosidade elevada são mais ou menos acentuadas, dependendo do fornecedor do ácido usado no processo produtivo?

← Anexo B.3

Não.

A partir de qual valor a viscosidade do produto é elevada, gerando parada de linha?

Para se conhecer a resposta a essa pergunta, será necessário obter os valores da viscosidade das produções mais recentes e identificar as produções que resultaram em parada de linha.

O sistema de medição da viscosidade gera dados confiáveis?

Solicitar o relatório da última avaliação do sistema de medição e fazer uma análise crítica do mesmo.

(2)

Exemplo 3 - Mapa de Raciocínio do projeto de um *Black Belt* do departamento de engenharia industrial de uma empresa

FIGURA 6.3 (continuação)

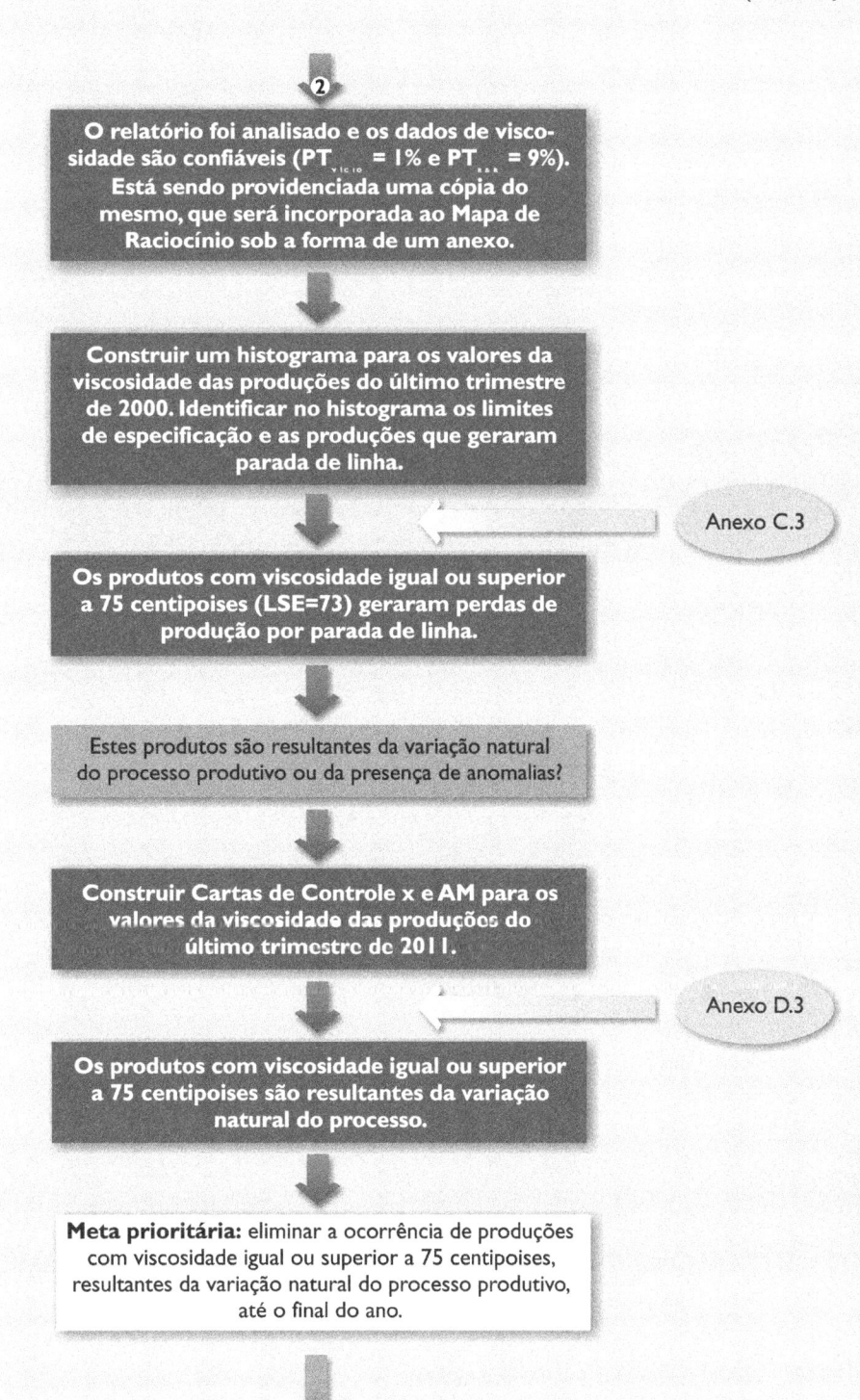

MEASURE

②

O relatório foi analisado e os dados de viscosidade são confiáveis ($PT_{vicio} = 1\%$ e $PT_{var} = 9\%$). Está sendo providenciada uma cópia do mesmo, que será incorporada ao Mapa de Raciocínio sob a forma de um anexo.

⬇

Construir um histograma para os valores da viscosidade das produções do último trimestre de 2000. Identificar no histograma os limites de especificação e as produções que geraram parada de linha.

⬇ ⬅ Anexo C.3

Os produtos com viscosidade igual ou superior a 75 centipoises (LSE=73) geraram perdas de produção por parada de linha.

⬇

Estes produtos são resultantes da variação natural do processo produtivo ou da presença de anomalias?

⬇

Construir Cartas de Controle x e AM para os valores da viscosidade das produções do último trimestre de 2011.

⬇ ⬅ Anexo D.3

Os produtos com viscosidade igual ou superior a 75 centipoises são resultantes da variação natural do processo.

⬇

Meta prioritária: eliminar a ocorrência de produções com viscosidade igual ou superior a 75 centipoises, resultantes da variação natural do processo produtivo, até o final do ano.

⬇

③

Exemplo 3 - Mapa de Raciocínio do projeto de um *Black Belt* do departamento de engenharia industrial de uma empresa

FIGURA 6.3 (continuação)

MEASURE

③

◇ A meta prioritária pertence à área de atuação da equipe?

↓

Sim. A engenharia industrial é a área diretamente responsável pela solução do problema associado à meta específica.

↓

Dar início à etapa *Analyze* do *DMAIC*.

↓

ANALYZE

Existe Fluxograma ou Mapa de Processo?

↓

Existe uma versão recente do Mapa de Processo, que foi construída pela engenharia industrial, como uma ferramenta de análise durante a execução de um projeto cujo objetivo era melhorar o teor de pureza do produto. Todos os integrantes da equipe responsável pelo atual projeto participaram da elaboração do mapa.

↓

Rever o Mapa de Processo e complementá-lo, se necessário.

↓

O mapa foi revisto e está sendo providenciada uma cópia da nova versão resultante, que será incorporada ao Mapa de Raciocínio sob a forma de um anexo.

↓

É possível determinar, de forma qualitativa, as causas potenciais prioritárias do problema?

↓

④

Exemplo 3 - Mapa de Raciocínio
do projeto de um *Black Belt* do departamento de engenharia industrial de uma empresa

FIGURA 6.3 (continuação)

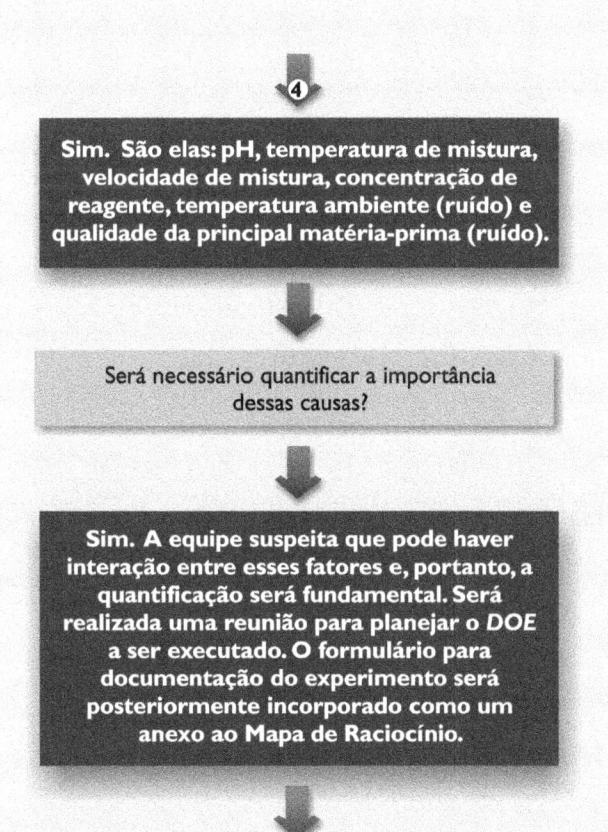

ANALYZE

④

Sim. São elas: pH, temperatura de mistura, velocidade de mistura, concentração de reagente, temperatura ambiente (ruído) e qualidade da principal matéria-prima (ruído).

Será necessário quantificar a importância dessas causas?

Sim. A equipe suspeita que pode haver interação entre esses fatores e, portanto, a quantificação será fundamental. Será realizada uma reunião para planejar o *DOE* a ser executado. O formulário para documentação do experimento será posteriormente incorporado como um anexo ao Mapa de Raciocínio.

IMPROVE

Continuação das etapas do *DMAIC*.

CONTROL

Anexo A.3

Perdas de produção por parada de linha na Fábrica I, por ocorrência de produções com viscosidade elevada - Estratificação por turno

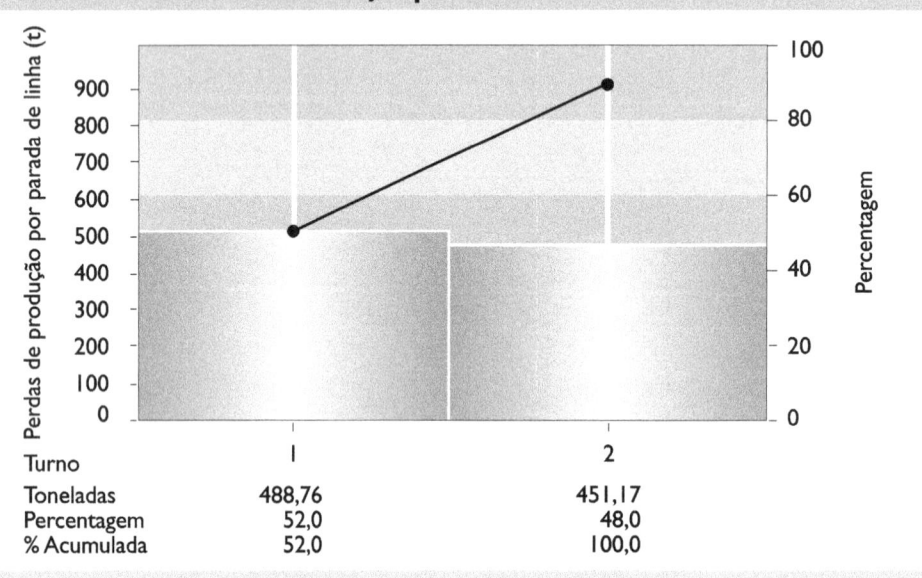

Turno	1	2
Toneladas	488,76	451,17
Percentagem	52,0	48,0
% Acumulada	52,0	100,0

♦ Conclusão: as perdas de produção por produto com viscosidade elevada não são mais acentuadas em um turno específico.

Anexo B.3

Perdas de produção por parada de linha na Fábrica I, por ocorrência de produções com viscosidade elevada - Estratificação por fornecedor de ácido

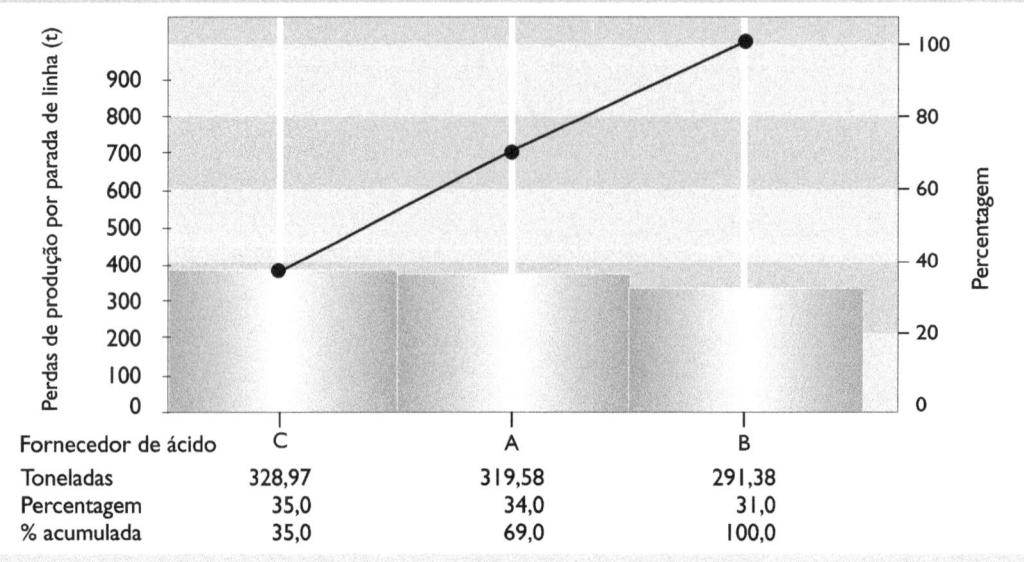

Fornecedor de ácido	C	A	B
Toneladas	328,97	319,58	291,38
Percentagem	35,0	34,0	31,0
% acumulada	35,0	69,0	100,0

♦ Conclusão: as perdas de produção por produto com viscosidade elevada ocorrem da mesma forma para os três fornecedores de ácido.

Histograma dos valores individuais para a viscosidade das produções do último trimestre de 2011

[Histograma com eixo Y "Frequência" (0 a 30) e eixo X "Viscosidade (centipoises)" (62 a 80), com linha vertical LSE = 73]

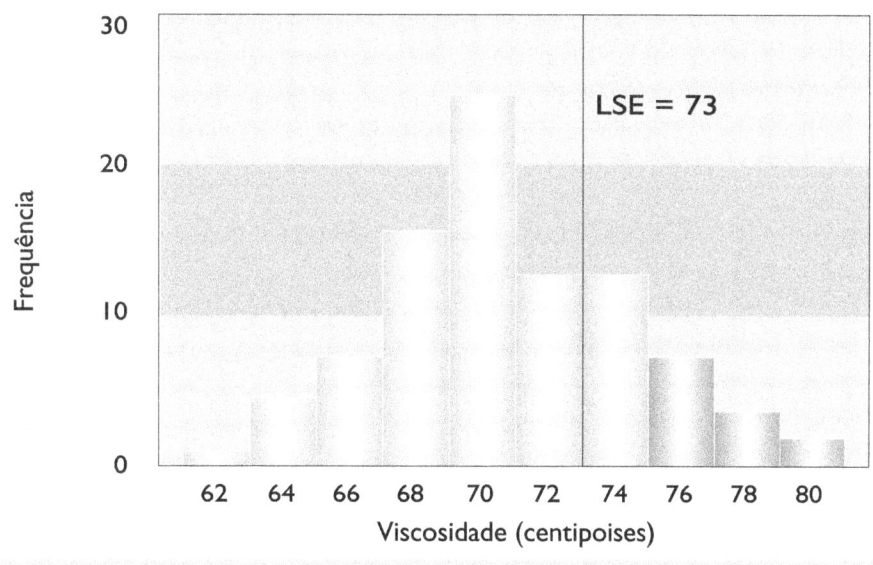

◆ Conclusão: os produtos com viscosidade igual ou superior a 75 centipoises geraram perdas de produção por parada de linha.

Cartas de Controle x e AM para os valores da viscosidade das produções do último trimestre de 2011

[Cartas de controle: Valores individuais com LSC=82,71, Média=70,38, LIC=58,05; Amplitudes móveis com LSC=15,15, AM=4,636, LIC=0; eixo X "Produção" de 0 a 100]

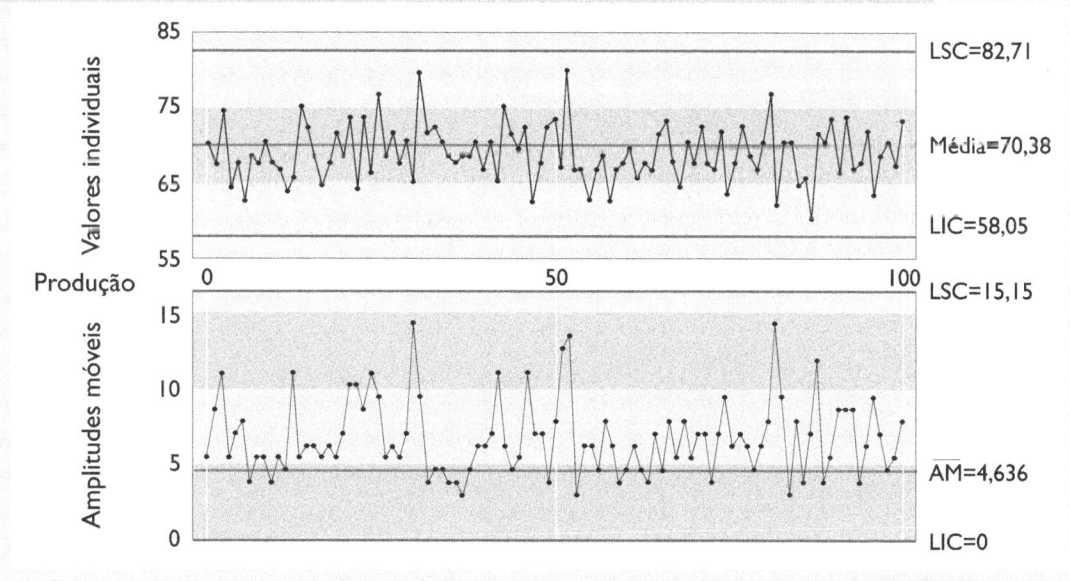

◆ Conclusão: o processo está sob controle. Portanto, os produtos com viscosidade igual ou superior a 75 centipoises resultaram da variação natural do processo produtivo.

Capítulo 7.

Métricas do *Lean* Seis Sigma

"A única coragem é falarmos na primeira pessoa."
Arthur Adamov

Introdução

A redução da variabilidade de produtos e processos e a eliminação dos defeitos ou erros resultantes dessa variabilidade merece grande ênfase no *Lean* Seis Sigma. O programa utiliza, então, algumas medidas ou métricas para quantificar como os resultados de uma empresa podem ser classificados, no que diz respeito à variabilidade e à consequente geração de defeitos ou erros. Essas medidas podem ser utilizadas na identificação de metas a serem atingidas em projetos *Lean* Seis Sigma e na verificação do alcance da meta ao final do projeto (comparação dos valores assumidos pelas medidas "antes" e "depois"). Neste capítulo, elas serão apresentadas e discutidas[1].

Definições preliminares

A seguir, são definidos os principais termos utilizados no contexto das métricas do *Lean* Seis Sigma:

- **Unidade do Produto**: um item que está sendo processado ou um bem ou serviço (produto) final entregue ao consumidor. Um refrigerador, um extrato de cartão de crédito, uma estadia em um hotel e uma viagem aérea são exemplos de unidades do produto.

- **Defeito**: uma falha no atendimento de uma especificação necessária à satisfação do consumidor. Possíveis exemplos de defeitos são um refrigerador com porta desnivelada, um extrato de cartão de crédito recebido pelo consumidor após a data do vencimento, uma estadia em um apartamento de padrão inferior ao solicitado como resultado de falha no registro durante a reserva e uma viagem aérea atrasada em consequência de *overbooking*.

- **Defeituoso**: uma unidade do produto que apresenta um ou mais defeitos. Um refrigerador que apresenta um único defeito é, de acordo com a definição, classificado da mesma forma que um refrigerador que apresenta vinte defeitos.

- **Oportunidade para Defeitos**: cada especificação necessária à satisfação do consumidor de um produto representa uma oportunidade para ocorrência de um defeito ou, dito de forma resumida, representa uma oportunidade para defeito. Portanto, um refrigerador pode apresentar mais de 50 oportunidades para defeitos.

Métricas baseadas em defeituosos

As métricas baseadas em defeituosos **não levam** em consideração o **número** de defeitos. Isto é: um defeituoso que possui um defeito **é equivalente** a um defeituoso que apresenta cem defeitos.

As duas principais métricas baseadas em defeituosos são:
- Proporção de defeituosos (p - *Proportion Defective*)
- Rendimento final (Y_{final} - *Final Yield*).

FIGURA 7.1 — Principais métricas baseadas em defeituosos

EXEMPLOS / FÓRMULAS	Proporção de Defeituosos (p - *Proportion Defective*)	Rendimento Final (Y_{final} - *Final Yield*)
FÓRMULAS	$p = \dfrac{\text{Número de Defeituosos}}{\text{Número Total de Unidades do Produto Avaliadas}}$	$Y_{final} = 1 - \text{Proporção de Defeituosos}$
106 impressoras (de um total de 850 avaliadas) apresentam defeitos.	$p = \dfrac{106}{850} = 0{,}1247 = 12{,}47\%$	$Y_{final} = 1 - 0{,}1247 = 0{,}8753 = 87{,}53\%$
37 placas de circuito impresso (de um total de 1250 avaliadas) apresentam defeitos.	$p = \dfrac{37}{1250} = 0{,}0296 = 2{,}96\%$	$Y_{final} = 1 - 0{,}0296 = 0{,}9704 = 97{,}04\%$
81 solicitações de pagamento de seguro-saúde (de um total de 450 avaliadas) apresentam defeitos.	$p = \dfrac{81}{450} = 0{,}18 = 18\%$	$Y_{final} = 1 - 0{,}18 = 0{,}82 = 82\%$
73 extratos de cartão de crédito (de um total de 200 avaliados) apresentam defeitos.	$p = \dfrac{73}{200} = 0{,}365 = 36{,}5\%$	$Y_{final} = 1 - 0{,}365 = 0{,}635 = 63{,}5\%$

Métricas baseadas em defeitos

As métricas baseadas em defeitos levam em consideração o **número** de defeitos. Isto é: um defeituoso que possui um defeito **não é equivalente** a um defeituoso que apresenta cem defeitos.

As quatro principais métricas baseadas em defeitos são:
- Defeitos por Unidade (*DPU - Defects per Unit*)
- Defeitos por Oportunidade (*DPO - Defects per Opportunity*)
- Defeitos por Milhão de Oportunidades (*DPMO - Defects per Million Opportunities*)
- Escala Sigma (*Sigma Measure*).

Métricas baseadas em defeitos

FIGURA 7.2

Defeitos por Unidade (DPU - Defects per Unit)

FÓRMULA

$$DPU = \frac{\text{Número de Defeitos}}{\text{Número Total de Unidades do Produto Avaliadas}}$$

EXEMPLOS

110 defeitos em 850 impressoras avaliadas (106 defeituosos).

$$DPU = \frac{110}{850} = 0,1294$$

198 defeitos em 1250 placas de circuito impresso avaliadas (37 defeituosos).

$$DPU = \frac{198}{1250} = 0,1584$$

463 defeitos em 450 solicitações de pagamento de seguro-saúde avaliadas (81 defeituosos).

$$DPU = \frac{463}{450} = 1,0289$$

77 defeitos em 200 extratos de cartão de crédito avaliados (73 defeituosos).

$$DPU = \frac{77}{200} = 0,385$$

Interpretação dos valores da métrica DPU

Um valor para *DPU* igual 2,0, por exemplo, indica que é esperado que cada unidade do produto apresente dois defeitos. No entanto, é possível que algumas unidades possuam mais que dois defeitos e outras unidades apresentem zero ou um defeito, já que a métrica *DPU* representa um valor médio de defeitos por unidade de produto.

Já um valor para *DPU* igual a 0,1 significa que é esperado que uma em cada dez unidades do produto apresente um defeito.

Métricas baseadas em defeitos

FIGURA 7.2 (continuação)

Defeitos por Oportunidade (DPO - Defects per Opportunity)

FÓRMULA

$$DPO = \frac{\text{Número de Defeitos}}{\text{N° Total de Unidades do Produto Avaliadas} \times \text{N° de Oportunidades para Defeitos}}$$

EXEMPLOS

110 defeitos em 850 impressoras avaliadas (30 oportunidades para defeitos por impressora).

$$DPO = \frac{110}{850 \times 30} = \frac{110}{25500} = 0,00431$$

198 defeitos em 1250 placas de circuito impresso avaliadas (120 oportunidades para defeitos por placa).

$$DPO = \frac{198}{1250 \times 120} = \frac{198}{150000} = 0,00132$$

463 defeitos em 450 solicitações de pagamento de seguro-saúde avaliadas (13 oportunidades para defeitos por solicitação).

$$DPO = \frac{463}{450 \times 13} = \frac{463}{5850} = 0,07915$$

77 defeitos em 200 extratos de cartão de crédito avaliados (7 oportunidades para defeitos por extrato).

$$DPO = \frac{77}{200 \times 7} = \frac{77}{1400} = 0,055$$

Defeitos por Milhão de Oportunidades (DPMO - Defects per Million Opportunities)

FÓRMULA

$DPMO = DPO \times 1.000.000 = DPO \times 10^6$

Escala Sigma (Sigma Measure)

O valor do DMPO é convertido para a escala Sigma através da tabela 7.1

EXEMPLOS

110 defeitos em 850 impressoras avaliadas (30 oportunidades para defeitos por impressora).

$DPMO = 0,00431 \times 1.000.000 = 4.310$

4.310 DPMO = 4,10 Sigma

198 defeitos em 1250 placas de circuito impresso avaliadas (120 oportunidades para defeitos por placa).

$DPMO = 0,00132 \times 1.000.000 = 1.320$

1.320 DPMO = 4,50 Sigma

463 defeitos em 450 solicitações de pagamento de seguro-saúde avaliadas (13 oportunidades para defeitos por solicitação).

$DPMO = 0,07915 \times 1.000.000 = 79.150$

79.150 DPMO = 2,90 Sigma

77 defeitos em 200 extratos de cartão de crédito avaliados (7 oportunidades para defeitos por extrato).

$DPMO = 0,055 \times 1.000.000 = 55.000$

55.000 DPMO = 3,10 Sigma

Tabela de conversão para a Escala Sigma[2]

TABELA 7.1

Escala Sigma	DPMO	Escala Sigma	DPMO	Escala Sigma	DPMO	Escala Sigma	DPMO	Escala Sigma	DPMO
0,00	933.193	1,20	617.912	2,40	184.060	3,60	17.865	4,80	483
0,05	926.471	1,25	598.706	2,45	171.056	3,65	15.778	4,85	404
0,10	919.243	1,30	579.260	2,50	158.655	3,70	13.904	4,90	337
0,15	911.492	1,35	559.618	2,55	146.859	3,75	12.225	4,95	280
0,20	903.199	1,40	539.828	2,60	135.666	3,80	10.724	5,00	233
0,25	894.350	1,45	519.939	2,65	125.072	3,85	9.387	5,05	193
0,30	884.930	1,50	500.000	2,70	115.070	3,90	8.198	5,10	159
0,35	874.928	1,55	480.061	2,75	105.650	3,95	7.143	5,15	131
0,40	864.334	1,60	460.172	2,80	96.800	4,00	6.210	5,20	108
0,45	853.141	1,65	440.382	2,85	88.508	4,05	5.386	5,25	89
0,50	841.345	1,70	420.740	2,90	80.757	4,10	4.661	5,30	72
0,55	828.944	1,75	401.294	2,95	73.529	4,15	4.024	5,35	59
0,60	815.940	1,80	382.088	3,00	66.807	4,20	3.467	5,40	48
0,65	802.338	1,85	363.169	3,05	60.571	4,25	2.980	5,45	39
0,70	788.145	1,90	344.578	3,10	54.799	4,30	2.555	5,50	32
0,75	773.373	1,95	326.355	3,15	49.471	4,35	2.186	5,55	26
0,80	758.036	2,00	308.537	3,20	44.565	4,40	1.866	5,60	21
0,85	742.154	2,05	291.160	3,25	40.059	4,45	1.589	5,65	17
0,90	725.747	2,10	274.253	3,30	35.930	4,50	1.350	5,70	13
0,95	708.840	2,15	257.846	3,35	32.157	4,55	1.144	5,75	11
1,00	691.463	2,20	241.964	3,40	28.717	4,60	968	5,80	9
1,05	673.645	2,25	226.627	3,45	25.588	4,65	816	5,85	7
1,10	655.422	2,30	211.856	3,50	22.750	4,70	687	5,90	5
1,15	636.831	2,35	197.663	3,55	20.182	4,75	577	5,95	4
								6,00	3

Nota: esta tabela, para todos os valores apresentados, foi construída com base na suposição de que a média do processo de interesse está deslocada em relação ao valor nominal em 1,5 σ, em que σ = desvio padrão do processo.

A partir dos resultados anteriores, é possível concluir que o processo que apresenta o melhor desempenho é o de produção de placas de circuito impresso, enquanto o processo de emissão de solicitações de pagamento de seguro-saúde é o pior deles.

Procedimento para classificação de processos segundo a Escala Sigma

FIGURA 7.3 Procedimento para classificação de processos segundo a Escala Sigma

- Identificar o processo de interesse.
- Identificar o produto de interesse desse processo.
- Identificar as exigências do consumidor que cada unidade do produto deve atender.
- Identificar todos os possíveis defeitos que uma unidade do produto pode apresentar (com base no item anterior).
- Identificar quantos defeitos podem ser encontrados em uma unidade do produto (oportunidades para defeitos = O).
- Coletar dados na saída do processo:
  • Avaliar N unidades do produto e contar o número total de defeitos encontrados (D).
- Calcular o número total de oportunidades para defeitos na amostra coletada:
  • Unidades avaliadas x oportunidades para defeitos = N x O.
- Calcular os defeitos por milhão de oportunidades (DPMO): $DPMO = \dfrac{D}{N \times O} \times 10^6$.
- Converter o valor do DPMO para a Escala Sigma, por meio do uso da tabela de conversão (Tabela 7.1).

É importante observar que o procedimento apresentado na Figura 7.3 somente poderá ser utilizado quando houver, na amostra avaliada, **no mínimo cinco defeitos e cinco não defeitos**. Caso essa condição não esteja satisfeita, deve-se aumentar o número de unidades do produto avaliadas.

Exemplo

- Empresa: seguradora.
- Produto: seguro-saúde.
- Processo: processamento de solicitação de pagamento de seguro-saúde.
- Defeitos: erros nas solicitações de pagamento de seguro-saúde.
- Número de oportunidades para defeitos por solicitação de pagamento de seguro-saúde: 7
- Coleta de dados:
  - Foi selecionada uma amostra aleatória de 1000 solicitações de pagamento para a realização de uma auditoria completa.
  - Número total de defeitos encontrados na amostra inspecionada: 125.

- Classificação do processo de acordo com a Escala Sigma:

1. Número de oportunidades para defeitos por unidade do produto (O)	7
2. Número total de unidades do produto avaliadas (N)	1000
3. Número total de defeitos encontrados nas unidades do produto avaliadas (D)	125
4. Número total de oportunidades para defeitos na amostra coletada (N x O)	7000
5. Defeitos por milhão de oportunidades: $DPMO = \frac{D}{N \times O} \times 10^6$	$\frac{125}{7000} \times 10^6 = 17.857$
6. Conversão do DPMO para a Escala Sigma (tabela 7.1)	3,60

A fábrica escondida

Para ilustrar o conceito de fábrica escondida (*hidden factory*) e introduzir outra importante métrica do *Lean* Seis Sigma, será considerado o processo apresentado na Figura 7.4.

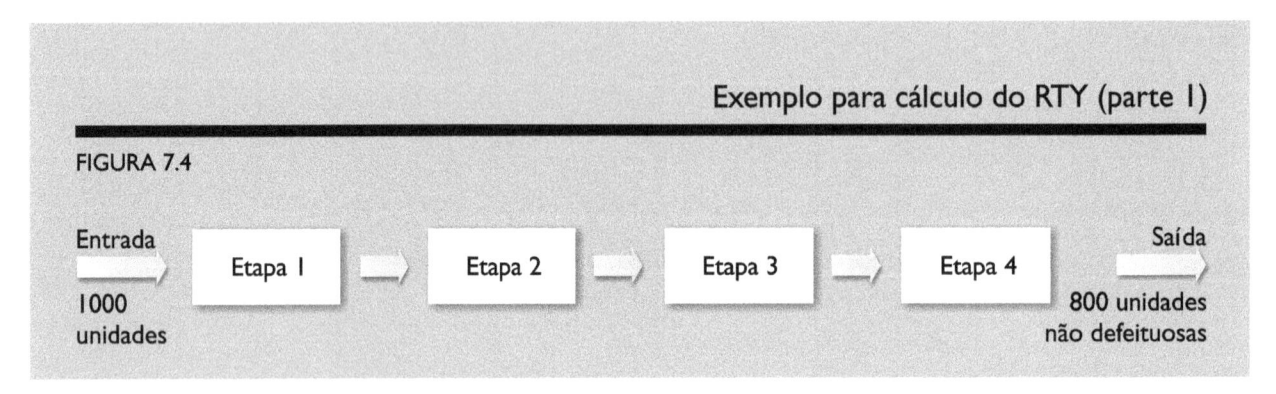

Exemplo para cálculo do RTY (parte 1)

FIGURA 7.4

Entrada: 1000 unidades → Etapa 1 → Etapa 2 → Etapa 3 → Etapa 4 → Saída: 800 unidades não defeituosas

O rendimento final deste processo é:

$$Y_{final} = 1 - \text{Proporção de defeituosos}$$

$$Y_{final} = 1 - \frac{200}{1000} = 0,8 = 80\%$$

A seguir, será analisado o que ocorre "dentro" do processo, isto é, em cada uma das etapas ou subprocessos que o compõem, conforme é mostrado na Figura 7.5.

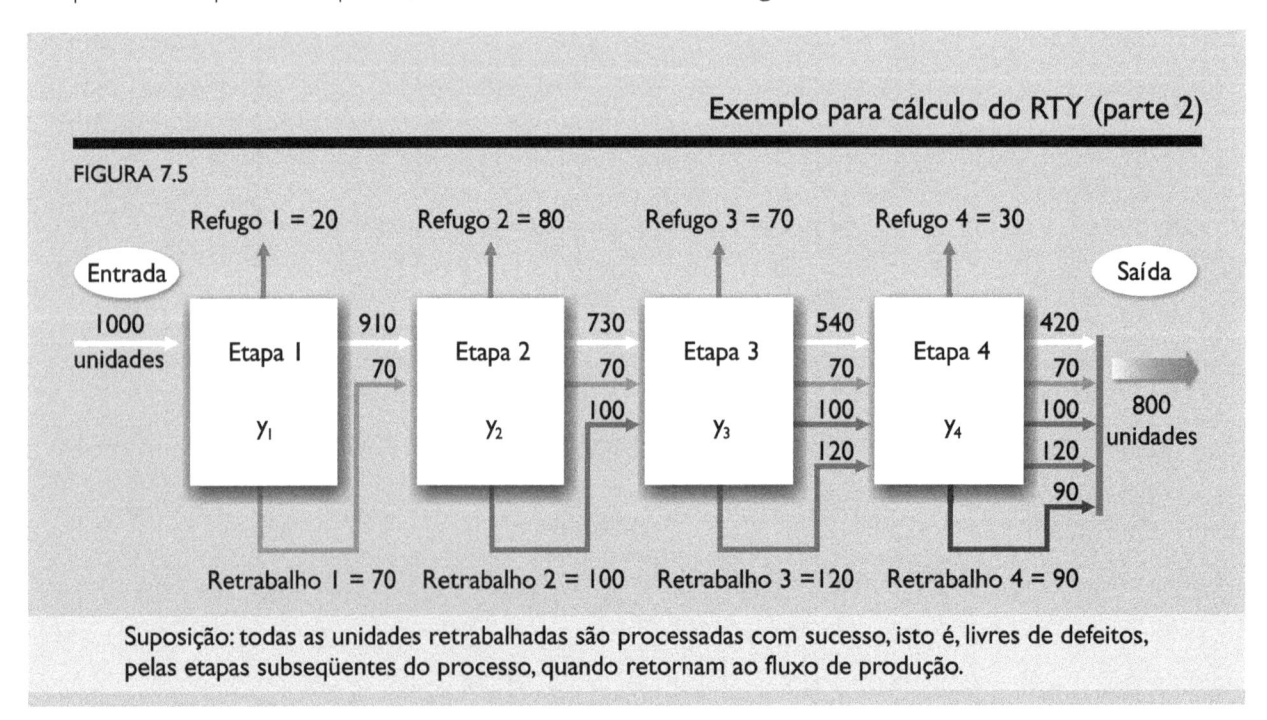

Exemplo para cálculo do RTY (parte 2)

FIGURA 7.5

Refugo 1 = 20; Refugo 2 = 80; Refugo 3 = 70; Refugo 4 = 30

Entrada: 1000 unidades → Etapa 1 (y_1) → 910 → Etapa 2 (y_2) → 730 → Etapa 3 (y_3) → 540 → Etapa 4 (y_4) → 420 → Saída: 800 unidades

Retrabalho 1 = 70; Retrabalho 2 = 100; Retrabalho 3 = 120; Retrabalho 4 = 90

Suposição: todas as unidades retrabalhadas são processadas com sucesso, isto é, livres de defeitos, pelas etapas subseqüentes do processo, quando retornam ao fluxo de produção.

O cenário representado na Figura 7.5 conduz às conclusões relacionadas a seguir:
- O rendimento de cada etapa do processo é:

$$Y_1 = \frac{910}{1000} = 0{,}91 = 91\% \qquad Y_3 = \frac{540}{730} = 0{,}74 = 74\%$$

$$Y_2 = \frac{730}{910} = 0{,}80 = 80\% \qquad Y_4 = \frac{420}{540} = 0{,}78 = 78\%$$

- O número de unidades processadas que, de fato, podem ser consideradas não defeituosas (não necessitaram de retrabalho nem foram refugadas) é igual a 420.
- Das 580 unidades restantes, 200 foram refugadas e 380 sofreram algum tipo de retrabalho.

Portanto, uma medida de rendimento que considera o impacto do refugo e também do retrabalho pode ser definida como:

$$RTY = 1 - \frac{\text{Unidades refugadas} + \text{Unidades retrabalhadas}}{\text{Unidades de entrada}}$$

$$RTY = 1 - \frac{200 + 380}{1000} = 0{,}42 = 42\%$$

Essa nova medida de rendimento é denominada **Rolled Throughput Yield (RTY)** ou **First Pass Yield**[3].

Observe que o *RTY* também pode ser obtido por meio da multiplicação dos rendimentos de cada uma das etapas do processo:

$$RTY = 0{,}91 \times 0{,}80 \times 0{,}74 \times 0{,}78 = 0{,}42 = 42\%$$

Os cálculos realizados com base na Figura 7.5 mostram que o rendimento final (Y_{final}) **esconde** os defeitos **reparados** ao longo do processo, já que essa métrica representa o rendimento do processo após a execução de retrabalho. Assim, é possível dizer que Y_{final} mede o rendimento após os processamentos realizados na **fábrica escondida**. Os sistemas de contabilidade das empresas geralmente utilizam como métrica o rendimento final, o que significa que os custos associados ao retrabalho não estão sendo considerados.

Em processos complexos, constituídos por diversas etapas, é possível que o rendimento em cada etapa seja relativamente elevado, mas que, mesmo assim, o *RTY* seja baixo. Por exemplo, se um processo é constituído por 30 etapas ou subprocessos, tendo cada uma delas rendimento de 95,5%, o *RTY* deste processo é:

$$RTY = (0{,}955)^{30} = 0{,}25 = 25\%$$

É importante esclarecer que um *RTY* de 25%, como nesse exemplo, significa que somente uma entre quatro unidades processadas passa por todo o fluxo de produção sem ser refugada ou retrabalhada, isto é, sem ser processada pela **fábrica escondida**.

Cuidados na utilização das métricas *DPMO* e Escala Sigma

A utilização do número de oportunidades para defeitos no cálculo do *DPMO* permite que essa métrica, e também a sua conversão para a Escala Sigma, possam ser utilizadas para a comparação de processos com diferentes níveis de complexidade[4]. Quanto mais complexos forem o produto ou o processo, maior será o número de oportunidades para defeitos. O *DPMO* e a Escala Sigma permitem, então, a comparação dos processos por meio do número de defeitos contrabalançado pela complexidade (traduzida no número de oportunidades para defeitos), como é mostrado na Figura 7.6.

FIGURA 7.6 — Comparação de processos com diferentes níveis de complexidade por meio das métricas *DPMO* e Escala Sigma

Processo	Processo Produtivo 1 (baixa complexidade)	Processo Produtivo 2 (elevada complexidade)
Número de oportunidades para defeitos (O)	2	19
Número total de unidades do produto avaliadas (N)	1.800	2.000
Número total de defeitos encontrados nas unidades do produto avaliadas (D)	81	113
Defeitos por milhão de oportunidades: $DPMO = \dfrac{D}{N \times O} \times 10^6$	$DPMO = \dfrac{81 \times 10^6}{1.800 \times 2} = 22.500$	$DPMO = \dfrac{113 \times 10^6}{2.000 \times 19} = 2.974$
Classificação do processo segundo a Escala Sigma	3,50	4,25

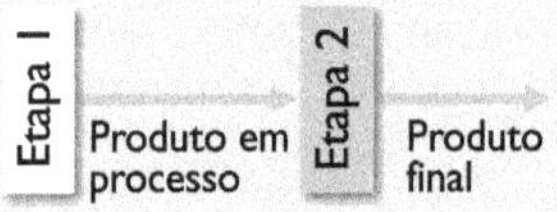

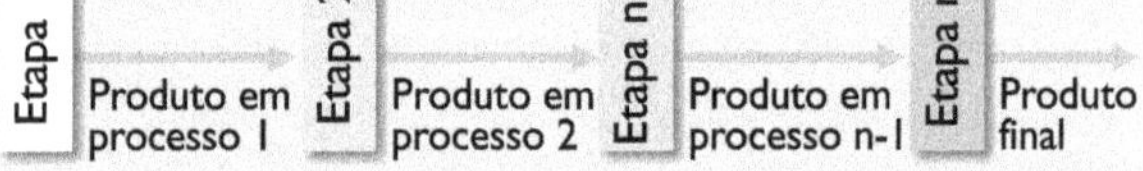

Devemos observar, no entanto, que a determinação apropriada das oportunidades para defeitos não é algo simples e imediato e, além disso, pode ser subjetiva. Como a classificação do processo na Escala Sigma depende diretamente do número de oportunidades para defeitos - quanto maior for este número, menor será o *DPMO* e melhor será a classificação do processo -, muito cuidado deve ser tomado ao defini-las.

Se uma empresa deseja utilizar as métricas *DPMO* e Escala Sigma para a comparação de processos e para o acompanhamento da evolução de resultados de projetos de melhoria, **é enfaticamente aconselhável que sejam criados padrões para a determinação das oportunidades para defeitos**. Essa recomendação é feita tendo-se em mente os riscos de realização de comparações não consistentes de processos e, principalmente, de manipulação dos números de oportunidades para defeitos, com o objetivo de fazer com que a realidade pareça melhor que, de fato, é.

Em vista dos argumentos acima, **não recomendamos** o uso da classificação dos processos na Escala Sigma para o monitoramento da evolução do Seis Sigma na empresa e para comparação do desempenho de diferentes processos ou unidades de negócio.

Métricas baseadas no custo da não qualidade

As métricas baseadas em defeituosos e em defeitos não levam em consideração o custo da não qualidade, isto é, o quanto se está perdendo, em termos monetários, em consequência dos defeitos.

Vale ressaltar que é possível a existência de dois processos com igual classificação na Escala Sigma, mas com diferentes perdas financeiras resultantes dos defeitos, quando os custos associados a refugo, retrabalho e negócios perdidos forem maiores em um processo que no outro. Portanto, **todos os resultados associados a projetos *Lean* Seis Sigma devem ser quantificados em termos monetários**, que representam uma linguagem universal e **exercem impacto direto no balanço financeiro das empresas.**

Capítulo 8

Design for Lean Six Sigma (DFLSS)

"A vida contrai-se e expande-se proporcionalmente à coragem do indivíduo."

Anais Nin

Introdução

A ação gerencial de planejamento da qualidade[1] ou gestão do desenvolvimento do produto – novos produtos e novos processos industriais, administrativos ou de serviços – vem adquirindo uma importância cada vez maior para as empresas, constituindo um fator vital para a garantia da competitividade das organizações. Essa importância é bem justificada por J. M. Juran: "as características dos produtos e os índices de falhas são determinados, em grande parte, durante o planejamento para a qualidade"[2].

Ainda segundo Juran[3], o planejamento da qualidade "envolve uma série de passos universais, que podem ser resumidos da seguinte forma:
- Estabelecer metas de qualidade.
- Identificar os clientes – aqueles que serão impactados pelos esforços para se alcançarem as metas.
- Determinar as necessidades dos clientes.
- Desenvolver características do produto que atendam às necessidades dos clientes.
- Desenvolver processos que sejam capazes de produzir aquelas características do produto.
- Estabelecer controles de processos e transferir os planos resultantes para as forças operacionais".

Portanto, o planejamento da qualidade resulta em um aprofundamento da orientação da empresa para as expectativas do mercado e para o alcance da qualidade, desde a concepção e o projeto do produto.

É fundamental que as empresas estejam capacitadas para a aplicação de metodologias e ferramentas de maior sofisticação e eficácia durante o planejamento da qualidade, visando alcançar, para os novos produtos, metas de aumento da confiabilidade, introdução de novas tecnologias ou redução de custos, por exemplo. Nesse contexto surgiu, na *General Electric*, o *Design for Six Sigma* (DFSS), como uma extensão do Seis Sigma para o projeto de novos produtos (bens ou serviços) e processos.

Vale destacar que uma das tendências irreversíveis do Seis Sigma é sua integração ao *Lean Manufacturing*, de modo que a empresa usufrua os pontos fortes de ambas estratégias. Nesse contexto, a combinação do *DFSS* com os princípios e ferramentas do *Lean* dá origem ao **Design for Lean Six Sigma (DFLSS)**.

Princípios do *Design for Lean Six Sigma*

A partir de uma tradução livre de Gerald Hahn, Necip Doganaksoy e Roger Hoerl[4], os princípios básicos do *DFLSS* são:

- Identificação das especificações do cliente:

    A definição das características críticas para a qualidade – CTQ (Critical to Quality = **Y**) – e de outras necessidades do cliente para o novo produto ou processo é realizada no nível do cliente. Essa etapa exige o uso de ferramentas como Pesquisa de Marketing e QFD.

- Desdobramento ou flow-down das especificações:

    As necessidades do cliente são gradualmente desdobradas em especificações para o projeto funcional, o projeto detalhado e as variáveis de controle do processo produtivo.

- Construção ou flow-up da capacidade:

    À medida que as necessidades dos clientes são desdobradas, é feita uma verificação da capacidade de o produto ou processo atender às especificações estabelecidas, por meio do uso de dados já existentes ou de novos dados. Essa verificação da capacidade permite a identificação, com antecedência, de possíveis necessidades de se chegar a um meio-termo, em função de objetivos conflitantes que possam vir a surgir no desenvolvimento do projeto.

- Modelagem:

    O flow-down das especificações e o flow-up da capacidade são desenvolvidos a partir do conhecimento das relações existentes entre as especificações do cliente (**Y**s) e os elementos do projeto (**x**s): **Y** = f(**x**). Essas relações são estabelecidas por meio de modelos, que podem ser baseados em princípios físicos (modelos termodinâmicos para uma reação química, por exemplo), simulação (modelo de simulação para um sistema de fila única, por exemplo), modelos empíricos (ajuste de uma superfície de resposta aos dados coletados em um DOE, por exemplo) ou em uma combinação desses tipos de modelos.

O método DMADV

O método para a implantação do DFLSS utilizado na GE é denominado DMADV. Esse método, conforme mostra a Figura 8.1, é constituido por cinco etapas – **D**efine, **M**easure, **A**nalyze, **D**esign e **V**erify – que devem ser executadas pela equipe multifuncional responsável pelo projeto do novo produto.

A seguir, a partir da experiência da autora na utilização das ferramentas Lean Seis Sigma e na orientação aos Black Belts na execução de projetos com foco no desenvolvimento de novos produtos, do estudo do livro de Robert G. Cooper[5], Winning at New Products e do artigo de Gerald Hahn, Necip Doganaksoy e Roger Hoerl[6], serão apresentadas uma descrição das atividades de cada etapa do DMADV e um modelo de integração das ferramentas Seis Sigma às etapas do DMADV, criado pela autora.

Design for Lean Six Sigma (DFLSS)

Descrição das atividades do DMADV

TABELA 8.1

		Objetivo	Principais resultados esperados
Etapa do DMADV	*Define*	Definir claramente o novo produto ou processo a ser projetado.	Justificativa para o desenvolvimento do projeto. Potencial de mercado para o novo produto. Análise preliminar da viabilidade técnica. Análise preliminar da viabilidade econômica. Previsão da data de conclusão do projeto. Estimativa dos recursos necessários.
	Measure	Identificar as necessidades dos clientes/consumidores e traduzi-las em características críticas para a qualidade (**CTQs**) - mensuráveis e priorizadas - do produto.	Identificação e priorização das necessidades dos clientes/consumidores. Análise detalhada do mercado. Características críticas do produto para o atendimento às necessidades dos clientes/consumidores.
	Analyze	Selecionar o melhor conceito dentre as alternativas desenvolvidas e gerar o *Design Charter* do projeto.	Definição das principais funções a serem projetadas para o atendimento às necessidades dos clientes/consumidores. Avaliação técnica dos diferentes conceitos disponíveis e seleção do melhor. Análise financeira detalhada do projeto.
	Design	Desenvolver o projeto detalhado (protótipo), realizar os testes necessários e preparar para a produção em pequena e em larga escala.	Desenvolvimento físico do produto e realização de testes. Análise do mercado e *feedback* de clientes/consumidores sobre os protótipos avaliados. Planejamento da produção. Planejamento do lançamento no mercado. Análise financeira atualizada do projeto.
	Verify	Testar e validar a viabilidade do projeto e lançar o novo produto no mercado.	Lançamento do produto no mercado. Avaliação da performance do projeto.

Criando a Cultura Lean Seis Sigma

O método DMADV

FIGURA 8.1

- Início do processo
- **Define:** definir claramente o novo produto ou processo a ser projetado.
- Atividades: D1, D2, D3, D4, D5, D6, D7, D8
- Ferramentas Lean Seis Sigma
- Tollgate 1
- O projeto é viável? **NÃO** → Abandonar / **SIM**

- **Measure:** identificar as necessidades dos clientes/consumidores e traduzi-las em CTQs – mensuráveis e priorizadas – do produto.
- Atividades: M1, M2, M3, M4
- Ferramentas Lean Seis Sigma

- **Analyze:** desenvolver conceitos, selecionar o melhor e gerar o *Design Charter* do projeto.
- Atividades: A5, A4, A3, A2, A1
- Ferramentas Lean Seis Sigma
- Tollgate 2
- O projeto é viável? **SIM** / **NÃO** → Abandonar

- **Design:** desenvolver o projeto detalhado, realizar testes e preparar para a produção em pequena e em larga escala.
- Atividades: Ds1, Ds2, Ds3, Ds4, Ds5, Ds6, Ds7, Ds8
- Ferramentas Lean Seis Sigma
- Tollgate 3
- O projeto é viável? **SIM** / **NÃO** → Abandonar

- **Verify:** testar e validar a viabilidade do projeto e lançar o novo produto no mercado.
- Atividades: V1, V2, V3, V4, V5, V6, V7
- Ferramentas Lean Seis Sigma
- Fim do processo

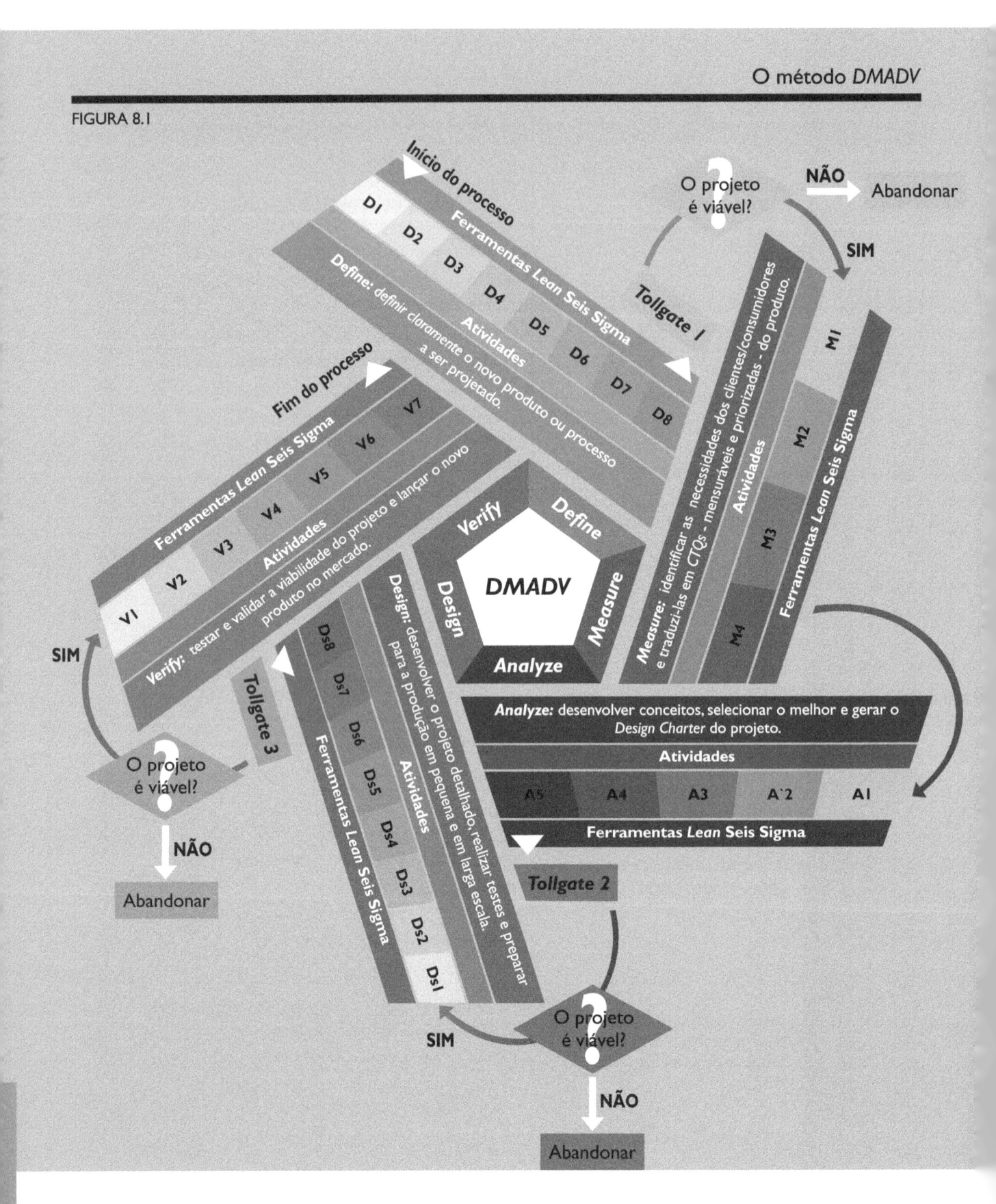

DMADV: Define, Measure, Analyze, Design, Verify

Design for Lean Six Sigma (DFLSS)

Figura 8.2

Integração das ferramentas Seis Sigma ao DMADV - Etapa Define

D	Atividades	Ferramentas
Define: definir claramente o novo produto ou processo a ser projetado.		• Mapa de Raciocínio (manter atualizado durante todas as etapas do *DMADV*)
	D1 - Elaborar a justificativa para o desenvolvimento do projeto do novo produto.	• Formulário para descrição do projeto
	D2 - Avaliar o potencial de mercado do novo produto (tamanhos atual e futuro do mercado).	• Levantamento de dados secundários: fontes internas, publicações governamentais, associações comerciais, internet • Análise de Séries Temporais • Análise de Regressão
	D3 - Definir os mercados-alvo.	• Levantamento de dados secundários: fontes internas, publicações governamentais, literatura técnica (livros e periódicos), dados comerciais, internet • Levantamento de dados primários: pesquisa de grupo-foco, entrevista individual com consumidores-chave • Análise Fatorial • Análise de Conglomerados
	D4 - Avaliar a concorrência.	• Levantamento de dados secundários: literatura técnica, internet, anúncios
	D5 - Avaliar a viabilidade técnica.	• Levantamento de dados secundários: registros de patentes, literatura técnica • *Brainstorming* • Diagrama de Afinidades • Diagrama de Relações • Diagrama de Matriz
	D6 - Avaliar a viabilidade econômica.	• Cálculo estimado do período de *payback* do projeto
	D7 - Elaborar o cronograma preliminar do projeto.	• Diagrama de *Gantt*
	D8 - Planejar a etapa *Measure*: • A equipe e suas responsabilidades • Recursos necessários • Possíveis restrições, suposições e riscos • Cronograma detalhado dessa etapa.	• Diagrama de Árvore • *PERT/CPM* • Diagrama do Processo Decisório (*PDPC*) • *5W2H*

Figura 8.3

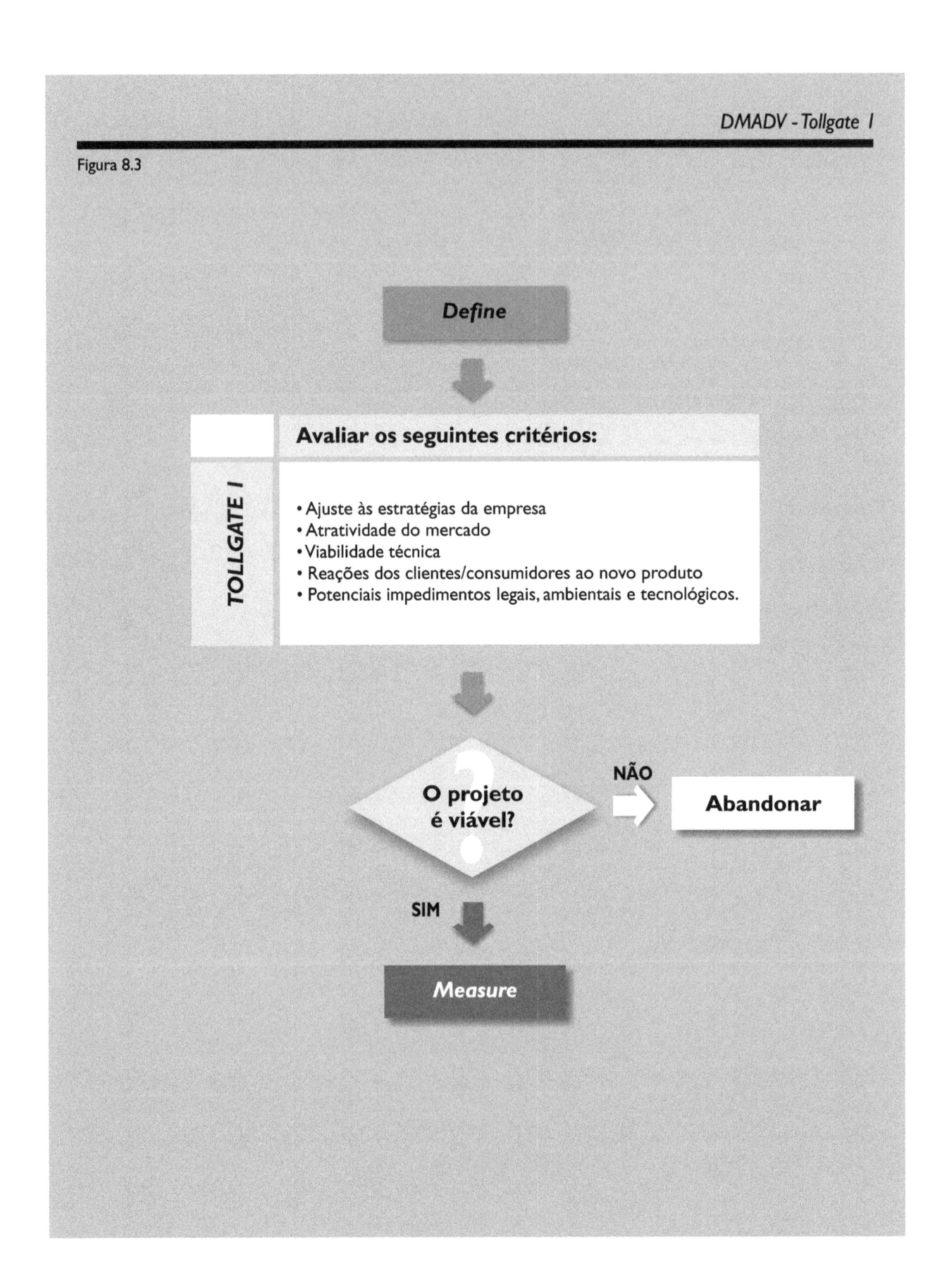

DMADV - Tollgate I

Define

TOLLGATE I

Avaliar os seguintes critérios:

- Ajuste às estratégias da empresa
- Atratividade do mercado
- Viabilidade técnica
- Reações dos clientes/consumidores ao novo produto
- Potenciais impedimentos legais, ambientais e tecnológicos.

O projeto é viável?

NÃO → **Abandonar**

SIM ↓

Measure

Design for Lean Six Sigma (DFLSS)

Integração das ferramentas Seis Sigma ao *DMADV* - Etapa *Measure*

Figura 8.4

M	Atividades	Ferramentas
Measure: identificar as necessidades dos clientes/consumidores e traduzi-las em *CTQs* - mensuráveis e priorizadas - do produto.	M1 - Estudar as necessidades dos clientes/consumidores (*Voice of the Customer*): 1 - Realizar pesquisa qualitativa. 2 - Realizar pesquisa quantitativa. 3 - Identificar e priorizar as necessidades dos clientes/consumidores.	1 • Plano para Coleta de Dados • Folha de Verificação/Questionário • Pesquisa de grupo-foco • Entrevista individual com consumidores-chave • Observação direta de consumidores 2 • Plano para Coleta de Dados • Folha de Verificação/Questionário • Amostragem • Entrevista Individual (*Survey*) 3 • Modelo de *Kano* • Diagrama de Afinidades • Histograma/*Boxplot* • Intervalos de Confiança • Diagrama de Matriz • Análise de Conglomerados • Análise Fatorial • Escalonamento Multidimensional • Análise Conjunta • Mapa de Percepção
	M2 - Analisar os principais concorrentes.	• Levantamento de dados secundários: literatura técnica, internet, anúncios • *Benchmarking* • Engenharia reversa • Pesquisas qualitativas e quantitativas realizadas na fase M1
	M3 - Realizar uma análise detalhada do mercado (aprofundar as atividades das fases D2 e D3)	• Ferramentas das fases D2 e D3
	M4 - Estabelecer as características críticas para a qualidade (*CTQs*) do produto e suas especificações.	• Levantamento de dados secundários: literatura técnica, registro de patentes • *Brainstorming* • Diagrama de Causa e Efeito • Diagrama de Afinidades • Diagrama de Relações • *TRIZ* • Mapa de Produto • Análise de Tolerâncias • Simulação • Testes de Hipóteses/Int. de Confiança • Planejamento de Experimentos/*ANOVA* • Diagrama de Dispersão • Análise de Regressão • *QFD*

Criando a Cultura Lean Seis Sigma

Integração das ferramentas Seis Sigma ao DMADV - Etapa Analyze

Figura 8.5

A	Atividades	Ferramentas
Analyze: selecionar o melhor conceito dentre as alternativas desenvolvidas e gerar o Design Charter do projeto.	A1 - Identificar as funções, gerar os conceitos e selecionar o melhor deles para o produto.	• QFD • Diagrama de Matriz • Brainstorming • TRIZ • Benchmarking • Mapa de Produto • Simulação • Engenharia e Análise de Valor • Design for Manufacturing (DFM) • Design for Assembly (DFA) • Testes de Hipóteses • Intervalos de Confiança • Planejamento de Experimentos/ANOVA • Análise de Pugh
	A2 - Realizar o teste de conceito.	• Ferramentas para pesquisas qualitativa e quantitativa • QFD • Histograma/Boxplot • Testes de Hipóteses/Intervalos de Confiança • Planejamento de Experimentos/ANOVA • Análise Conjunta
	A3 - Analisar a viabilidade econômica.	• Estimativas de vendas, de custos e de lucros • Fluxo de caixa projetado • Período de payback • Análise do ponto de equilíbrio • Análise de risco
	A4 - Planejar as etapas Design e Verify: • Plano detalhado da etapa Design - cronograma das atividades, recursos necessários e milestones • Plano preliminar da etapa Verify • Plano de Produção preliminar • Plano de Marketing preliminar.	• Diagrama de Árvore • Diagrama de Gantt • PERT/CPM • Diagrama do Processo Decisório (PDPC) • 5W2H
	A5 - Resumir as conclusões das atividades das etapas Measure e Analyze no Design Charter do projeto.	• Design Charter (definição e justificativa do projeto e planejamento das próximas etapas)

Design for Lean Six Sigma (DFLSS)

DMADV - Tollgate 2

Figura 8.6

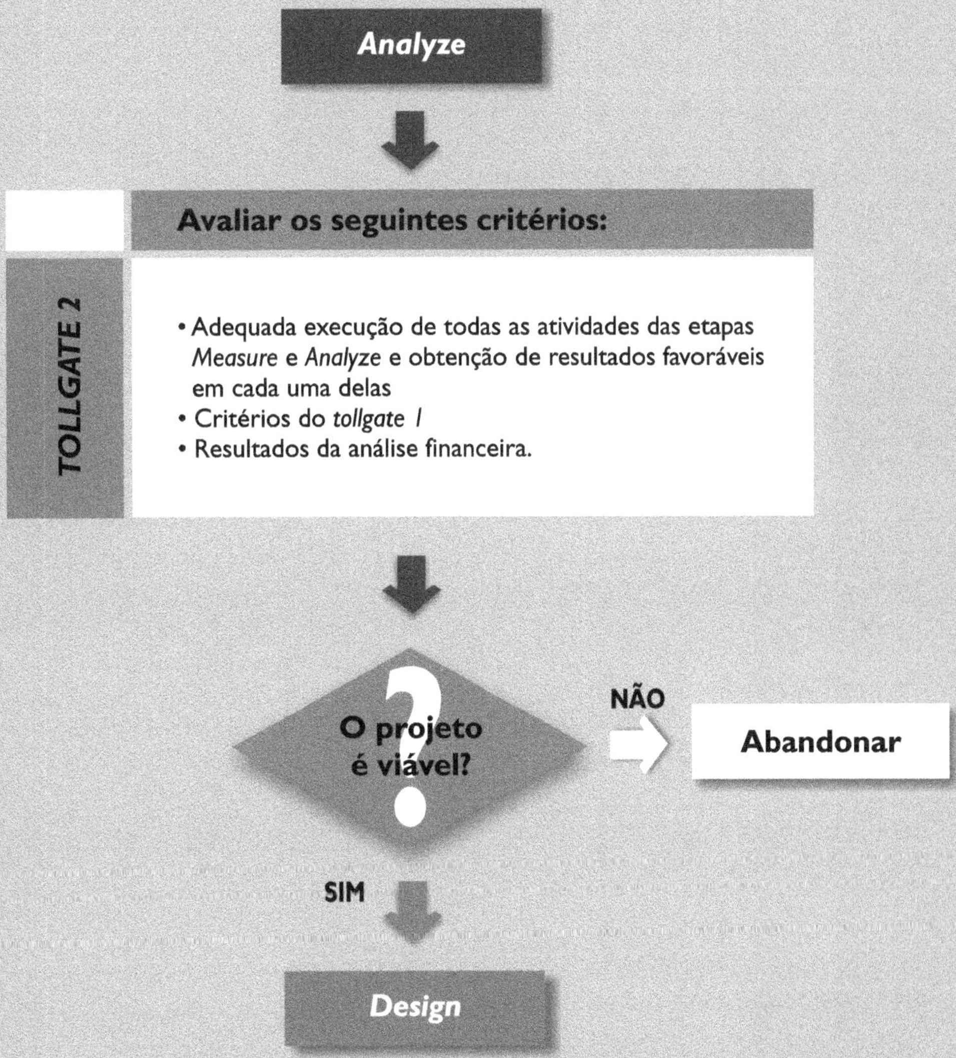

Analyze

⬇

Avaliar os seguintes critérios:

TOLLGATE 2
- Adequada execução de todas as atividades das etapas *Measure* e *Analyze* e obtenção de resultados favoráveis em cada uma delas
- Critérios do *tollgate 1*
- Resultados da análise financeira.

⬇

O projeto é viável? — **NÃO** ⇒ **Abandonar**

SIM ⬇

Design

Figura 8.7

Integração das ferramentas Seis Sigma ao DMADV - Etapa *Design*

D	Atividades	Ferramentas
***Design*: desenvolver o projeto detalhado, realizar os testes necessários e preparar para a produção em pequena e em larga escala.**	Ds1 - Desenvolver o projeto detalhado do produto (construir protótipos).	• *QFD* • Mapa de Produto • *FMEA/FTA* • Simulação • Testes de Hipóteses/Intervalos de Confiança • Planejamento de Experimentos/*ANOVA*
	Ds2 - Realizar, de modo iterativo, testes funcionais dos protótipos sob condições de laboratório e de campo, para avaliar a capacidade de o conceito selecionado atender às necessidades dos clientes/consumidores.	• *QFD* • Mapa de Produto • *FMEA/FTA* • Análise de Tempo de Falha • Testes de Vida Acelerados • Testes de Hipóteses/Intervalos de Confiança • Planejamento de Experimentos/*ANOVA*
	Ds3 - Realizar, de modo iterativo, testes dos protótipos com clientes/consumidores e utilizar o *feedback* resultante desses testes para aprimoramento do produto.	• Ferramentas para pesquisas qualitativa e quantitativa • *QFD* • Testes Sensoriais • Histograma/*Boxplot* • Testes de Hipóteses/Intervalos de Confiança • Planejamento de Experimentos/*ANOVA* • Análise Conjunta
	Ds4 - Planejar a produção em pequena e em larga escala.	• *QFD* • Mapa de Produto • Fluxograma/Mapa de Processo • Amostragem • Gráfico Sequencial • Carta de Controle • Histograma/*Boxplot* • Índices de Capacidade de Processos • Simulação
	Ds5 - Conduzir um projeto *Lean* Seis Sigma - com base no *DMAIC* - para melhoria da capacidade produtiva, se necessário.	• Ferramentas do *DMAIC*
	Ds6 - Planejar o lançamento do produto no mercado (atualizar o Plano de *Marketing*).	• Diagrama de Árvore • Diagrama de *Gantt* • *PERT/CPM* • Diagrama do Processo Decisório (*PDPC*) • 5W2H
	Ds7 - Atualizar a análise financeira do projeto.	• Estimativas de vendas, de custos e lucros, fluxo de caixa projetado, período de *payback*, análises do ponto de equilíbrio e de risco, impacto sobre outros produtos da empresa.
	Ds8 - Planejar detalhadamente a etapa *Verify* - cronograma, recursos e *milestones*.	• Utilizar as mesmas ferramentas do Ds6.

Design for Lean Six Sigma (DFLSS)

DMADV - Tollgate 3

Figura 8.8

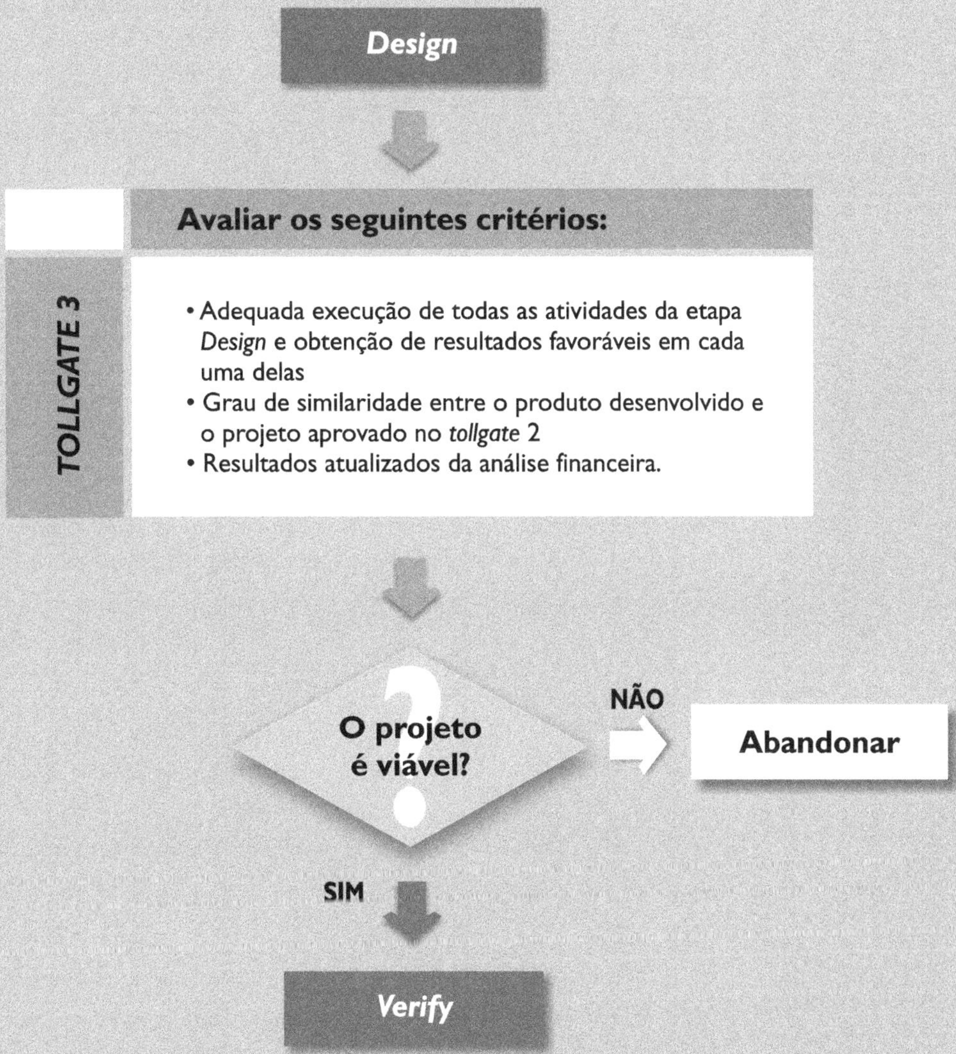

Design

⬇

TOLLGATE 3

Avaliar os seguintes critérios:

- Adequada execução de todas as atividades da etapa *Design* e obtenção de resultados favoráveis em cada uma delas
- Grau de similaridade entre o produto desenvolvido e o projeto aprovado no *tollgate* 2
- Resultados atualizados da análise financeira.

⬇

O projeto é viável? —**NÃO**→ **Abandonar**

SIM ⬇

Verify

Figura 8.9 — Integração das ferramentas Seis Sigma ao *DMADV* - Etapa *Verify*

Verify: testar e validar a viabilidade do projeto e lançar o novo produto no mercado.

V	Atividades	Ferramentas
V1	Iniciar a produção em pequena escala (produção piloto).	• Mapa de Produto • Fluxograma/Mapa de Processo • Amostragem • Gráfico Sequencial • Carta de Controle • Histograma/*Boxplot* • Índices de Capacidade de Processos • Métricas do Seis Sigma • Testes de Hipóteses/Intervalos de Confiança • Planejamento de Experimentos/*ANOVA*
V2	Realizar testes de campo do novo produto.	• QFD • Ferramentas para pesquisas qualitativa e quantitativa • Diagrama de Afinidades • Histograma/*Boxplot*
V3	Realizar testes de mercado.	• QFD • Ferramentas para pesquisas qualitativa e quantitativa • Diagrama de Afinidades • Histograma/*Boxplot* • Testes de Hipóteses/Intervalos de Confiança • Planejamento de Experimentos/*ANOVA* • Diagrama de Matriz • Análise de Regressão • Análise de Conglomerados • Análise Fatorial • Escalonamento Multidimensional • Análise Conjunta • Mapa de Percepção
V4	Atualizar a análise financeira do projeto.	• Estimativas de vendas, de custos e lucros, fluxo de caixa projetado, período de *payback*, análises do ponto de equilíbrio e de risco, impacto sobre outros produtos da empresa.
V5	Iniciar e validar a produção em larga escala e transferir o processo produtivo aos *process owners*.	• Ferramentas da etapa C do *DMAIC*
V6	Lançar o produto no mercado.	• Plano de *Marketing*
V7	Sumarizar o que foi aprendido e fazer recomendações para trabalhos futuros.	Avaliação de Sistemas de Medição/Inspeção: utilizar durante todas as etapas do *DMADV*, sempre que for necessário garantir a confiabilidade dos dados empregados.

Quanto à integração das ferramentas *Lean* ao *DMADV*, destacamos que elas serão usadas principalmente nas atividades Ds4 (planejar a produção em pequena e em larga escala), Ds5 (conduzir um projeto *Lean* Seis Sigma - com base no *DMAIC* - para melhoria da capacidade produtiva, se necessário), V1 (iniciar a produção em pequena escala) e V5 (iniciar e validar a produção em larga escala e transferir o processo produtivo aos *process owners*) do *DMADV*.

É importante destacar que as atividades em cada etapa do *DMADV*, sempre que possível, devem ser realizadas simultaneamente e não sequencialmente. Essa característica contribui para reduzir o prazo de conclusão do projeto, além de favorecer a integração entre os membros da equipe. Já o rigor no cumprimento das etapas do método pode ser avaliado por meio dos *tollgates* que, portanto, permitem que os *Sponsors* e *Champions* monitorem, em detalhes e com segurança, o desenvolvimento do projeto.

Para concluir o capítulo, mostramos, nas Figuras 8.10 e 8.11, a integração entre os métodos *DMAIC* (melhoria do desempenho de produtos e processos) e *DMADV* (projetos de novos produtos e processos - *Design for Lean Six Sigma*), tendo como ponto de partida o procedimento para seleção de projetos *Lean* Seis Sigma. O método e as ferramentas do *Design for Lean Six Sigma* serão apresentados em detalhes em outros volumes da Série Werkema de Excelência Empresarial.

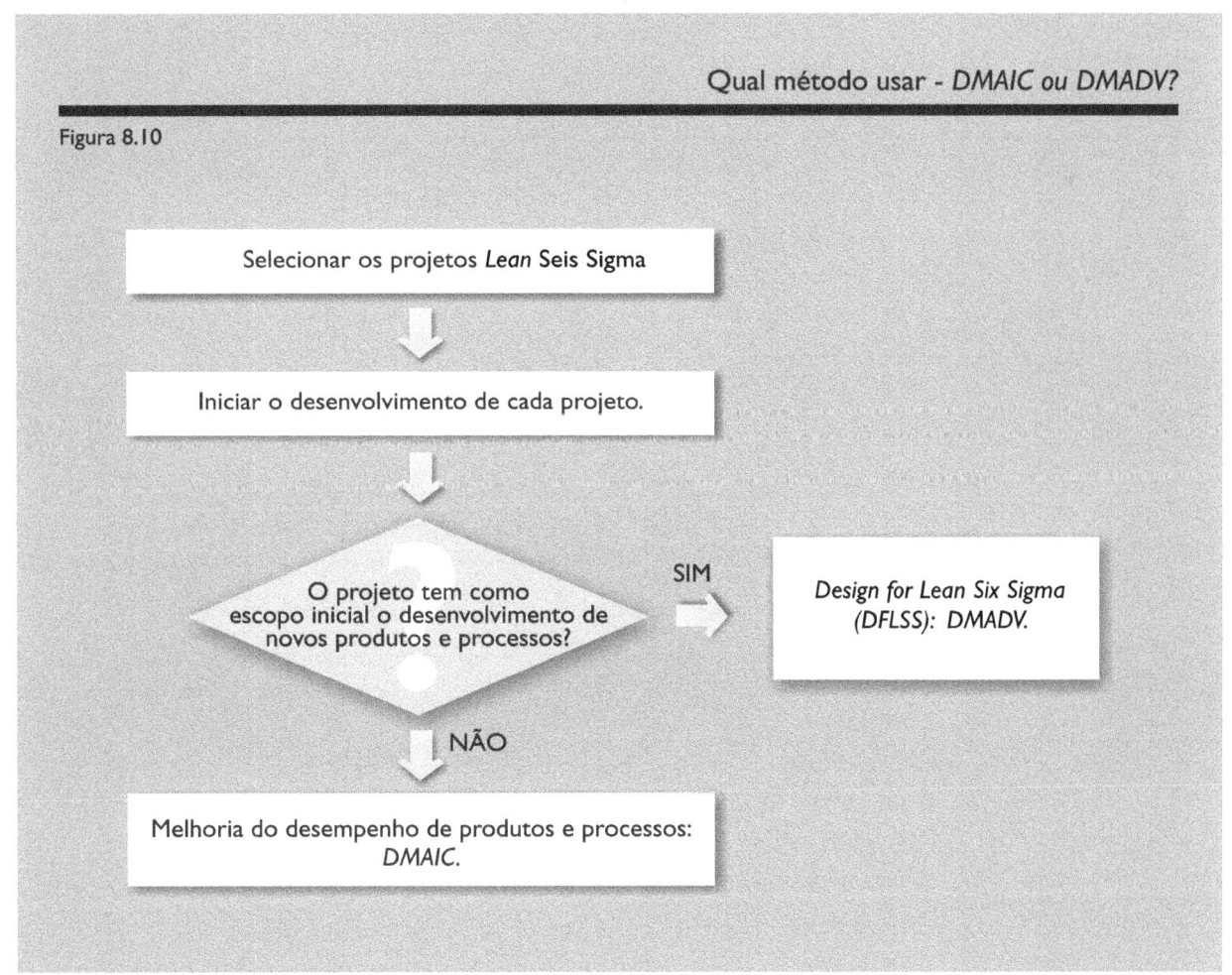

Figura 8.10 — Qual método usar - *DMAIC* ou *DMADV*?

- Selecionar os projetos *Lean* Seis Sigma
- Iniciar o desenvolvimento de cada projeto.
- O projeto tem como escopo inicial o desenvolvimento de novos produtos e processos?
  - SIM → *Design for Lean Six Sigma* (DFLSS): *DMADV*.
  - NÃO → Melhoria do desempenho de produtos e processos: *DMAIC*.

Figura 8.11

Utilizar o processo para seleção de projetos *Lean* Seis Sigma apresentado no Capítulo 3 - Figura 3.1.

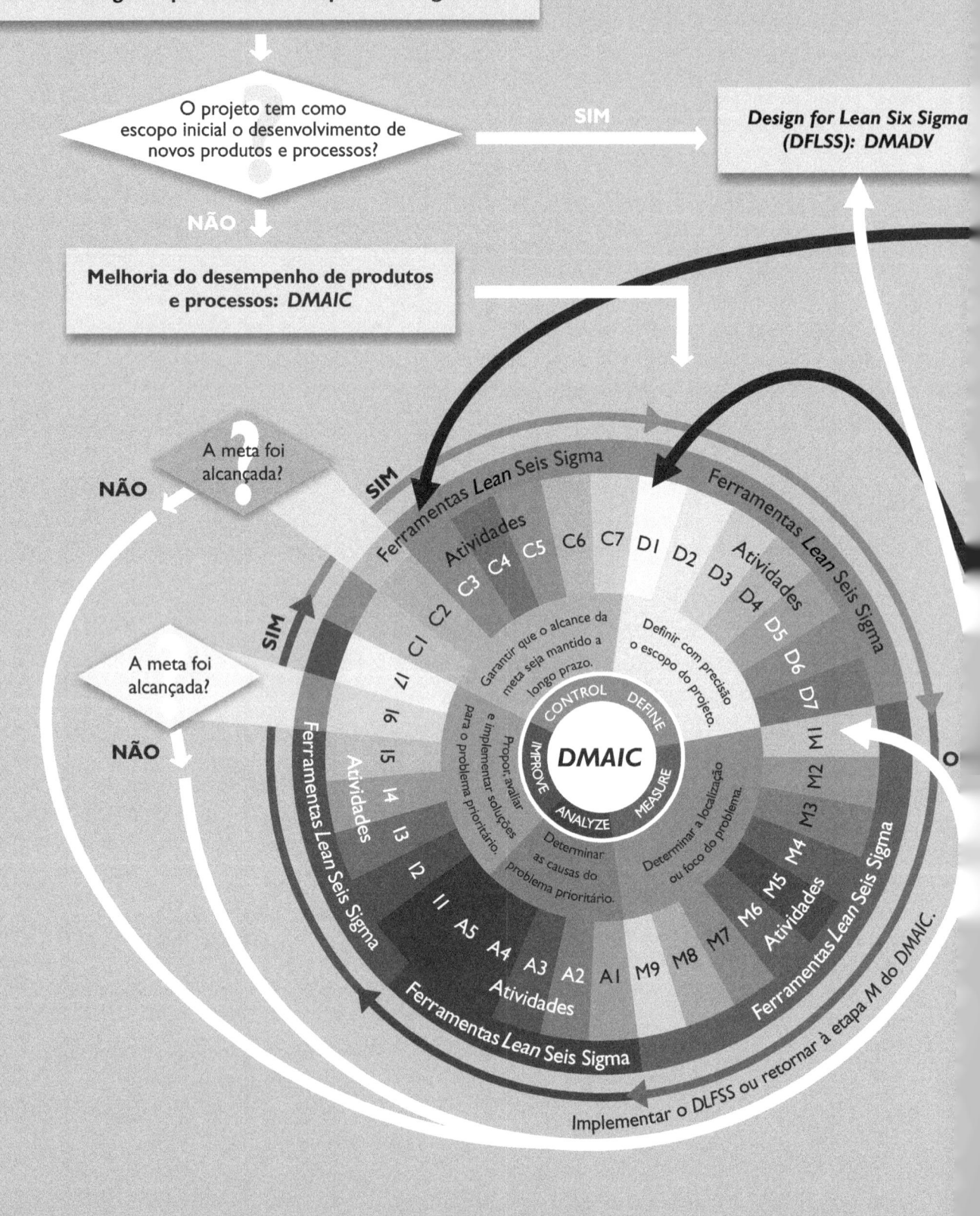

O projeto tem como escopo inicial o desenvolvimento de novos produtos e processos?

SIM → **Design for Lean Six Sigma (DFLSS): DMADV**

NÃO ↓

Melhoria do desempenho de produtos e processos: *DMAIC*

A meta foi alcançada? NÃO / SIM

A meta foi alcançada? NÃO

Implementar o DLFSS ou retornar à etapa M do DMAIC.

DMAIC
- DEFINE: Definir com precisão o escopo do projeto.
- MEASURE: Determinar a localização ou foco do problema.
- ANALYZE: Determinar as causas do problema prioritário.
- IMPROVE: Propor, avaliar e implementar soluções para o problema prioritário.
- CONTROL: Garantir que o alcance da meta seja mantido a longo prazo.

Atividades: D1 D2 D3 D4 D5 D6 D7 / M1 M2 M3 M4 M5 M6 M7 M8 M9 / A1 A2 A3 A4 A5 / I1 I2 I3 I4 I5 I6 I7 / C1 C2 C3 C4 C5 C6 C7

Ferramentas *Lean* Seis Sigma

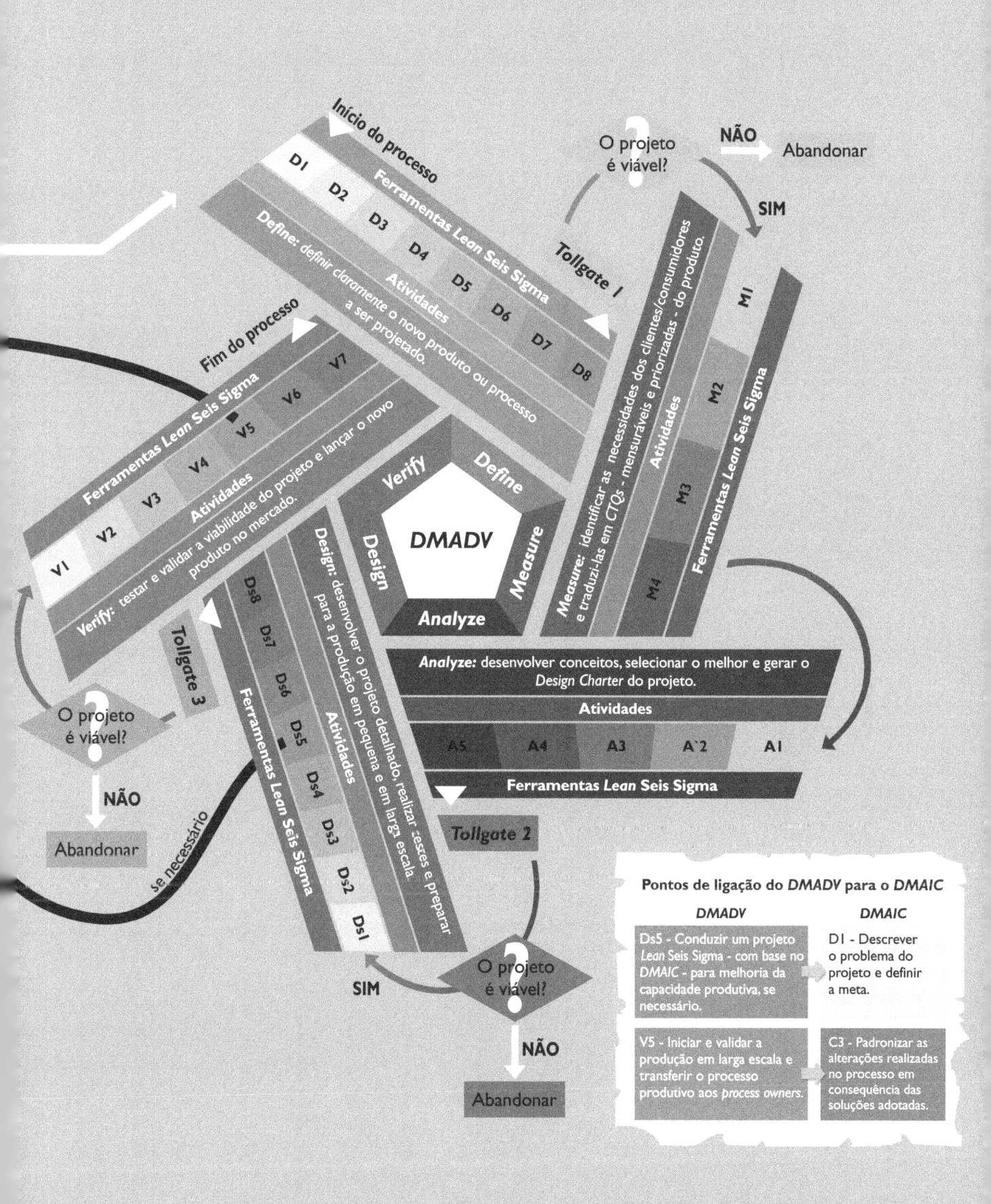

Detalhamento da integração entre os métodos DMAIC e DMADV

Início do processo

Ferramentas Lean Seis Sigma: D1, D2, D3, D4, D5, D6, D7, D8

Define: definir claramente o novo produto ou processo a ser projetado.

Tollgate 1 — O projeto é viável? NÃO → Abandonar / SIM

Measure: identificar as necessidades dos clientes/consumidores e traduzi-las em CTQs - mensuráveis e priorizadas - do produto.

Atividades: M1, M2, M3, M4
Ferramentas Lean Seis Sigma

DMADV
- Define
- Measure
- Analyze
- Design
- Verify

Analyze: desenvolver conceitos, selecionar o melhor e gerar o *Design Charter* do projeto.

Atividades: A5, A4, A3, A2, A1
Ferramentas Lean Seis Sigma

Tollgate 2 — O projeto é viável? NÃO → Abandonar / SIM

Design: desenvolver o projeto detalhado, realizar testes e preparar para a produção em pequena e em larga escala.

Atividades: Ds1, Ds2, Ds3, Ds4, Ds5, Ds6, Ds7, Ds8
Ferramentas Lean Seis Sigma

se necessário

Tollgate 3 — O projeto é viável? NÃO → Abandonar

Verify: testar e validar a viabilidade do projeto e lançar o novo produto no mercado.

Atividades: V1, V2, V3, V4, V5, V6, V7
Ferramentas Lean Seis Sigma

Fim do processo

Pontos de ligação do DMADV para o DMAIC

DMADV	DMAIC
Ds5 - Conduzir um projeto *Lean* Seis Sigma - com base no *DMAIC* - para melhoria da capacidade produtiva, se necessário.	D1 - Descrever o problema do projeto e definir a meta.
V5 - Iniciar e validar a produção em larga escala e transferir o processo produtivo aos *process owners*.	C3 - Padronizar as alterações realizadas no processo em consequência das soluções adotadas.

Anexo A

Visão geral das ferramentas Seis Sigma integradas ao *DMAIC*

"Ter coragem diante de qualquer coisa na vida, essa é a base de tudo."
Teresa Ávila

Visão geral das ferramentas Seis Sigma integradas ao *DMAIC*

D	Atividades	Ferramentas
Define: definir com precisão o escopo do projeto.	Descrever o problema do projeto e definir a meta.	• **Mapa de Raciocínio** (Manter atualizado durante todas as etapas do *DMAIC*) • *Project Charter*
	Avaliar: histórico do problema, retorno econômico, impacto sobre clientes/consumidores e estratégias da empresa.	• *Project Charter* • **Métricas do Seis Sigma** • **Gráfico Sequencial** • **Carta de Controle** • **Análise de Séries Temporais** • **Análise Econômica** (Suporte do departamento financeiro/controladoria) • **Métricas *Lean***
	Avaliar se o projeto é prioritário para a unidade de negócio e se será patrocinado pelos gestores envolvidos.	
	O projeto deve ser desenvolvido? — NÃO → Selecionar novo projeto. SIM ↓	
	Definir os participantes da equipe e suas responsabilidades, as possíveis restrições e suposições e o cronograma preliminar.	• *Project Charter*
	Identificar as necessidades dos principais clientes do projeto.	• **Voz do Cliente - *VOC*** (*Voice of the Customer*)
	Definir o principal processo envolvido no projeto.	• ***SIPOC*** • **Mapeamento do Fluxo de Valor (*VSM*)**

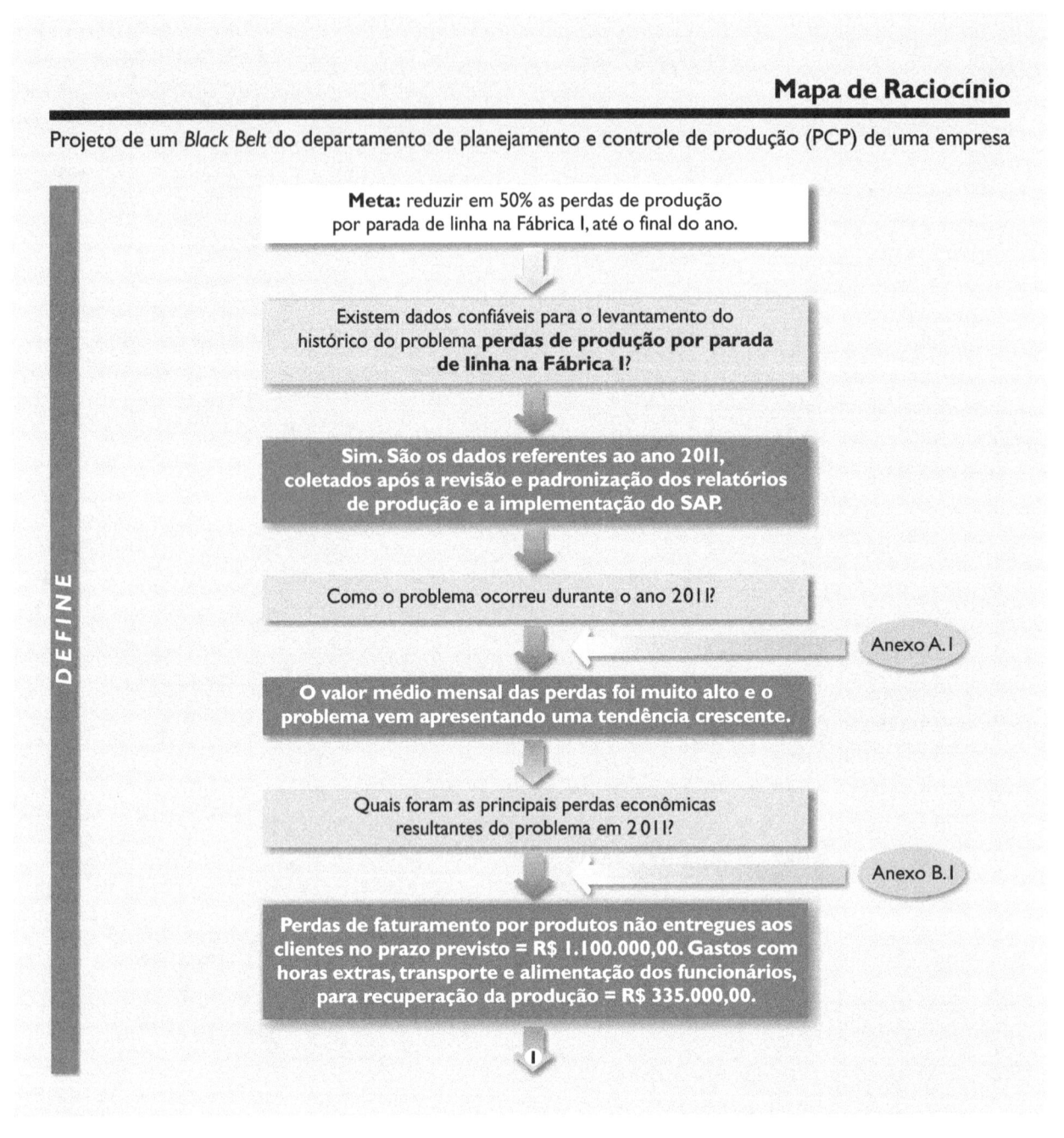

Mapa de Raciocínio

Projeto de um *Black Belt* do departamento de planejamento e controle de produção (PCP) de uma empresa

DEFINE

- **Meta:** reduzir em 50% as perdas de produção por parada de linha na Fábrica I, até o final do ano.

- Existem dados confiáveis para o levantamento do histórico do problema **perdas de produção por parada de linha na Fábrica I?**

- Sim. São os dados referentes ao ano 2011, coletados após a revisão e padronização dos relatórios de produção e a implementação do SAP.

- Como o problema ocorreu durante o ano 2011? — Anexo A.1

- O valor médio mensal das perdas foi muito alto e o problema vem apresentando uma tendência crescente.

- Quais foram as principais perdas econômicas resultantes do problema em 2011? — Anexo B.1

- Perdas de faturamento por produtos não entregues aos clientes no prazo previsto = R$ 1.100.000,00. Gastos com horas extras, transporte e alimentação dos funcionários, para recuperação da produção = R$ 335.000,00.

(1)

- Finalidade: documentar, progressivamente, a forma de raciocínio durante a execução de um trabalho ou projeto.

  O Mapa de Raciocínio deve conter:
  - A meta inicial do projeto
  - As questões às quais a equipe precisou responder durante o desenvolvimento do projeto
  - O que foi feito para responder às questões e as respostas obtidas
  - Novas questões, novos passos, novas respostas.

Project Charter

Redução das perdas de produção por parada de linha na Fábrica I.

Descrição do problema

Na Fábrica I, as paradas de linha são apontadas pela área de manufatura como um dos maiores problemas na rotina de trabalho, invalidando o planejamento para as operações diárias.

No ano 2011, o valor médio mensal das perdas de produção decorrentes das paradas de linha foi muito alto e, além disso, o problema vem apresentando uma tendência crescente.

As principais perdas econômicas resultantes do problema em 2011 foram as perdas de faturamento por produtos não entregues aos clientes no prazo previsto (R$ 1.100.000,00) e os gastos com horas extras, transporte e alimentação dos funcionários para recuperação da produção (R$ 335.000,00).

Definição da meta

Reduzir em 50% as perdas de produção por parada de linha na Fábrica I, até 30/12/2012.

Avaliação do histórico do problema | Anexo I

Restrições e suposições

Os membros da equipe de trabalho deverão dedicar 50% de seu tempo ao desenvolvimento do projeto.

Será necessário o suporte de um especialista do departamento de manutenção.

Os gastos do projeto deverão ser debitados do centro de custo 01/PCP20, após autorização do Champion (de acordo com o procedimento WIZ).

Equipe de trabalho

Membros da equipe: Axel Mahayana (Black Belt – líder da equipe), Denise Sampaio (montagem), Marlon Oliveira (engenharia industrial), Sandra Barbosa (PCP) e Arthur Santos (manutenção).

Champion: Otávio Cerqueira (gerente da Fábrica I)

Especialistas para suporte técnico: Marcos Siqueira (manutenção) e Victoria Ryan (controladoria).

Responsabilidades dos membros e logística da equipe | Anexo II

Cronograma preliminar

Define: 28/02/2012, Measure: 15/04/2012, Analyze: 30/06/2012, Improve: 30/08/2012 e Control: 30/12/2012

- Finalidade: documento que representa uma espécie de **contrato** firmado entre a equipe responsável pela condução do projeto e os gestores da empresa (*Champions* e *Sponsors*).

  O *Project Charter* tem os seguintes objetivos:
  - Apresentar claramente o que é esperado em relação à equipe.
  - Manter a equipe alinhada aos objetivos prioritários da empresa.
  - Formalizar a transição do projeto das mãos do *Champion* para a equipe.
  - Manter a equipe dentro do escopo definido para o projeto.

Métricas do Lean Seis Sigma

Identificar o processo de interesse.

⬇

Identificar o produto de interesse desse processo.

⬇

Identificar as exigências do consumidor que cada unidade do produto deve atender.

⬇

Identificar todos os possíveis defeitos que uma unidade de produto pode apresentar (com base no item anterior).

⬇

Identificar quantos defeitos podem ser encontrados em uma unidade do produto (oportunidades para defeitos = O).

⬇

Coletar dados na saída do processo:
Avaliar N unidades do produto e contar o número total de defeitos encontrados (D).

⬇

Calcular o número total de oportunidades para defeitos na amostra coletada:
Unidades avaliadas x oportunidades para defeitos = N x O.

⬇

Calcular os defeitos por milhão de oportunidades (DPMO): $DPMO = \frac{D}{N \times O} \times 10^6$.

⬇

Converter o valor do DPMO para a Escala Sigma, por meio do uso da tabela de conversão (Tabela 7.1).

- Finalidade: as Métricas do Lean Seis Sigma são usadas para quantificar como os resultados de uma empresa podem ser classificados no que diz respeito à variabilidade e à geração de defeitos ou erros.

Gráfico Sequencial

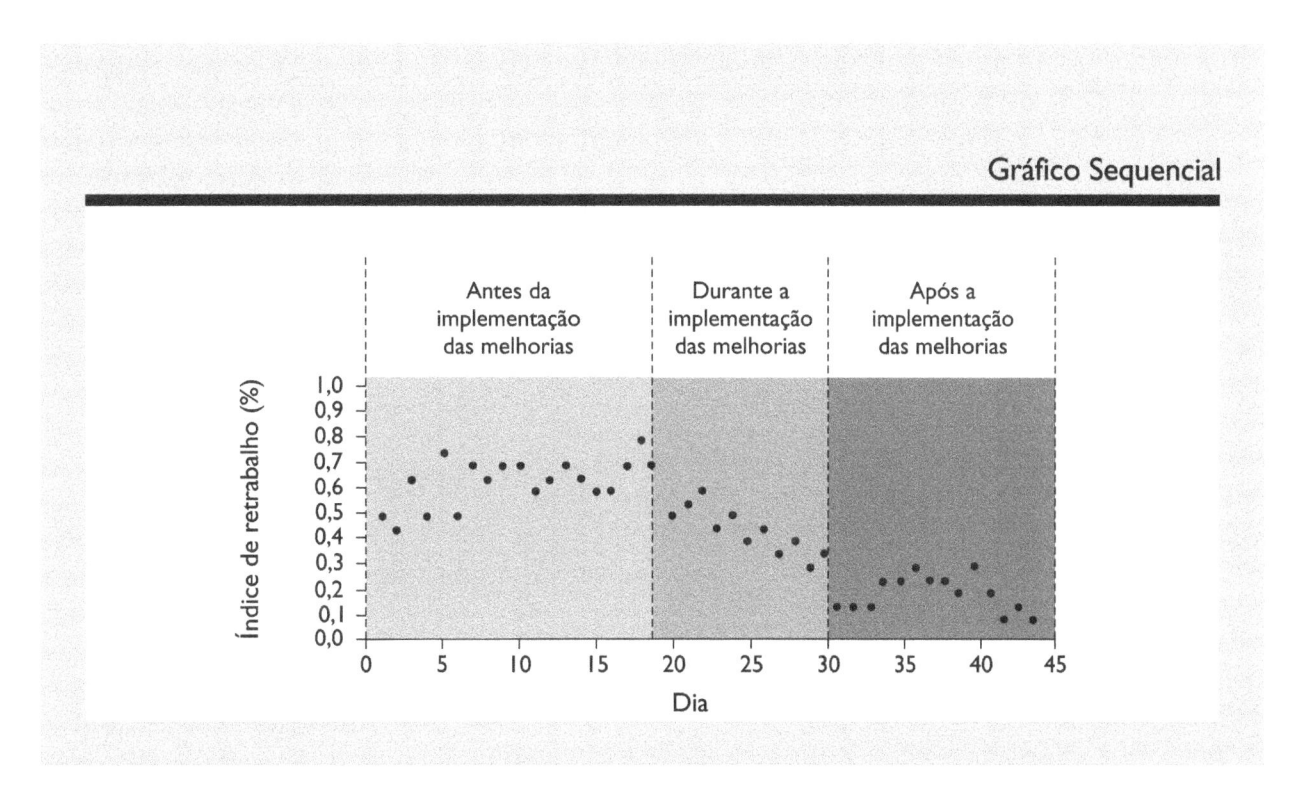

[Gráfico mostrando Índice de retrabalho (%) vs Dia, dividido em três fases: Antes da implementação das melhorias, Durante a implementação das melhorias, Após a implementação das melhorias]

- Finalidade: o Gráfico Sequencial é um diagrama utilizado para mostrar os valores individuais do resultado de um processo em função do tempo.

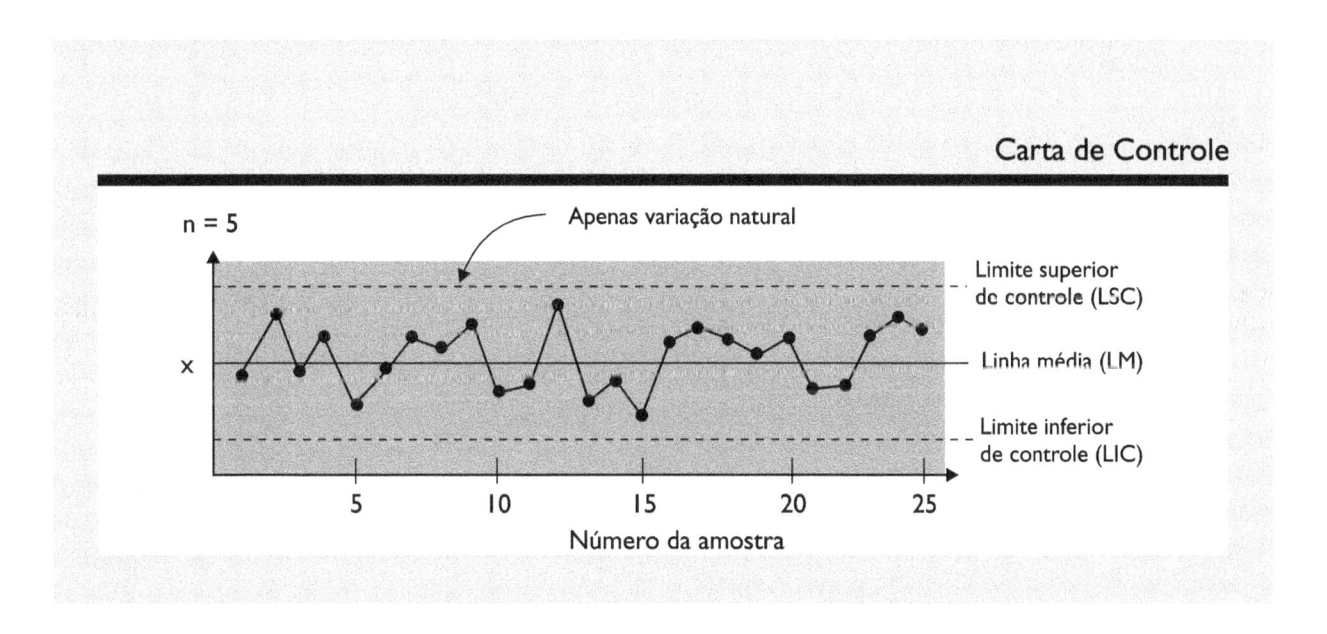

Carta de Controle

[Gráfico com n = 5, mostrando pontos em torno da Linha média (LM), entre Limite superior de controle (LSC) e Limite inferior de controle (LIC), indicando Apenas variação natural, em função do Número da amostra]

- Finalidade: a Carta de Controle é uma ferramenta que dispõe os dados do fenômeno que está sendo analisado de modo a permitir a visualização do tipo de variação desse fenômeno - variação natural (típica) ou variação especial (atípica).

Análise de Séries Temporais[1]

PROJETANDO AS VENDAS FUTURAS COM BASE NOS DADOS DO PASSADO

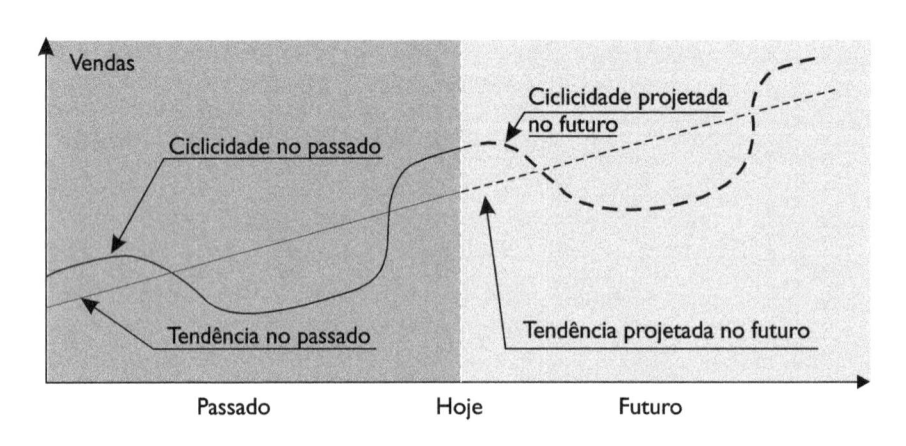

COMPONENTES DE UMA SÉRIE TEMPORAL

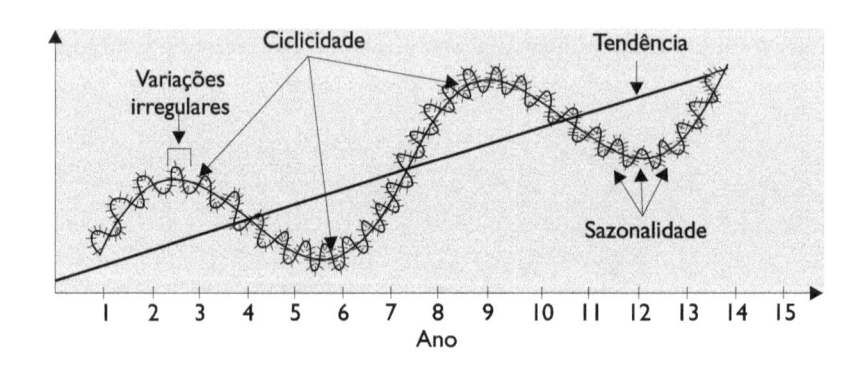

- Finalidade: as Técnicas Estatísticas de Previsão baseadas em Séries Temporais modelam matematicamente o comportamento futuro do fenômeno analisado, relacionando os dados históricos do próprio fenômeno com o tempo.

Análise Econômica

Perdas resultantes do problema

1 - Perdas de faturamento por produtos não entregues aos clientes no prazo previsto, em 2011:

Volume do produto (toneladas)	Margem média (R$/tonelada)	Perda de faturamento (R$)
6.679	164,70	1.100.000,00

2 - Gastos com horas extras dos funcionários, para recuperação da produção, em 2011:

Número de horas extras	Valor (R$/hora)	Totais (R$)
34.765	5,93	206.156,00

3 - Despesas com transporte e alimentação dos funcionários, para recuperação da produção, em 2011:

R$ 128.844,00

- Finalidade: a Análise Econômica é usada para quantificar os ganhos econômicos resultantes do alcance da meta.

Voz do Cliente

Identificar os clientes/consumidores.
⬇
Definir os conhecimentos que a empresa necessita obter.
⬇
Coletar e analisar dados (reclamações, comentários, grupos foco, *surveys*).
⬇
Gerar uma lista com as necessidades dos clientes/consumidores, em sua própria linguagem.
⬇
Traduzir a linguagem dos clientes nas características críticas para a qualidade (**CTQ's**).
⬇
Estabelecer especificações para as **CTQ's**.

- Finalidade: a Voz do Cliente (*Voice of the Customer*) é usada para descrever as necessidades e expectativas dos clientes/consumidores e suas percepções quanto aos produtos da empresa.

SIPOC

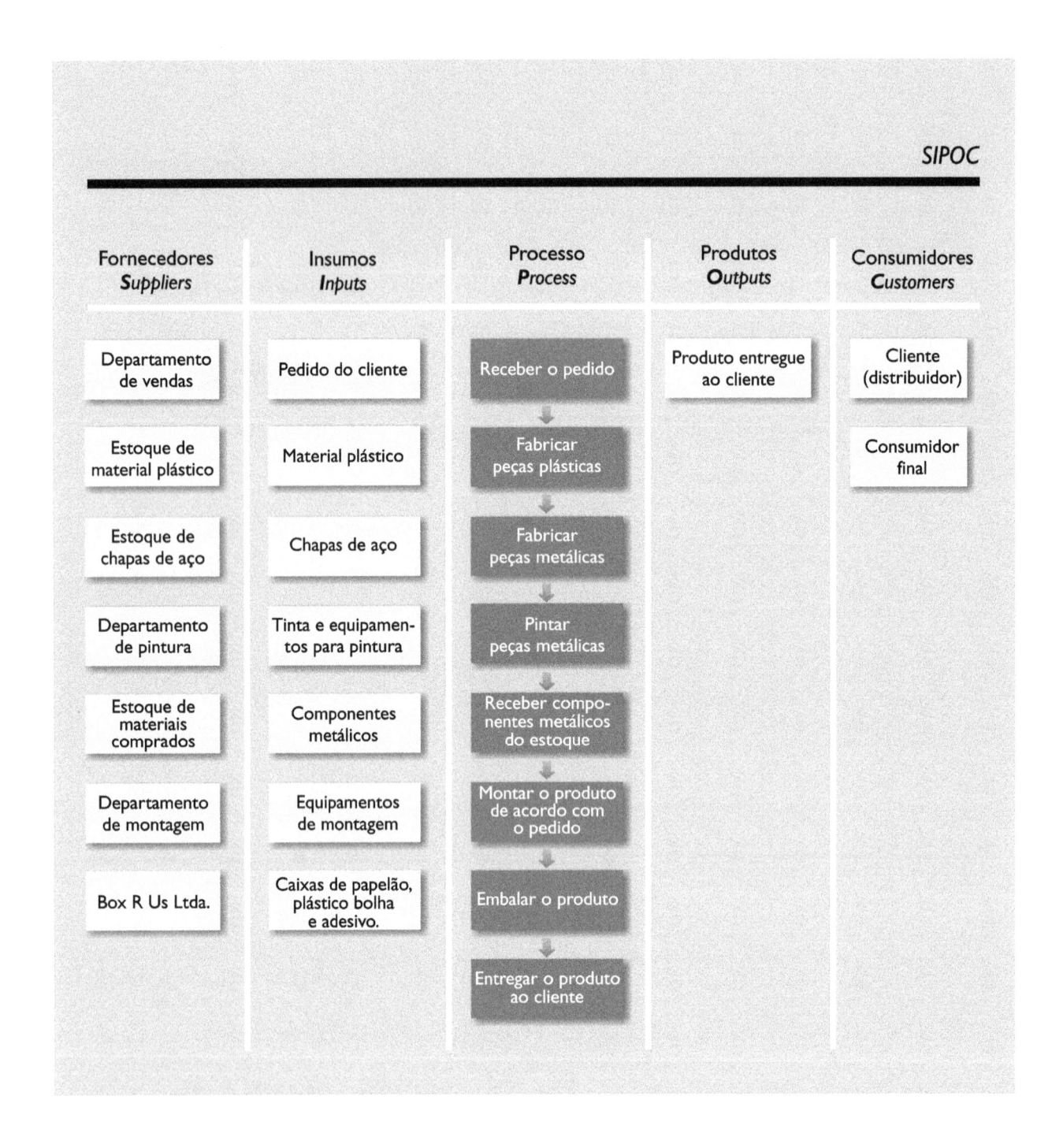

Fornecedores *Suppliers*	Insumos *Inputs*	Processo *Process*	Produtos *Outputs*	Consumidores *Customers*
Departamento de vendas	Pedido do cliente	Receber o pedido	Produto entregue ao cliente	Cliente (distribuidor)
Estoque de material plástico	Material plástico	Fabricar peças plásticas		Consumidor final
Estoque de chapas de aço	Chapas de aço	Fabricar peças metálicas		
Departamento de pintura	Tinta e equipamentos para pintura	Pintar peças metálicas		
Estoque de materiais comprados	Componentes metálicos	Receber componentes metálicos do estoque		
Departamento de montagem	Equipamentos de montagem	Montar o produto de acordo com o pedido		
Box R Us Ltda.	Caixas de papelão, plástico bolha e adesivo.	Embalar o produto		
		Entregar o produto ao cliente		

- Finalidade: o *SIPOC* é um diagrama que tem como objetivo definir o principal processo envolvido no projeto e, consequentemente, facilitar a visualização do escopo do trabalho.

Visão geral das ferramentas Seis Sigma integradas ao DMAIC

M	Atividades	Ferramentas
Measure: determinar a localização ou foco do problema.	Decidir entre as alternativas de coletar novos dados ou usar dados já existentes na empresa. ⬇	• Avaliação de Sistemas de Medição/Inspeção (*MSE*)
	Identificar a forma de estratificação para o problema. ⬇	• Estratificação
	Planejar a coleta de dados. ⬇	• Plano para Coleta de Dados • Folha de Verificação • Amostragem
	Preparar e testar os Sistemas de Medição/Inspeção. ⬇	• Avaliação de Sistemas de Medição/Inspeção (*MSE*)
	Coletar dados. ⬇	• Plano para Coleta de Dados • Folha de Verificação • Amostragem
	Analisar o impacto das várias partes do problema e identificar os problemas prioritários. ⬇	
	Estudar as variações dos problemas prioritários identificados. ⬇	• Gráfico Sequencial • Carta de Controle • Análise de Séries Temporais • Histograma • *Boxplot* • Índices de Capacidade • Métricas do Seis Sigma • Análise Multivariada • Mapeamento do Fluxo de Valor (*VSM*) • Métricas Lean
	Estabelecer a meta de cada problema prioritário. ⬇	• Cálculo Matemático • *Kaizen*
	A meta pertence à área de atuação da equipe? → NÃO → Atribuir à área responsável e acompanhar o projeto para o alcance da meta. SIM ⬇	

Avaliação de Sistemas de Medição/Inspeção (MSE)

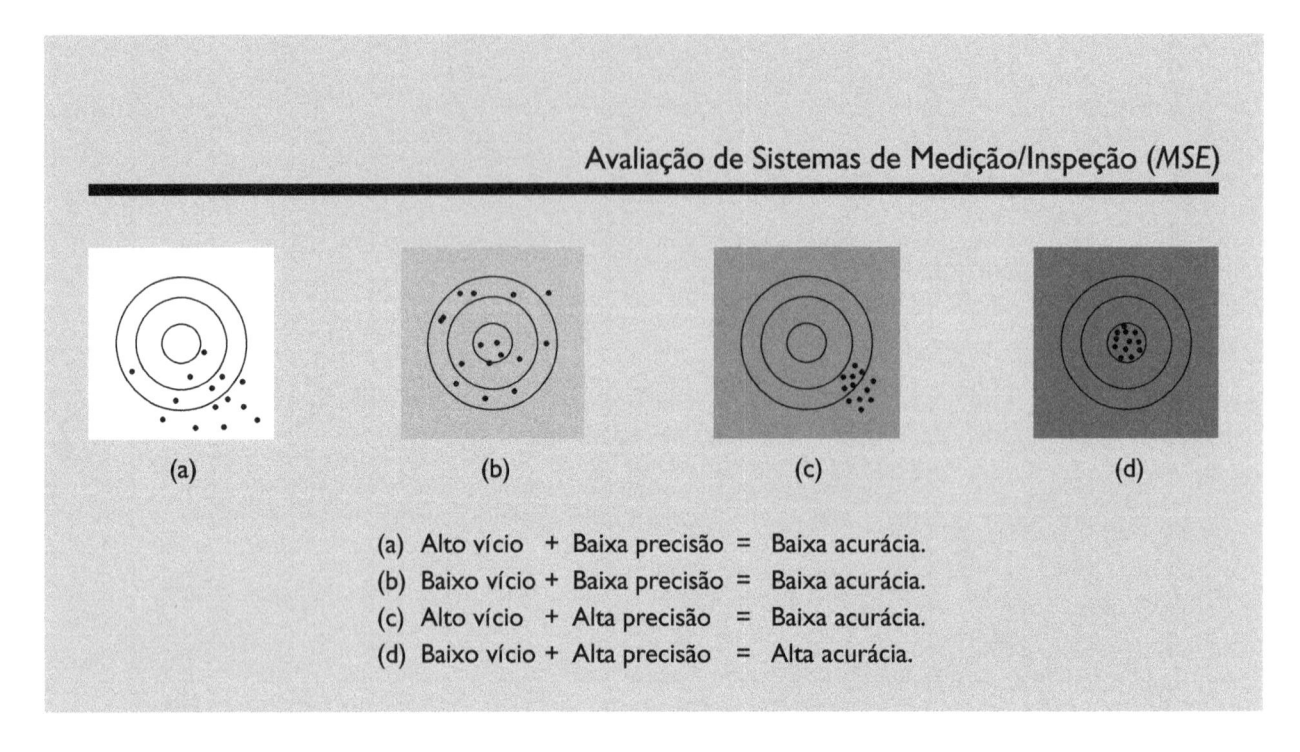

(a) Alto vício + Baixa precisão = Baixa acurácia.
(b) Baixo vício + Baixa precisão = Baixa acurácia.
(c) Alto vício + Alta precisão = Baixa acurácia.
(d) Baixo vício + Alta precisão = Alta acurácia.

- Finalidade: as técnicas para Avaliação de Sistemas de Medição/Inspeção permitem a quantificação do grau de confiabilidade dos dados gerados pelos sistemas de medição, inspeção e registro utilizados pela empresa.

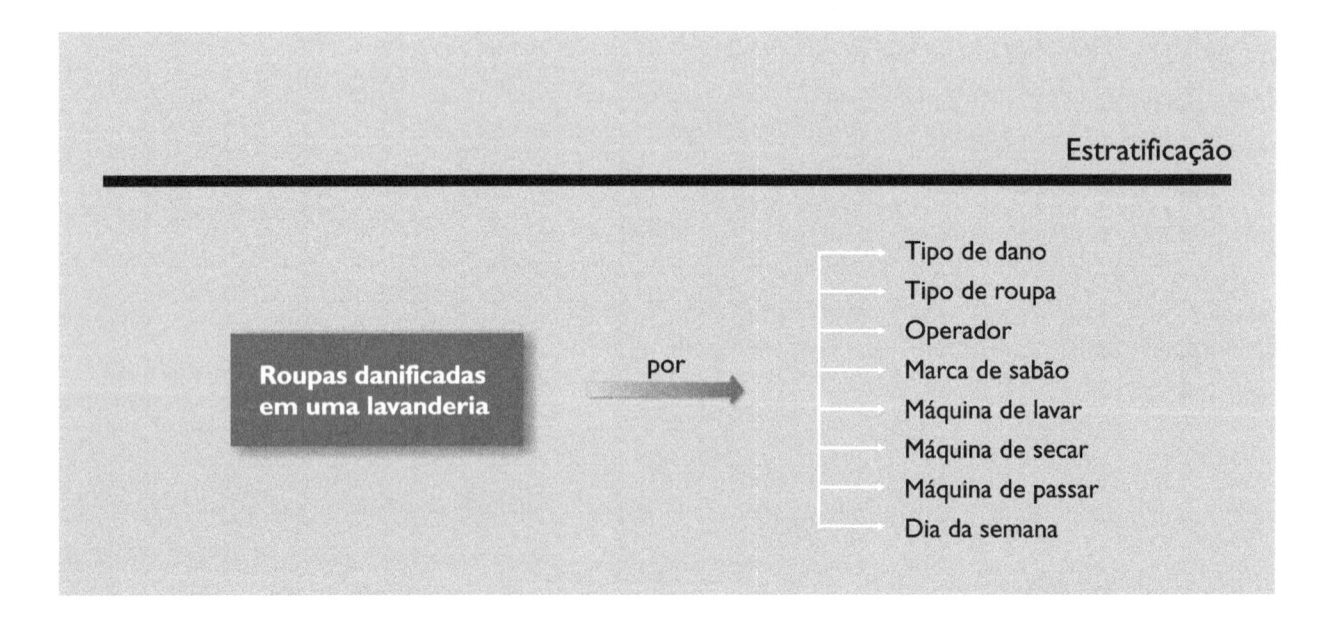

Estratificação

Roupas danificadas em uma lavanderia → por →
- Tipo de dano
- Tipo de roupa
- Operador
- Marca de sabão
- Máquina de lavar
- Máquina de secar
- Máquina de passar
- Dia da semana

- Finalidade: a Estratificação consiste no agrupamento dos dados sob vários pontos de vista, de modo a focalizar o fenômeno estudado. Os fatores equipamento, material, operador e tempo, entre outros, são categorias naturais para a estratificação dos dados.

Plano para Coleta de Dados

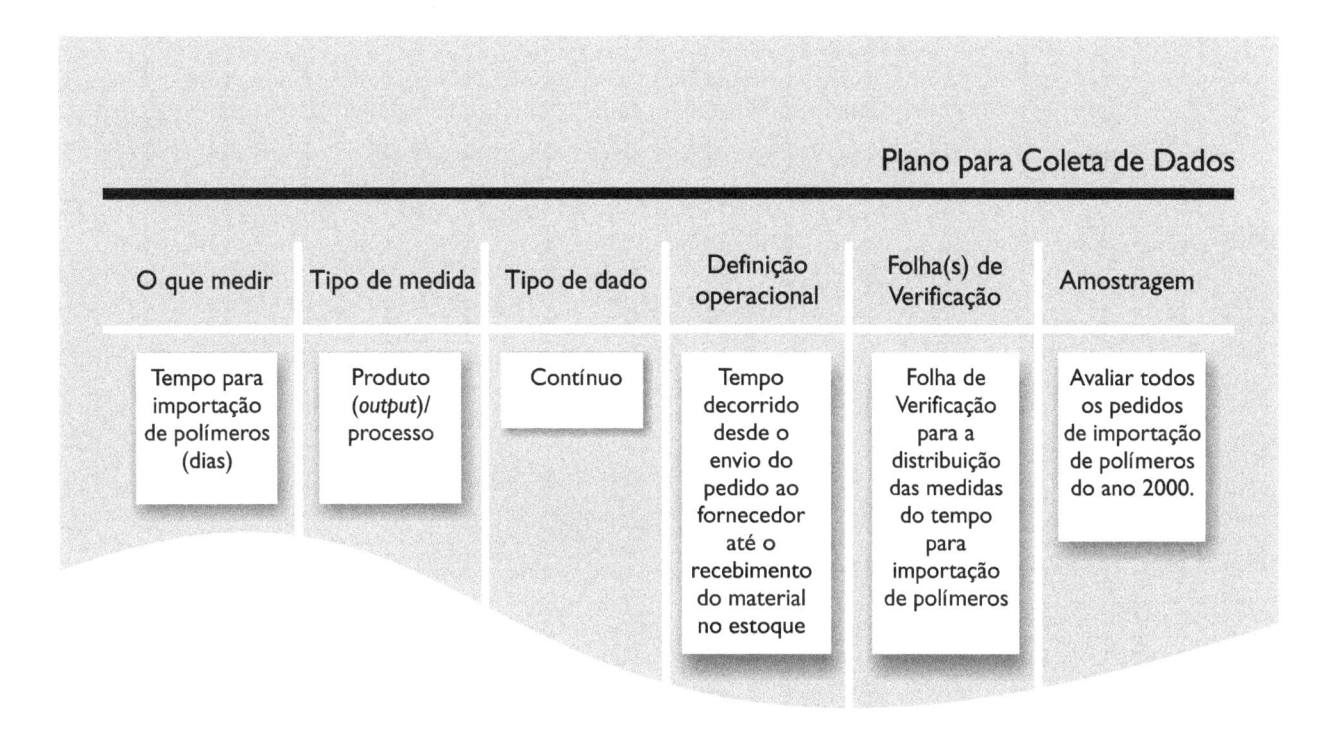

O que medir	Tipo de medida	Tipo de dado	Definição operacional	Folha(s) de Verificação	Amostragem
Tempo para importação de polímeros (dias)	Produto (*output*)/ processo	Contínuo	Tempo decorrido desde o envio do pedido ao fornecedor até o recebimento do material no estoque	Folha de Verificação para a distribuição das medidas do tempo para importação de polímeros	Avaliar todos os pedidos de importação de polímeros do ano 2000.

* Finalidade: o Plano para Coleta de Dados representa o *5W1H - Who, What, Where, When, Why* e *How* - do processo de coleta de dados.

Folha de Verificação

FOLHA DE VERIFICAÇÃO PARA LOCALIZAÇÃO DE BOLHA

Nome do Produto: para-brisa modelo xyz

Material: vidro

Data: 04/01/12

Observações:

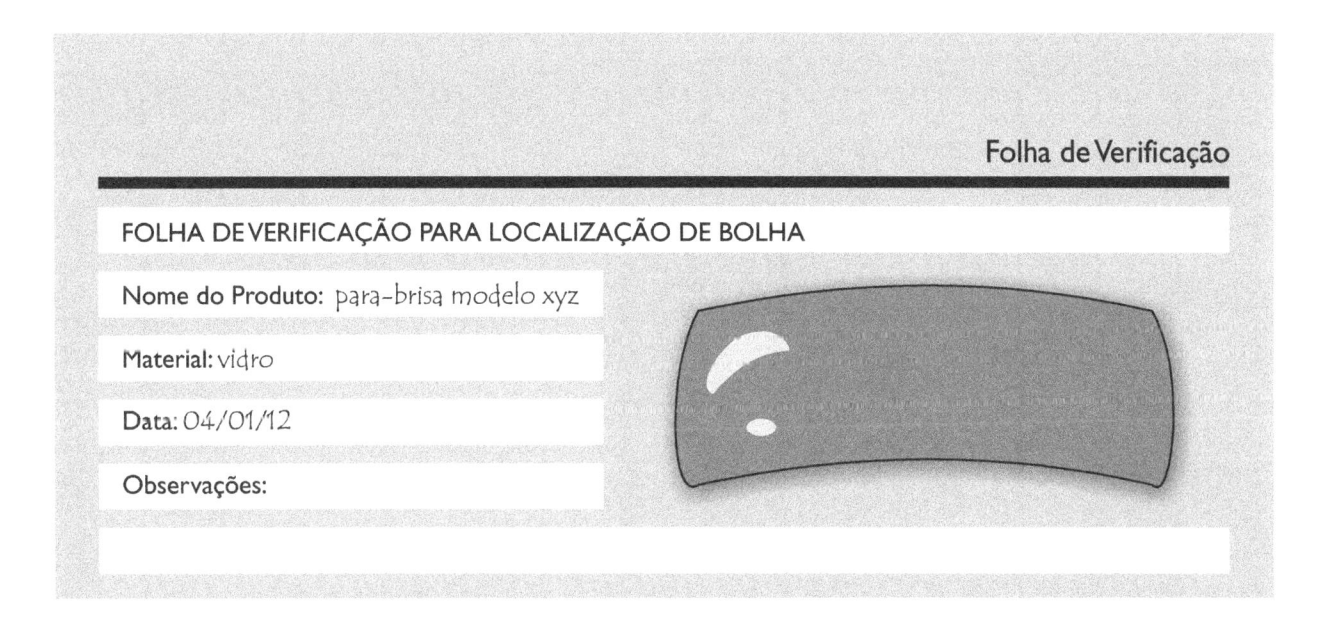

* Finalidade: a Folha de Verificação é um formulário no qual os itens a serem verificados para a observação do problema já estão impressos, com o objetivo de facilitar a coleta e o registro dos dados. O tipo de Folha de Verificação a ser utilizado depende do objetivo da coleta de dados. Normalmente, ela é construída após a definição das categorias para a estratificação.

Amostragem

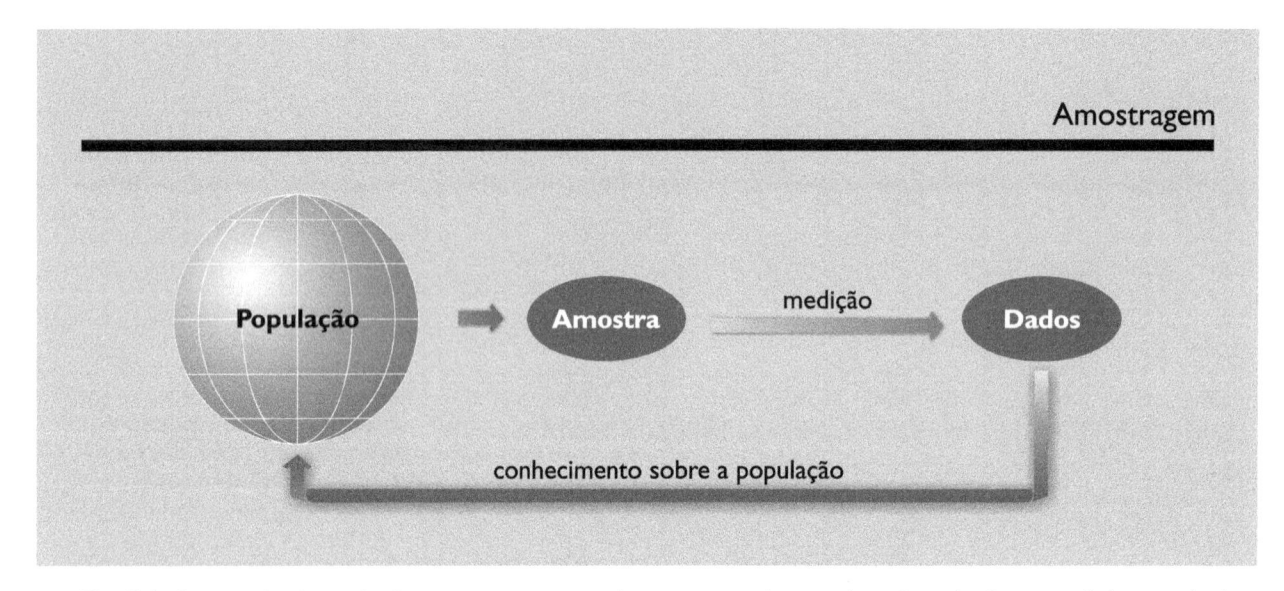

População → Amostra —medição→ Dados
conhecimento sobre a população

- Finalidade: as técnicas de Amostragem permitem que sejam coletados, de forma eficiente, dados representativos da totalidade dos elementos que constituem o universo de nosso interesse (população).

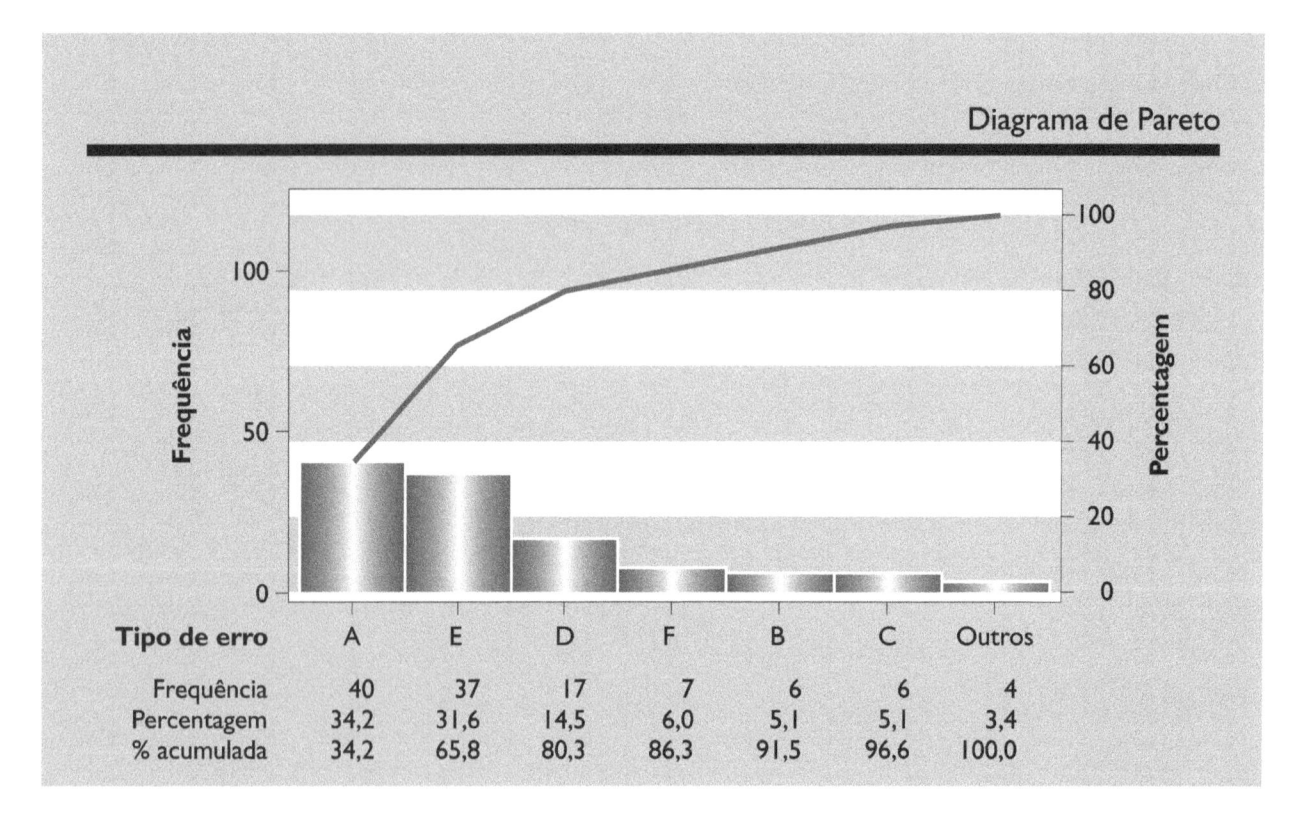

Diagrama de Pareto

Tipo de erro	A	E	D	F	B	C	Outros
Frequência	40	37	17	7	6	6	4
Percentagem	34,2	31,6	14,5	6,0	5,1	5,1	3,4
% acumulada	34,2	65,8	80,3	86,3	91,5	96,6	100,0

- Finalidade: o Diagrama de Pareto é um gráfico de barras verticais que dispõe a informação de modo a tornar evidente e visual a estratificação e a priorização de um fenômeno, além de permitir o estabelecimento de metas específicas.

Histograma

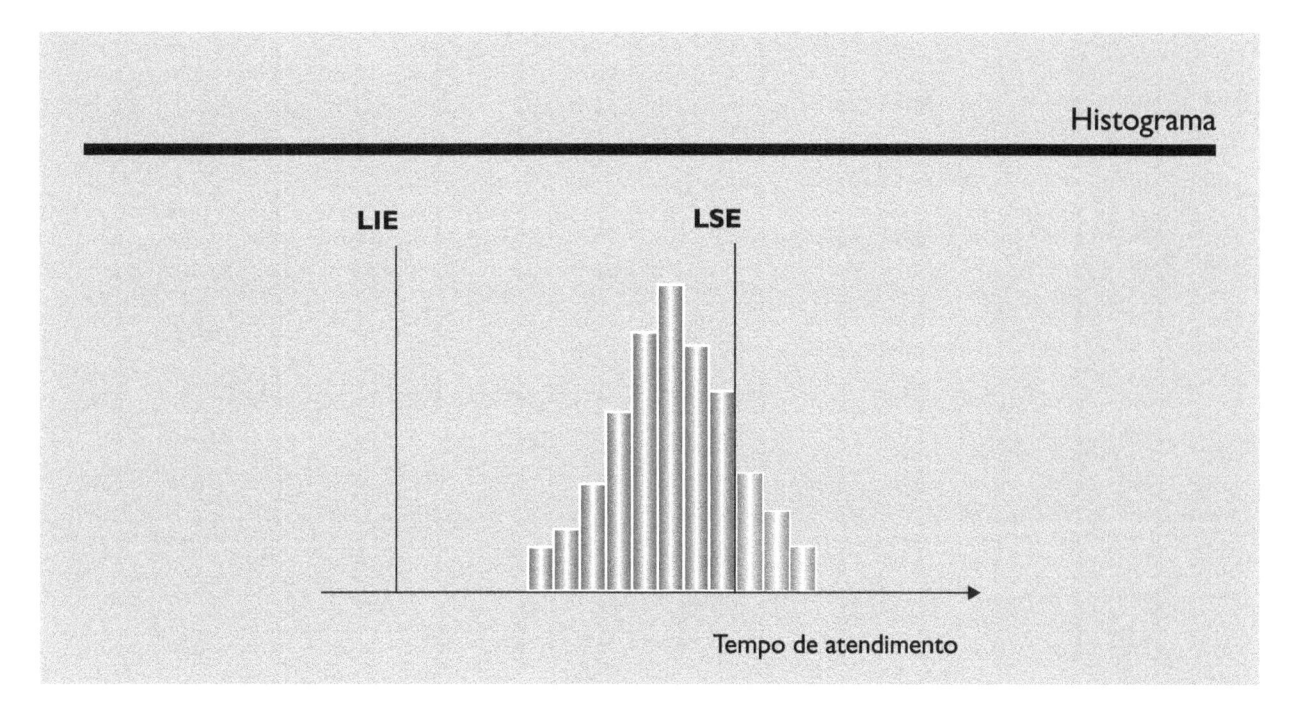

LIE   **LSE**

Tempo de atendimento

- Finalidade: o Histograma é um gráfico de barras que dispõe as informações de modo que sejam possíveis a visualização da forma da distribuição de um conjunto de dados do fenômeno analisado e a percepção da localização do valor central e da dispersão dos dados em torno do mesmo. A comparação de histogramas com os limites de especificação nos permite avaliar se um processo está centrado no valor nominal e se é necessário adotar alguma medida para reduzir a variabilidade desse processo.

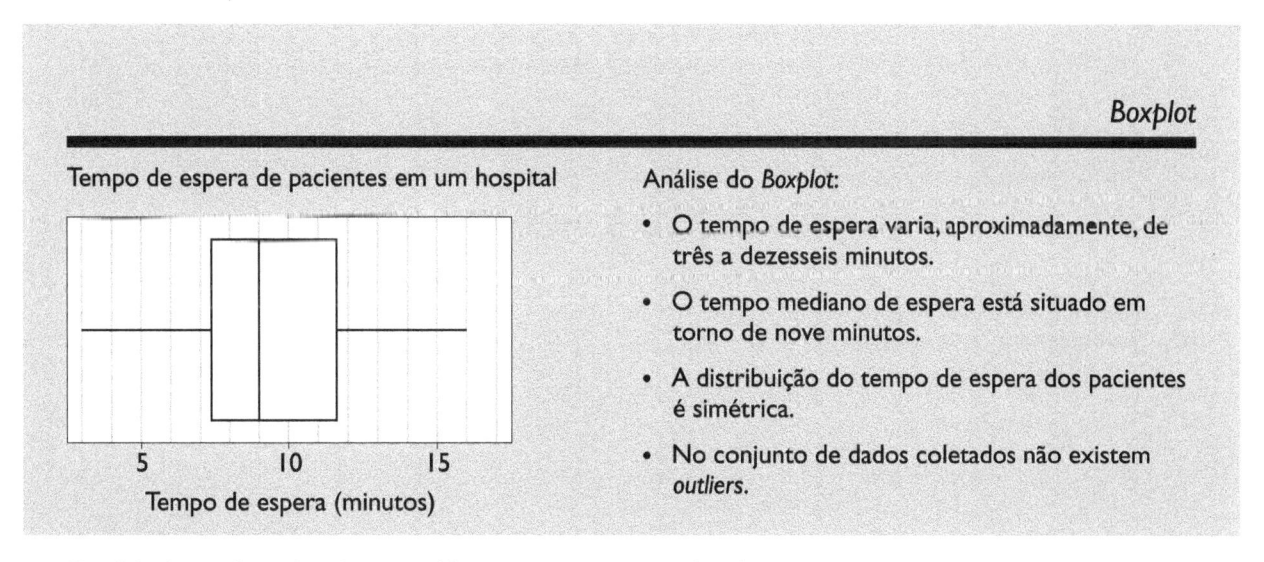

Boxplot

Tempo de espera de pacientes em um hospital

Tempo de espera (minutos)

Análise do Boxplot:
- O tempo de espera varia, aproximadamente, de três a dezesseis minutos.
- O tempo mediano de espera está situado em torno de nove minutos.
- A distribuição do tempo de espera dos pacientes é simétrica.
- No conjunto de dados coletados não existem outliers.

- Finalidade: o Boxplot é um gráfico que apresenta simultaneamente várias características de um conjunto de dados, como locação, dispersão, simetria ou assimetria e presença de observações discrepantes (outliers).

Relação entre os Índices de Capacidade e a Escala Sigma

Escala Sigma	Valor médio dos resultados do processo centrado no valor ideal			Valor médio dos resultados do processo afastado do valor ideal em 1,5 Sigma		
	Cp	Cpk	Defeitos (ppm)	Cp	Cpk	Defeitos (ppm)
1	0,33	0,33	317.400	0,33	-0,17	690.000
2	0,67	0,67	45.600	0,67	0,17	308.537
3	1,00	1,00	2.700	1,00	0,50	66.807
4	1,33	1,33	63	1,33	0,83	6.210
5	1,67	1,67	0,57	1,67	1,17	233
6	2,00	2,00	0,002	2,00	1,50	3,4

- Finalidade: os Índices de Capacidade processam as informações de modo que seja possível avaliar se um processo é capaz de gerar produtos que atendam às especificações provenientes dos clientes internos e externos.

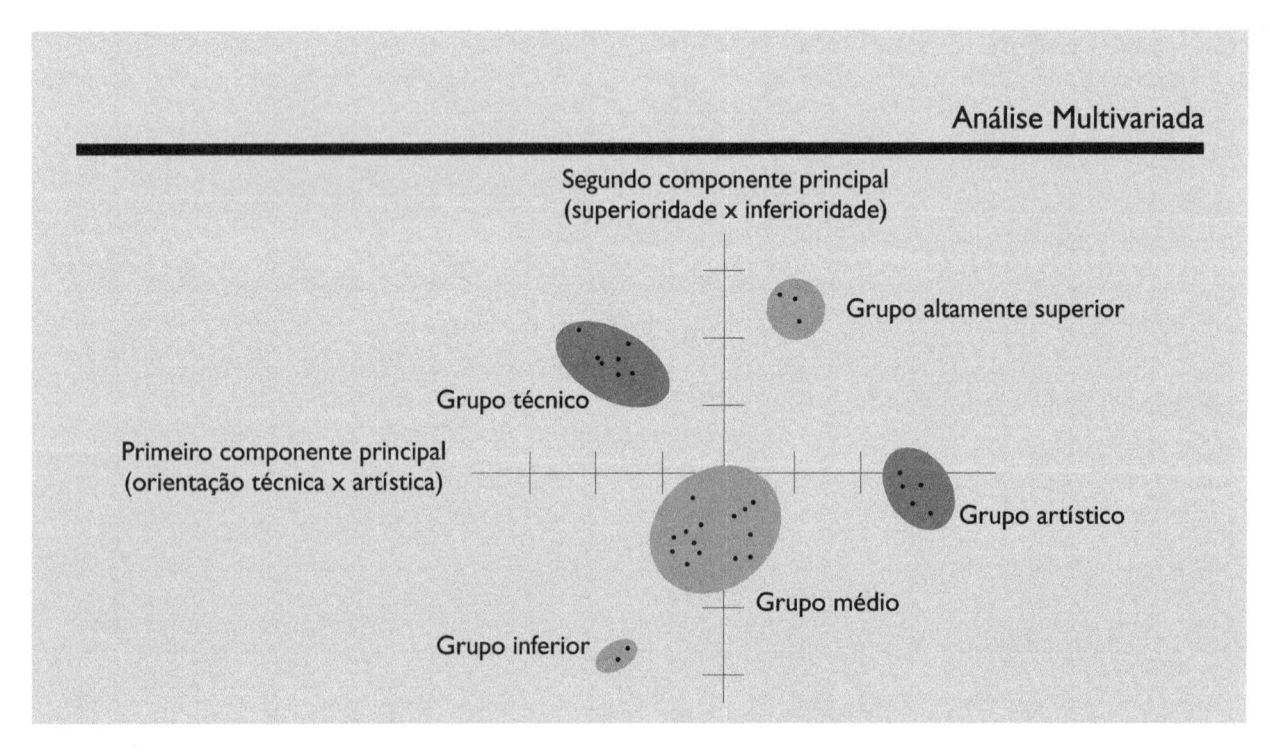

Análise Multivariada

- Finalidade: quando o número de variáveis envolvidas no fenômeno é muito grande, a Análise Multivariada processa as informações de modo a sintetizá-las e simplificar a estrutura dos dados.

Visão geral das ferramentas Seis Sigma integradas ao DMAIC

A	Atividades	Ferramentas
Analyze: determinar as causas do problema prioritário.	Analisar o processo gerador do problema prioritário (*Process Door*).	• Fluxograma • Mapa de Processo • Mapa de Produto Análise do Tempo de Ciclo • *FMEA* • *FTA* • Mapeamento do Fluxo de Valor (*VSM*) • Métricas *Lean*
	⬇	
	Analisar dados do problema prioritário e de seu processo gerador (*Data Door*).	• Avaliação de Sistemas de Medição/Inspeção (*MSE*) • Histograma • *Boxplot* • Estratificação • Diagrama de Dispersão • Cartas "Multi-Vari"
	⬇	
	Identificar e organizar as causas potenciais do problema prioritário.	• *Brainstorming* • Diagrama de Causa e Efeito • Diagrama de Afinidades • Diagrama de Relações
	⬇	
	Priorizar as causas potenciais do proble prioritário.	• Diagrama de Matriz • Matriz de Priorização
	⬇	
	Quantificar a importância das causas potenciais prioritárias (determinar as causas fundamentais).	• Avaliação de Sistemas de Medição/Inspeção (*MSF*) • Carta de Controle • Diagrama de Dispersão • Análise de Regressão • Testes de Hipóteses • Análise de Variância • Planejamento de Experimentos • Análise de Tempos de Falhas • Testes de Vida Acelerados • Métricas *Lean*
	⬇	

Fluxograma

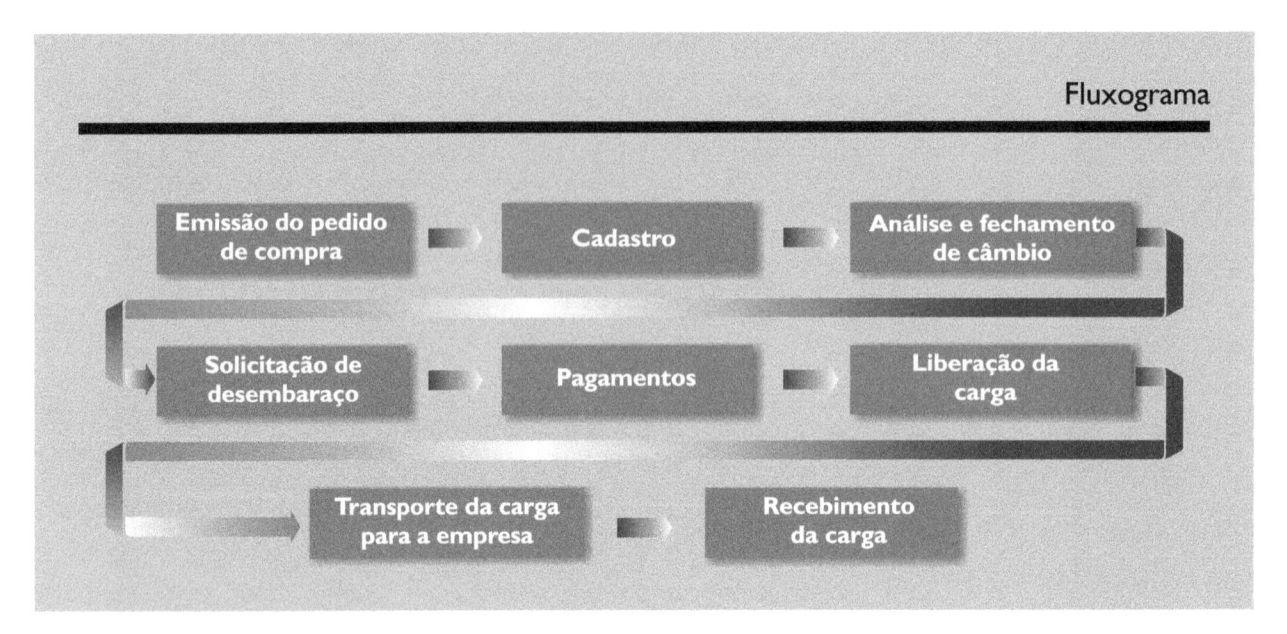

```
Emissão do pedido de compra → Cadastro → Análise e fechamento de câmbio
Solicitação de desembaraço → Pagamentos → Liberação da carga
Transporte da carga para a empresa → Recebimento da carga
```

- Finalidade: o Fluxograma é usado para a visualização das etapas e características (complexidade, geração de retrabalho e refluxo, por exemplo) de um processo.

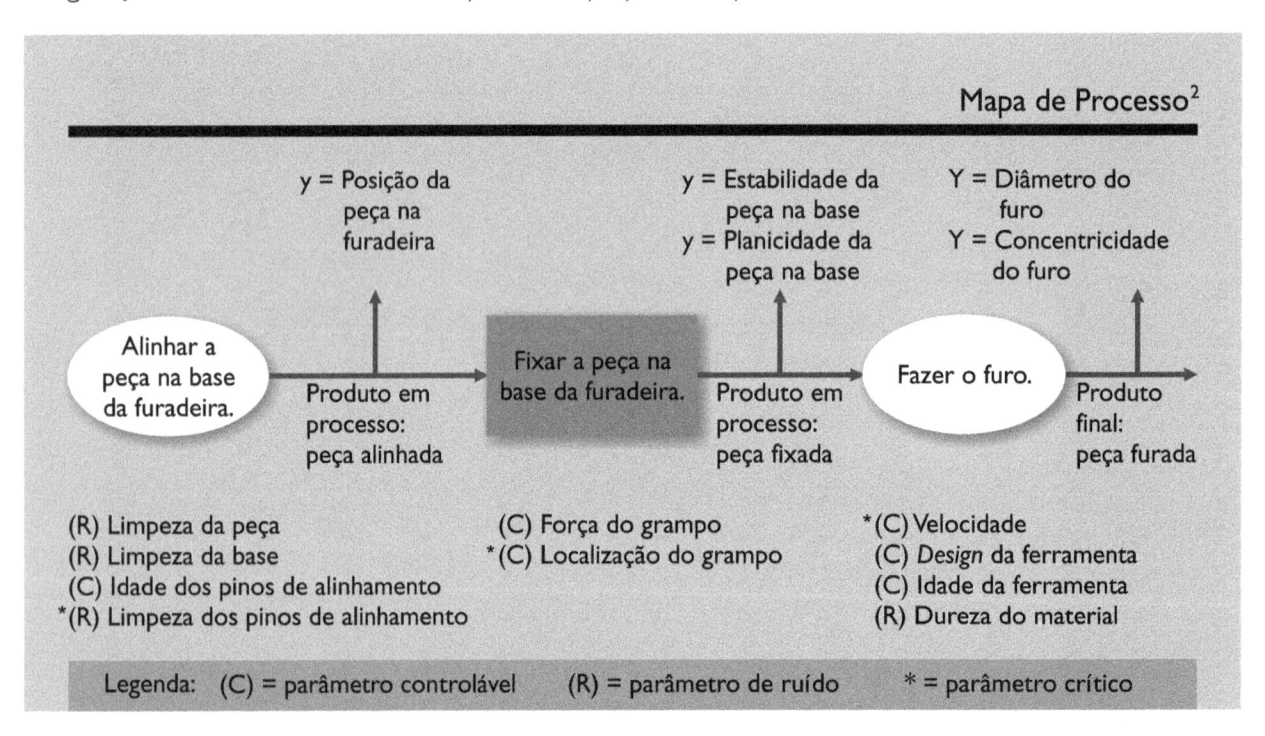

Mapa de Processo[2]

```
                y = Posição da          y = Estabilidade da        Y = Diâmetro do
                peça na                 peça na base               furo
                furadeira               y = Planicidade da         Y = Concentricidade
                                        peça na base               do furo
                     ↑                        ↑                          ↑
(Alinhar a peça na base da furadeira.) → Produto em processo: peça alinhada → [Fixar a peça na base da furadeira.] → Produto em processo: peça fixada → (Fazer o furo.) → Produto final: peça furada
```

(R) Limpeza da peça   (C) Força do grampo   *(C) Velocidade
(R) Limpeza da base   *(C) Localização do grampo   (C) Design da ferramenta
(C) Idade dos pinos de alinhamento   (C) Idade da ferramenta
*(R) Limpeza dos pinos de alinhamento   (R) Dureza do material

Legenda: (C) = parâmetro controlável   (R) = parâmetro de ruído   * = parâmetro crítico

- Finalidade: o Mapa de Processo é usado para documentar o conhecimento existente sobre o processo. Descreve os limites, as principais atividades/tarefas, os parâmetros de produto final (**Y**), de produto em processo (**y**) e os parâmetros de processo (**x**).

  É a base para a quantificação dos relacionamentos existentes entre os parâmetros de processo e os de produto: $y = h(x)$ $Y = g(y) = f(x)$.

Mapa de Produto[3]

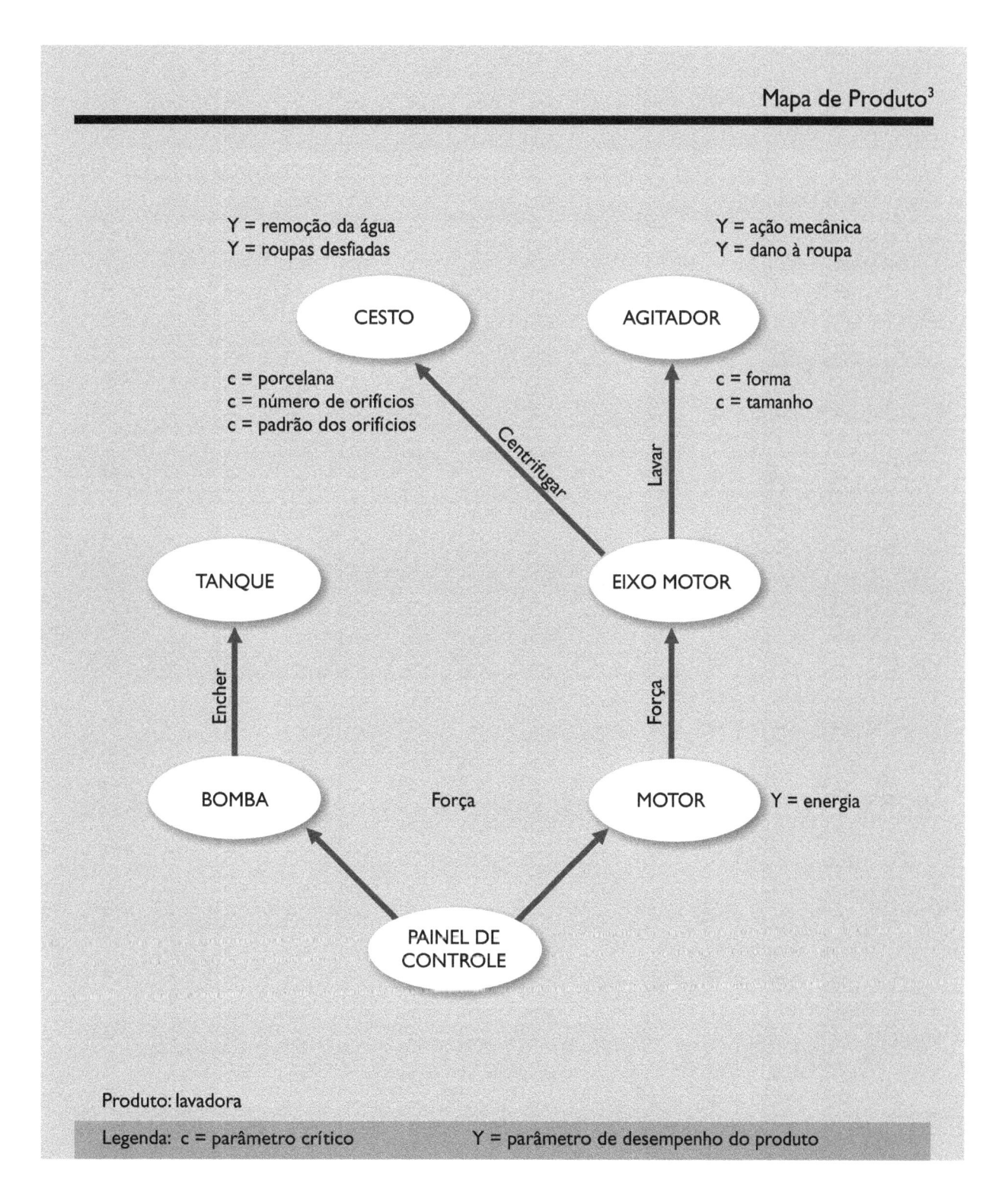

```
Y = remoção da água                    Y = ação mecânica
Y = roupas desfiadas                   Y = dano à roupa

        CESTO                              AGITADOR

c = porcelana                          c = forma
c = número de orifícios                c = tamanho
c = padrão dos orifícios
                    Centrifugar    Lavar

        TANQUE                          EIXO MOTOR

         Encher                          Força

        BOMBA        Força              MOTOR      Y = energia

                  PAINEL DE
                  CONTROLE
```

Produto: lavadora

Legenda: c = parâmetro crítico   Y = parâmetro de desempenho do produto

- Finalidade: o Mapa de Produto é utilizado para simplificar a descrição funcional de um produto, de modo a auxiliar na organização das relações existentes entre seus componentes e a fornecer informações básicas para a utilização posterior de outras ferramentas, como *FTA*, *FMEA* e *DOE*.

Análise do Tempo de Ciclo[4]

TEMPO DE CICLO	
Processamento (horas)	1,00
Movimentação de material	0,50
Fila (horas)	24,00
Tempo total de ciclo	25,50
ÍNDICES DE CAPACIDADE	
Tamanho de lote (unidades)	1.000
Produção por hora	1.000
Produção em 24 horas	24.000
CAPACIDADE DEMONSTRADA	
Média diária	12.600
Máxima	17.723
Mínima	10.198
CONFIABILIDADE	
Dependabilidade	87%
Rendimento	93%
CARACTERÍSTICAS DA QUALIDADE	
Características do controle	
Estatística do processo	
Cpk	0,9
Rendimento da primeira corrida do processo	93%
UTILIZAÇÃO	
Unidades de equipamento	1
Número do turno/dia	3
Horas por turno	8
Número de supervisores	1
Horas por pessoa por semana	120
Horas por potencial da semana	160
% de utilização	75%
TROCAS DE FERRAMENTA	
Frequência	6
Duração (horas)	5,7
INVENTÁRIO	
Unidades em processo	60.000
Tempo equivalente (dias)	5

- Finalidade: a Análise do Tempo de Ciclo é usada para avaliar o tempo gasto na produção de um bem ou serviço.

FMEA - Failure Mode and Effect Analysis (Análise de Efeitos e Modos de Falhas)

FMEA			☐ Produto ☑ Processo		Data da elaboração:				
					Data da próxima revisão:				
Item	Nome do componente/ equipamento	Função	Falhas possíveis			Controles atuais	Índices			
			Modos	Efeito(s)	Causas		G	O	D	R
1	Reator	Garantir a reação de conversão	Reação incompleta	Obstrução da tubulação por viscosidade elevada do produto	pH inadequado	Inexistentes	10	4	6	240

- Finalidade: FMEA é uma ferramenta que tem como objetivo identificar, hierarquizar e prevenir as falhas potenciais de um produto ou processo. Suas principais utilizações são:
  - Identificação das variáveis críticas que podem afetar a qualidade da saída de um processo
  - Avaliação dos riscos associados às falhas
  - Auxílio para a elaboração de suposições sobre o tipo de relacionamento entre as variáveis de um processo
  - Avaliação de prioridades para a coleta de dados e realização de estudos quantitativos para a descoberta das causas fundamentais de um problema.

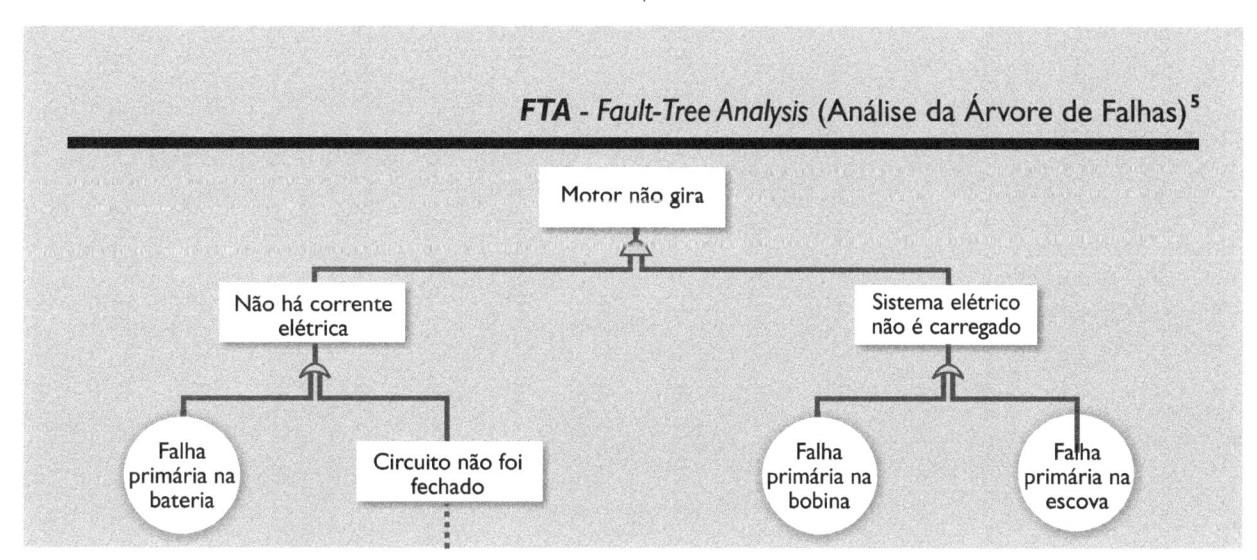

FTA - Fault-Tree Analysis (Análise da Árvore de Falhas)[5]

```
                    Motor não gira
                         |
          ┌──────────────┴──────────────┐
    Não há corrente              Sistema elétrico
       elétrica                  não é carregado
          |                             |
    ┌─────┴─────┐                 ┌─────┴─────┐
  Falha      Circuito            Falha       Falha
primária na  não foi          primária na  primária na
  bateria    fechado            bobina      escova
```

- Finalidade: a FTA é utilizada para a verificação das possíveis causas primárias das falhas e a elaboração de uma relação lógica entre falhas primárias e falha final do produto.

Diagrama de Dispersão

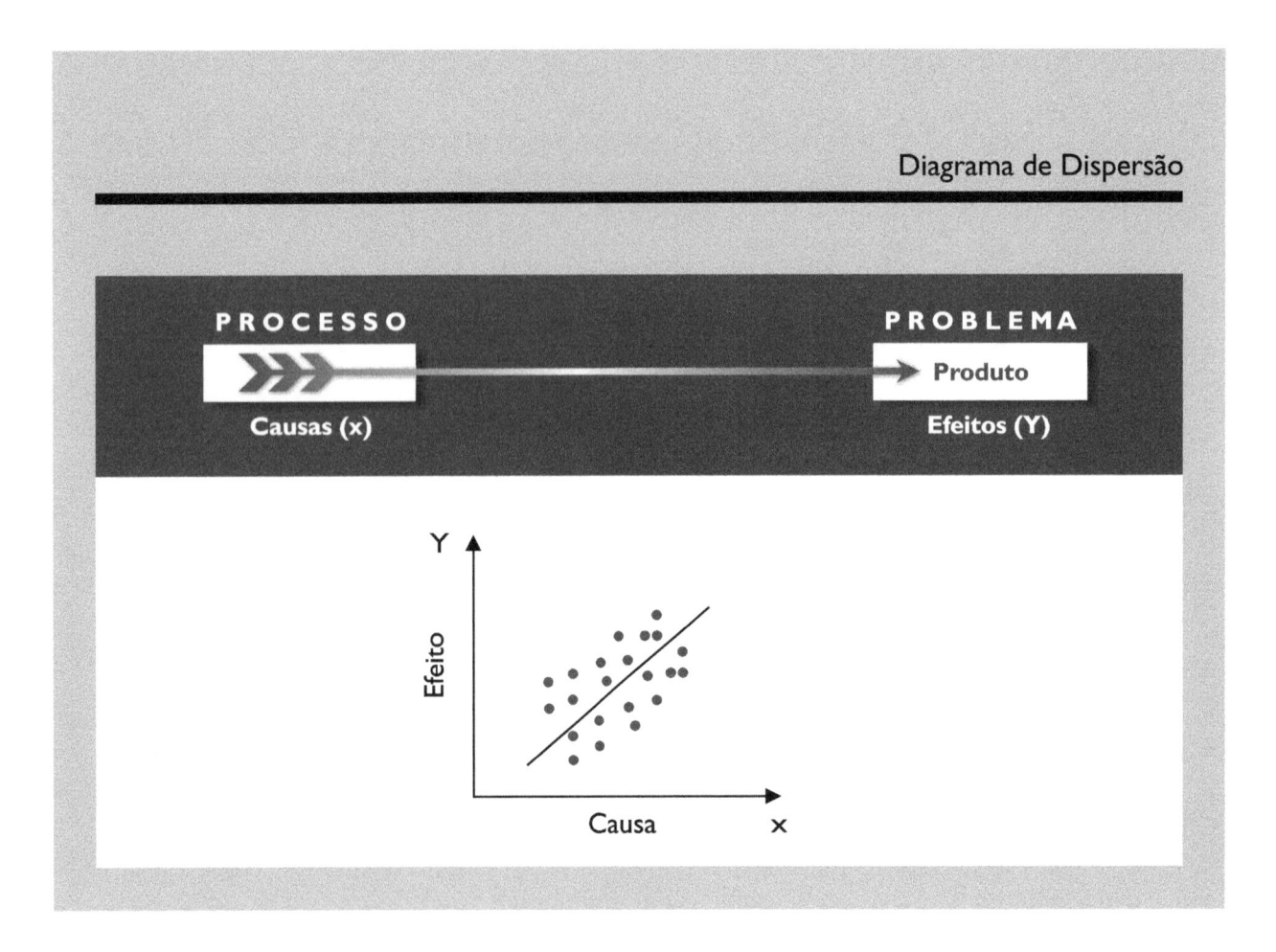

PROCESSO — Causas (x)

PROBLEMA — Produto — Efeitos (Y)

- Finalidade: o Diagrama de Dispersão é um gráfico utilizado para a visualização do tipo de relacionamento existente entre duas variáveis, que podem ser duas causas, uma causa e um efeito ou dois efeitos de um processo.

Cartas "Multi-Vari"

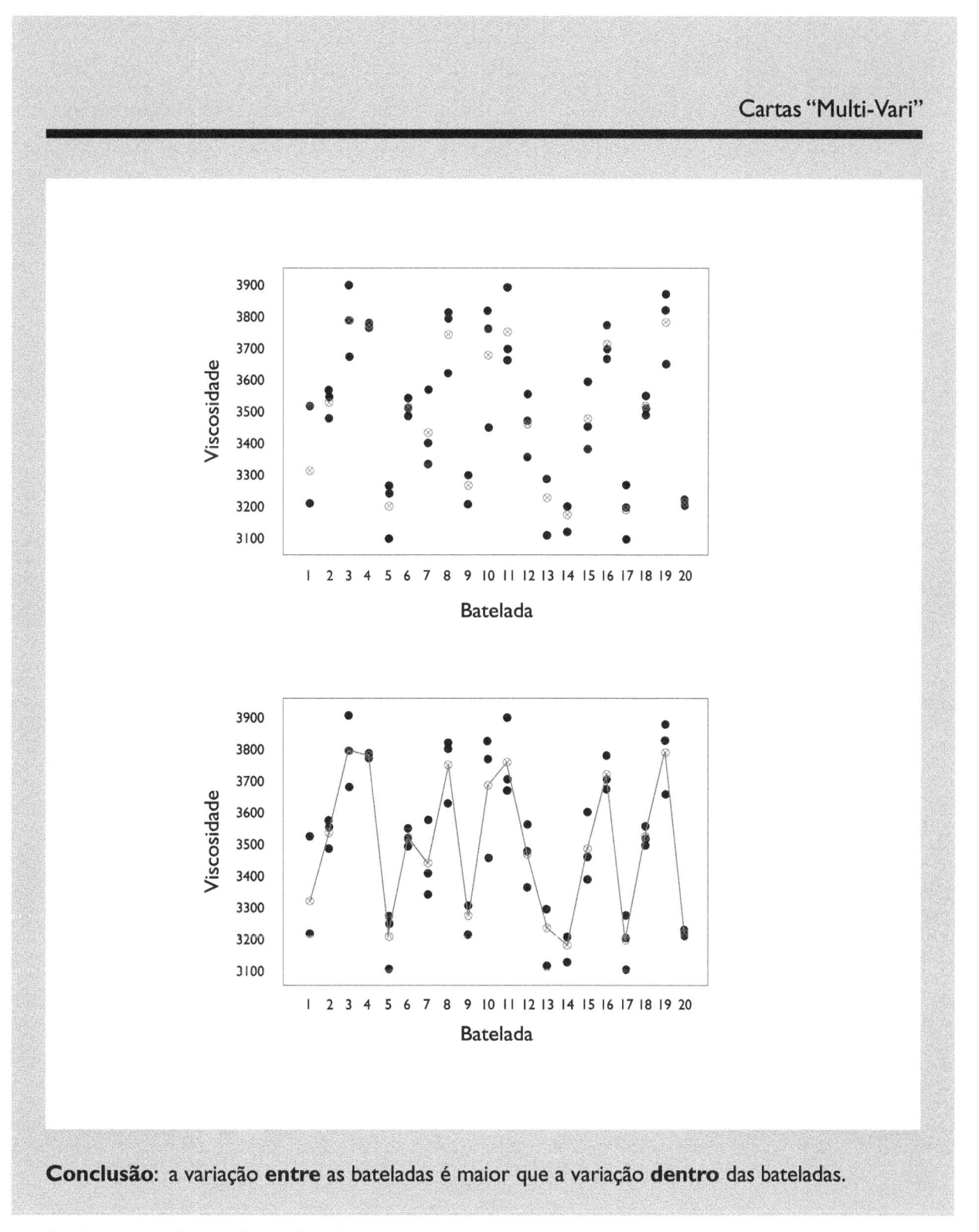

[Gráfico superior: Viscosidade vs Batelada (1-20), dispersão de pontos]

[Gráfico inferior: Viscosidade vs Batelada (1-20), com linha conectando médias]

Conclusão: a variação **entre** as bateladas é maior que a variação **dentro** das bateladas.

- Finalidade: as Cartas "Multi-Vari" permitem a visualização das principais fontes de variação atuantes sobre um resultado de interesse.

Brainstorming

Regras gerais para a condução de um *Brainstorming*
1 - Deve ser escolhido um líder para dirigir as atividades de grupo.
2 - Todos os participantes do grupo devem dar sua opinião sobre as possíveis causas do problema analisado.
3 - Nenhuma ideia pode ser criticada.
4 - As ideias devem ser registradas em um quadro ou *flip-chart*.
5 - A tendência de culpar pessoas deve ser evitada.

- Finalidade: o *Brainstorming* nos auxilia a produzir o máximo possível de ideias ou sugestões criativas sobre um tópico de interesse, em um curto período de tempo.

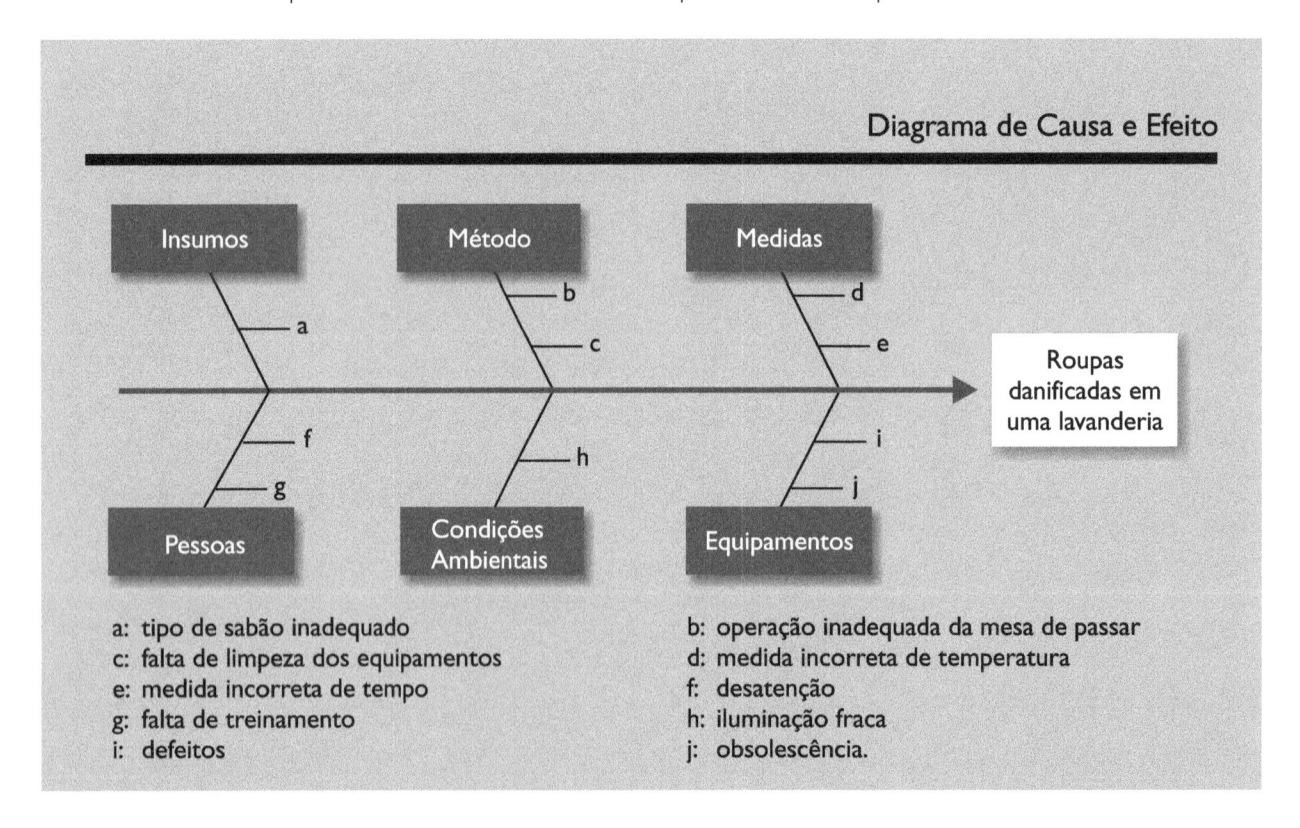

Diagrama de Causa e Efeito

Efeito: Roupas danificadas em uma lavanderia

Categorias: Insumos, Método, Medidas, Pessoas, Condições Ambientais, Equipamentos

a: tipo de sabão inadequado
b: operação inadequada da mesa de passar
c: falta de limpeza dos equipamentos
d: medida incorreta de temperatura
e: medida incorreta de tempo
f: desatenção
g: falta de treinamento
h: iluminação fraca
i: defeitos
j: obsolescência.

- Finalidade: o Diagrama de Causa e Efeito é utilizado para apresentar a relação entre um resultado de um processo (efeito) e os fatores (causas) que, por questões técnicas, possam afetar o resultado considerado. É empregado nas sessões de *brainstorming* realizadas nos trabalhos em grupo.

Visão geral das ferramentas Seis Sigma integradas ao *DMAIC*

Diagrama de Afinidades[6]

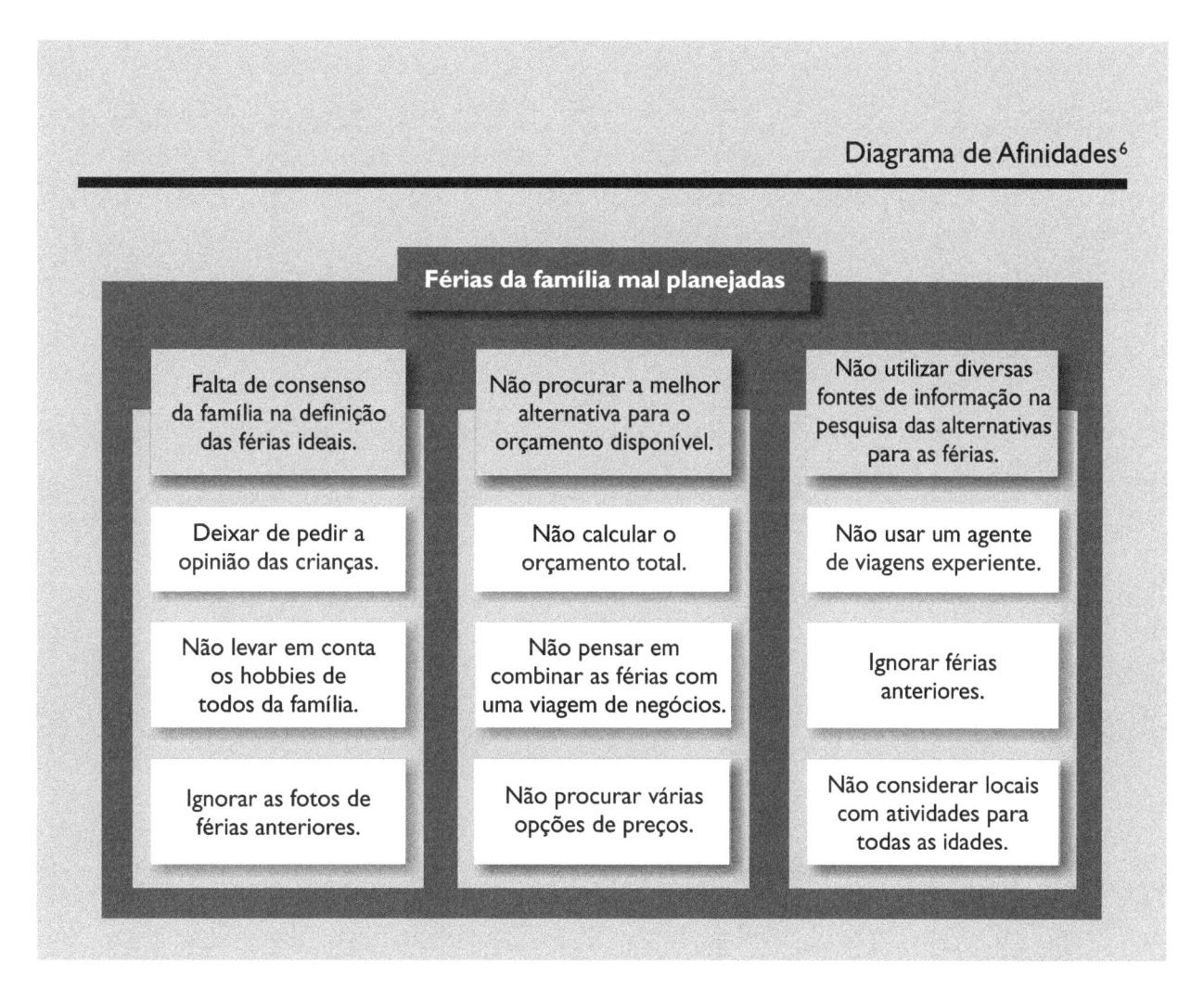

Férias da família mal planejadas

Falta de consenso da família na definição das férias ideais.	Não procurar a melhor alternativa para o orçamento disponível.	Não utilizar diversas fontes de informação na pesquisa das alternativas para as férias.
Deixar de pedir a opinião das crianças.	Não calcular o orçamento total.	Não usar um agente de viagens experiente.
Não levar em conta os hobbies de todos da família.	Não pensar em combinar as férias com uma viagem de negócios.	Ignorar férias anteriores.
Ignorar as fotos de férias anteriores.	Não procurar várias opções de preços.	Não considerar locais com atividades para todas as idades.

- Finalidade: o Diagrama de Afinidades é a representação gráfica de grupos de dados afins, que são conjuntos de dados verbais que têm, entre si, alguma relação natural que os distingue dos demais. Permite que a estrututa de um tema complexo fique mais clara, por meio da organização das informações sobre o tema em grupos cujos elementos possuem afinidade entre si.

Diagrama de Relações[7]

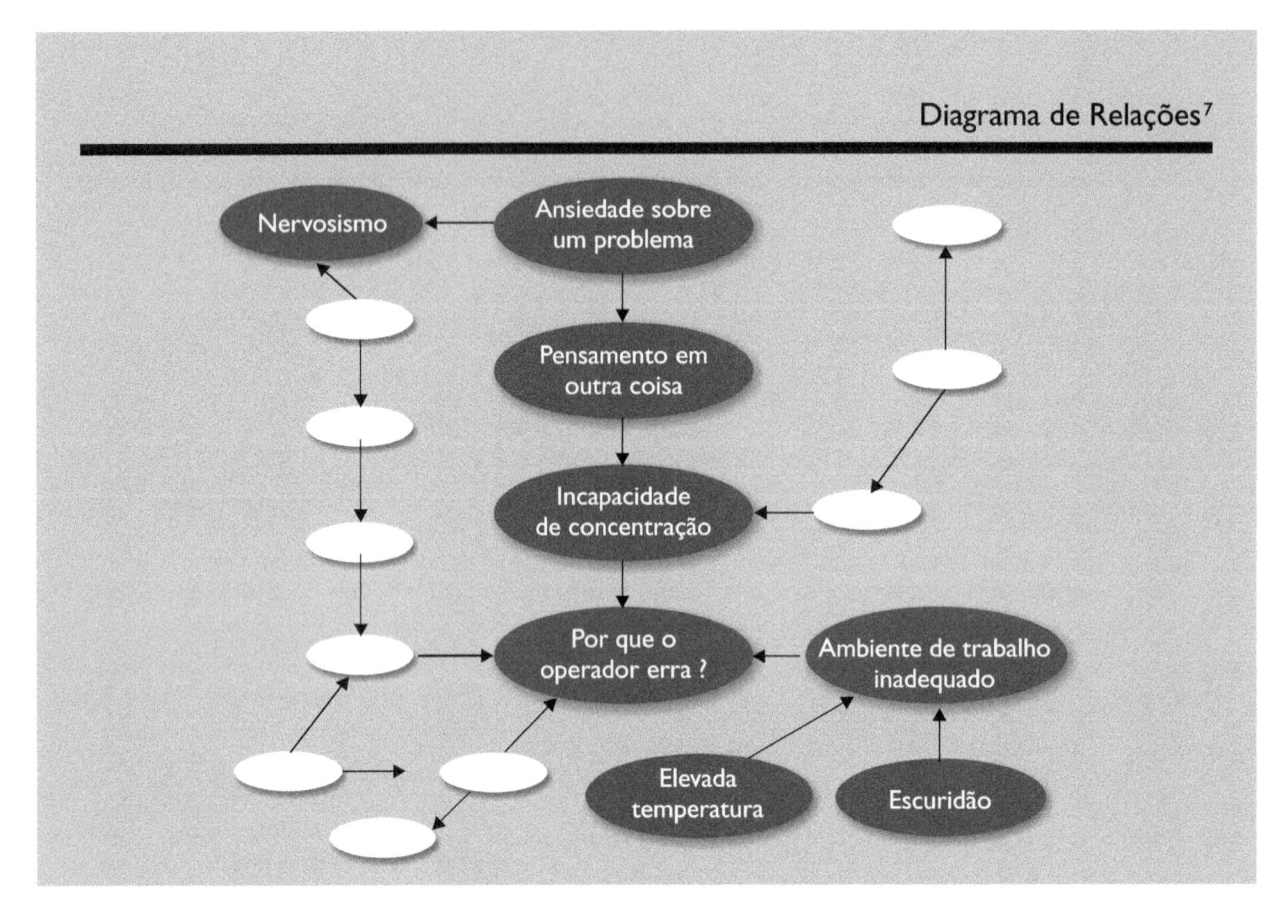

- Finalidade: o Diagrama de Relações permite a visualização das relações de causa e efeito de um tema ou problema, a partir de um conjunto de dados não numéricos. Sua utilização é recomendada quando as relações entre as causas de um problema são complexas e é necessário evidenciar que cada evento não é o resultado de uma única causa, mas de múltiplas causas inter-relacionadas.

Diagrama de Matriz

Tipo de defeito \ Causa do defeito	A	B	C	D	E	F
I	◎	○				
II				○	□	
III	◎	◎	◎	◎	◎	◎
IV			◎	◎		□
V					◎	

Relacionamento:

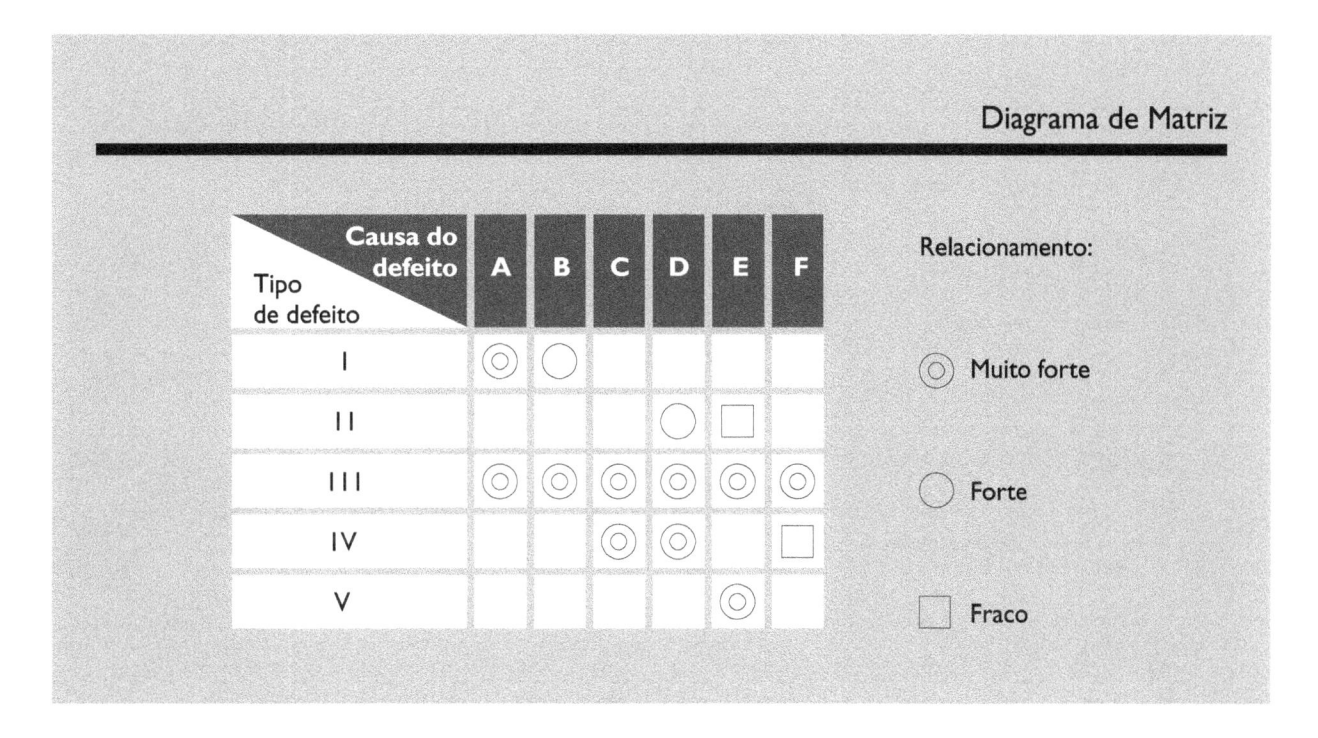

◎ Muito forte

○ Forte

□ Fraco

* Finalidade: o Diagrama de Matriz consiste no arranjo dos elementos que constituem um evento ou problema de interesse nas linhas e colunas de uma matriz, de forma que a existência ou a força das relações entre os elementos seja mostrada, por meio de símbolos, nas interseções das linhas e colunas. É utilizado na visualização de um problema como um todo, deixando claras as áreas nas quais ele está concentrado.

Matriz de Priorização

		Problema prioritário			
		Atraso no tempo entre a chegada do material ao porto e o desembaraço, decorrente da variação natural do processo de importação de polímeros por transporte marítimo.	Atraso no tempo entre a emissão do pedido e o embarque, decorrente da variação natural do processo de importação de polímeros por transporte marítimo.	Falta de ordem de fabricação de reagentes.	
	Peso (5 a 10)	**9**	**8**	**10**	**Total**
Causa potencial	Tempo elevado de preparação da carga pelos fornecedores.	0	5	0	40
	Mudanças freqüentes no roteiro de viagem feitas pelos fornecedores, sem comunicar à empresa.	5	5	0	85
	Deficiências do *software* utilizado na programação da produção.	1	0	5	59
	Falta de treinamento das pessoas que trabalham em áreas administrativas da empresa.	3	0	3	57
	Falhas nos registros de controle de estoques de matérias-primas usadas na fabricação de reagentes.	0	0	5	50

Legenda: 5 - correlação forte   3 - correlação moderada   1 - correlação fraca   0 - correlação ausente

- Finalidade: a Matriz de Priorização, na etapa *Analyze*, tem como objetivo a identificação das principais causas potenciais para o problema considerado.

Carta de Controle

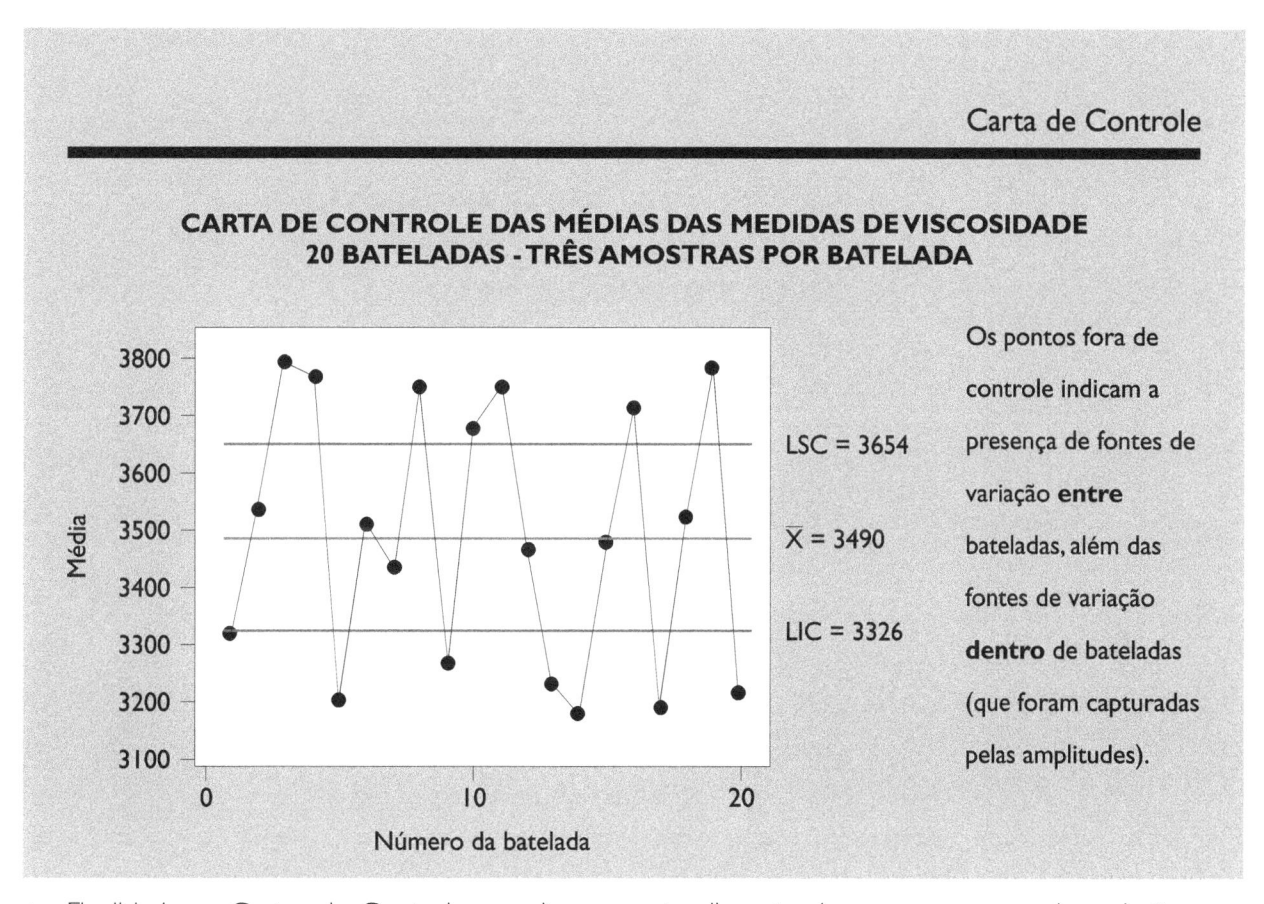

**CARTA DE CONTROLE DAS MÉDIAS DAS MEDIDAS DE VISCOSIDADE
20 BATELADAS - TRÊS AMOSTRAS POR BATELADA**

LSC = 3654
$\bar{X}$ = 3490
LIC = 3326

Os pontos fora de controle indicam a presença de fontes de variação **entre** bateladas, além das fontes de variação **dentro** de bateladas (que foram capturadas pelas amplitudes).

- Finalidade: as Cartas de Controle permitem o entendimento de como as causas de variação que podem estar presentes em um processo afetam os resultados do mesmo. São ferramentas importantes para a quantificação e priorização das causas de variação de um processo.

Análise de Regressão

$$Y = 94{,}69 - 5{,}06x_1 - 15{,}19x_2 - 3{,}31x_4 - 2{,}94\, x_2 x_4$$

onde:

Y = tempo médio até o início da fadiga (minutos)

x_1 = sexo do operador

x_2 = faixa etária do operador

x_4 = tempo de casa do operador

- Finalidade: a Análise de Regressão processa as informações contidas nos dados de forma a gerar um modelo que represente o relacionamento entre as diversas variáveis de um processo. Esse modelo nos permite determinar como as variáveis **x**s devem ser alteradas para que alguma meta associada à variável **Y** seja alcançada.

Testes de Hipóteses

μ_A = diâmetro médio das peças fabricadas pela máquina A
μ_B = diâmetro médio das peças fabricadas pela máquina B

Hipóteses

$H_0: \mu_A \leq \mu_B$
$H_1: \mu_A > \mu_B$

Estatística de teste

$t = 3,35$

Conclusões

$t = 3,35 > t_{0,01;48} = 2,41 \Rightarrow$ concluir, com 99% de confiança, que $\mu_A > \mu_B$.

- Finalidade: os Testes de Hipóteses permitem um processamento mais aprofundado das informações contidas nos dados, de modo que possamos controlar, abaixo de valores máximos pré-estabelecidos, os erros que podem ser cometidos no estabelecimento das conclusões sobre as questões avaliadas.

Análise de Variância[8]

Tabela da Análise de Variância para as medidas de dureza das molas de aço				
Fonte de variação	Soma de quadrados	Graus de liberdade	Quadrado médio	F_0
Entre tratamentos	4382	2	2191	8,88
Residual	5180	21	247	
Total	9562	23		

Como $F_0 = 8,88 > F_{5\%}(2,21) = 3,47$, os técnicos da indústria obtiveram forte evidência para concluir que havia diferença estatisticamente significante entre as durezas médias das molas fabricadas utilizando o aço dos três fornecedores.

- Finalidade: a Análise de Variância nos permite comparar vários grupos de interesse, mantendo controle dos erros que podem ser cometidos no estabelecimento das conclusões.

Planejamento de Experimentos

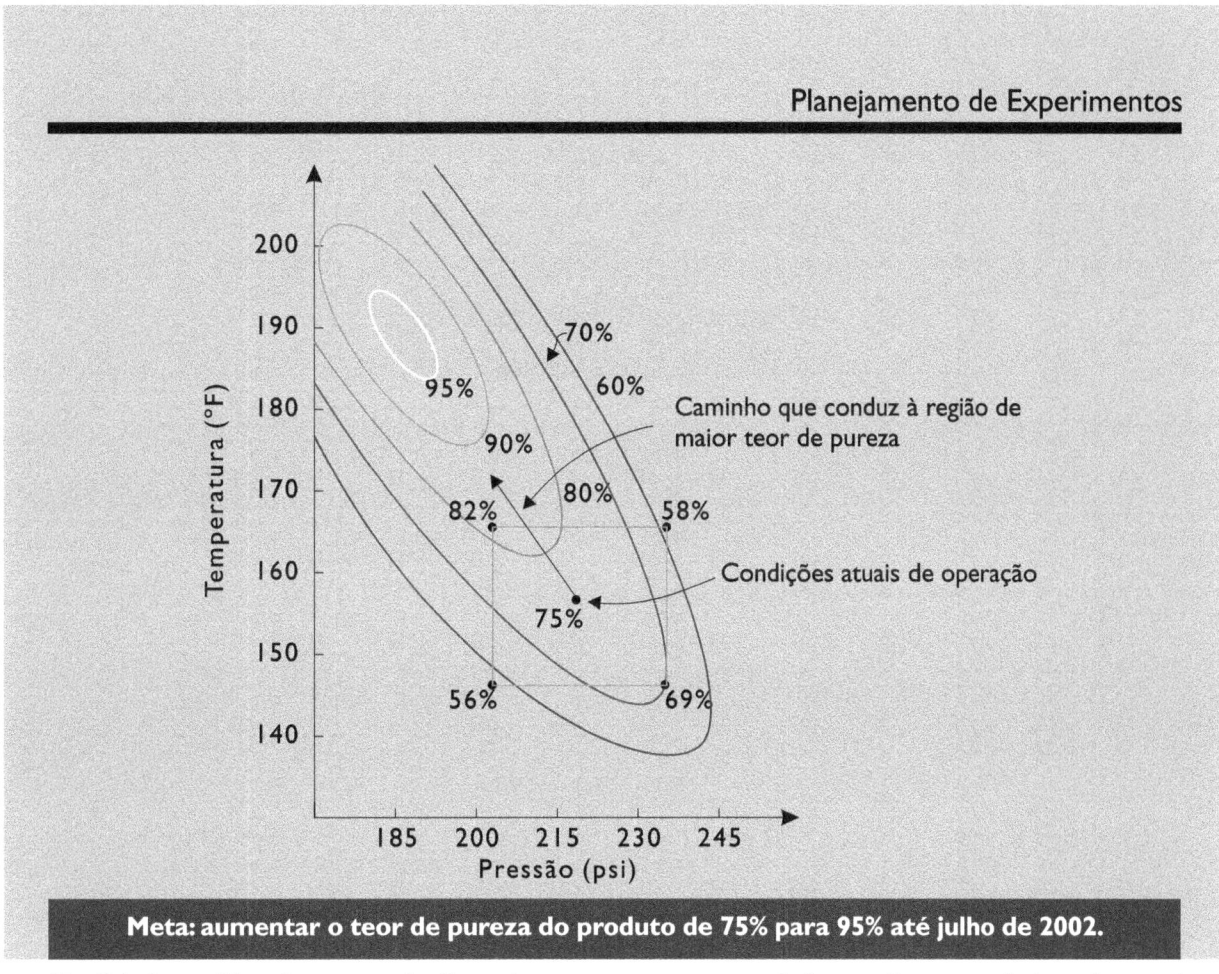

[Gráfico: Temperatura (°F) vs Pressão (psi), com curvas de contorno de teor de pureza: 95%, 90%, 82%, 80%, 70%, 60%, 58%, 75%, 56%, 69%. Indicações: "Caminho que conduz à região de maior teor de pureza" e "Condições atuais de operação".]

Meta: aumentar o teor de pureza do produto de 75% para 95% até julho de 2002.

- Finalidade: o Planejamento de Experimentos processa as informações nos dados de modo a fornecer indicações sobre o sentido no qual o processo deve ser direcionado para que a meta de interesse possa ser alcançada.

Análise de Tempos de Falhas (Weibull Analysis)[9]

Nome da peça	Taxa de falha λ_i
Velocímetro	0,397
Medidor de combustível	$0,036 \times 10^{-3}$

- Finalidade: a Análise de Tempos de Falhas utiliza dados amostrais referentes a tempos de falha do produto (componente) e os modela segundo algumas das distribuições estatísticas, como Weibull e log-normal. A distribuição que melhor explicar o comportamento do tempo de falha do produto será utilizada para estimar percentis, frações de falhas e taxas de falha.

Testes de Vida Acelerados[10]

Variável de estresse - temperatura (70°C, 95°C, 120°C)

Condições de projeto - temperatura = 50°C

Modelo de *Arrhenius-Weibull*

$ln(t) = \beta_0 + \beta_1 x + \sigma\varepsilon$ em que $\beta_0 = ln(A)$ $k = 8,6 \times 10^{-5}$

$$x = \frac{1}{°C + 273}$$

$$\beta_1 = \frac{\text{Energia de ativação}}{k}$$

$t_{0,50}$ = percentil 50% da distribuição = 45000 horas do tempo de falha (a 50°C)

- Finalidade: acelerar o aparecimento de falhas em testes de vida realizados com produtos (ou componentes). Os resultados obtidos a partir do teste conduzido em condições estressantes são utilizados para estimar figuras de mérito nas condições de projeto.

Visão geral das ferramentas Seis Sigma integradas ao DMAIC

I	Atividades	Ferramentas
Improve: propor, avaliar e implementar soluções para o problema prioritário.	Gerar ideias de soluções potenciais para a eliminação das causas fundamentais do problema prioritário.	• *Brainstorming* • Diagrama de Causa e Efeito • Diagrama de Afinidades • Diagrama de Relações • Mapeamento do Fluxo de Valor (*VSM* Futuro) • Métricas *Lean* • Redução de *Setup*
	Priorizar as soluções potenciais.	• Diagrama de Matriz • Matriz de Priorização
	Avaliar e minimizar os riscos das soluções prioritárias.	• *FMEA* • *Stakeholder Analysis*
	Testar em pequena escala as soluções selecionadas (teste piloto).	• Teste na Operação • Testes de Mercado • Simulação • *Kaizen* • Métricas *Lean* • *Kanban* • 5S • TPM • Redução de *Setup* • *Poka-Yoke* (*Mistake-Proofing*) • Gestão Visual
	Identificar e implementar melhorias ou ajustes para as soluções selecionadas, caso necessário.	• Operação Evolutiva (*EVOP*) • Testes de Hipóteses • Mapeamento do Fluxo de Valor (*VSM* Futuro) • Métricas *Lean*
	A meta foi alcançada? NÃO → Retorno à etapa M ou implementar o *Design for Lean Six Sigma* (DFLSS). SIM ↓	
	Elaborar e executar um plano para a implementação das soluções em larga escala.	• 5W2H • Diagrama da Árvore • Diagrama de Gantt • PERT / CPM • Diagrama do Processo Decisório (*PDPC*) • *Kaizen* • Métricas *Lean* • *Kanban* • 5S • TPM • Redução de *Setup* • *Poka-Yoke* (*Mistake-Proofing*) • Gestão Visual

Matriz de Priorização

	Critério para priorização						
	Baixo custo	Facilidade	Rapidez	Elevado impacto sobre as causas fundamentais	Baixo potencial para criar novos problemas	Contribuição para a satisfação do consumidor	
Peso (5 a 10)	9	8	8	10	10	7	
Solução							**Total**
I	3	3	1	5	5	1	166
II	5	5	5	3	5	0	205
III	3	5	5	5	3	3	208
IV	1	5	3	3	5	1	160
V	5	3	1	3	5	3	178

Legenda: 5 - correlação forte   3 - correlação moderada   1 - correlação fraca   0 - correlação ausente

- Finalidade: a Matriz de Priorização tem como objetivo a identificação das principais soluções para o problema.

Stakeholder Analysis

Nível de comprometimento	Diretor do departamento de engenharia industrial	Gerente do setor de suprimentos	Supervisor da linha 3 da fábrica
Apoio forte			X
Apoio moderado	X		
Apoio fraco		X	
Neutro			
Oposição fraca			0
Oposição moderada		0	
Oposição forte	0		

Legenda: 0 - atual nível de comprometimento   X - nível de comprometimento necessário

- Finalidade: um *stakeholder* é uma pessoa, área ou departamento que será afetado pelas soluções prioritárias consideradas em um projeto ou que deverá participar da implementação dessas soluções.

A *Stakeholder Analysis* tem como objetivo levantar e apresentar as seguintes informações:
- Uma relação dos *stakeholders*
- Uma escala que indica os possíveis níveis de comprometimento de cada *stakeholder*

- O nível de comprometimento de cada *stakeholder* necessário à implementação, com sucesso, das soluções prioritárias
- O atual nível de comprometimento de cada *stakeholder*
- A mudança necessária no nível de comprometimento de cada *stakeholder*, para que as soluções prioritárias sejam implementadas com sucesso.

Testes na Operação

Etapas para a realização de um teste piloto
Selecionar um comitê dirigente do teste.
Planejar o teste.
Informar as pessoas envolvidas no teste.
Treinar os operadores.
Conduzir o teste.
Avaliar os resultados.
Implementar ajustes ou melhorias, se necessário.
Aumentar o escopo do teste.

- Finalidade: os Testes na Operação permitem avaliar em pequena escala as soluções selecionadas, para a identificação da possível necessidade de implementação de ajustes ou melhorias destas soluções.

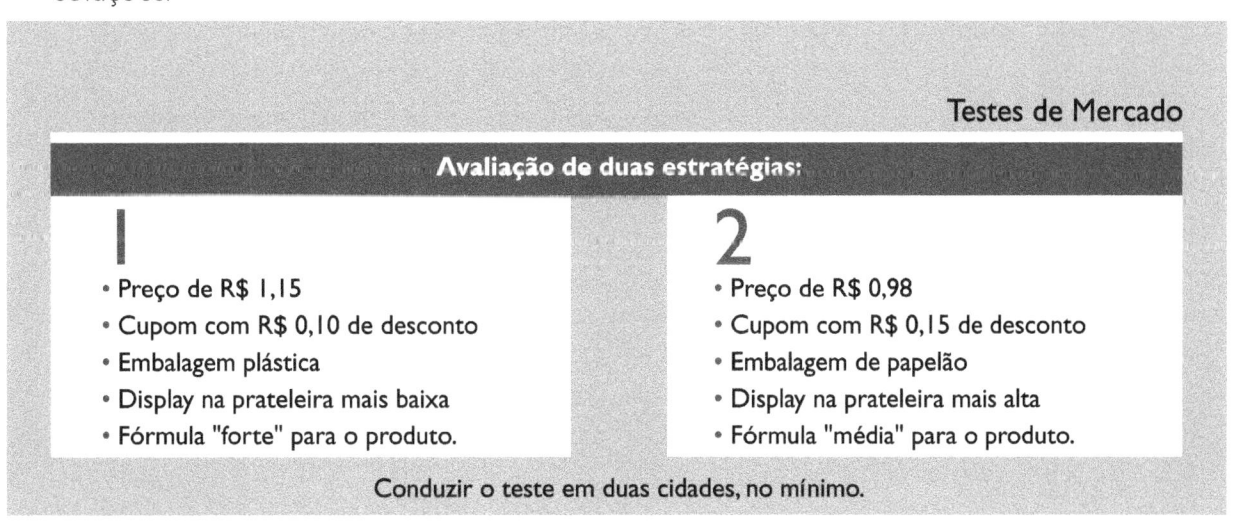

Testes de Mercado

Avaliação de duas estratégias:

1
- Preço de R$ 1,15
- Cupom com R$ 0,10 de desconto
- Embalagem plástica
- Display na prateleira mais baixa
- Fórmula "forte" para o produto.

2
- Preço de R$ 0,98
- Cupom com R$ 0,15 de desconto
- Embalagem de papelão
- Display na prateleira mais alta
- Fórmula "média" para o produto.

Conduzir o teste em duas cidades, no mínimo.

- Finalidade: um Teste de Mercado é um experimento controlado, realizado em uma parte limitada, mas cuidadosamente selecionada do mercado, cujo objetivo é prever as consequências, sobre as vendas ou sobre os lucros, de uma ou mais ações de marketing propostas.

Simulação[11]

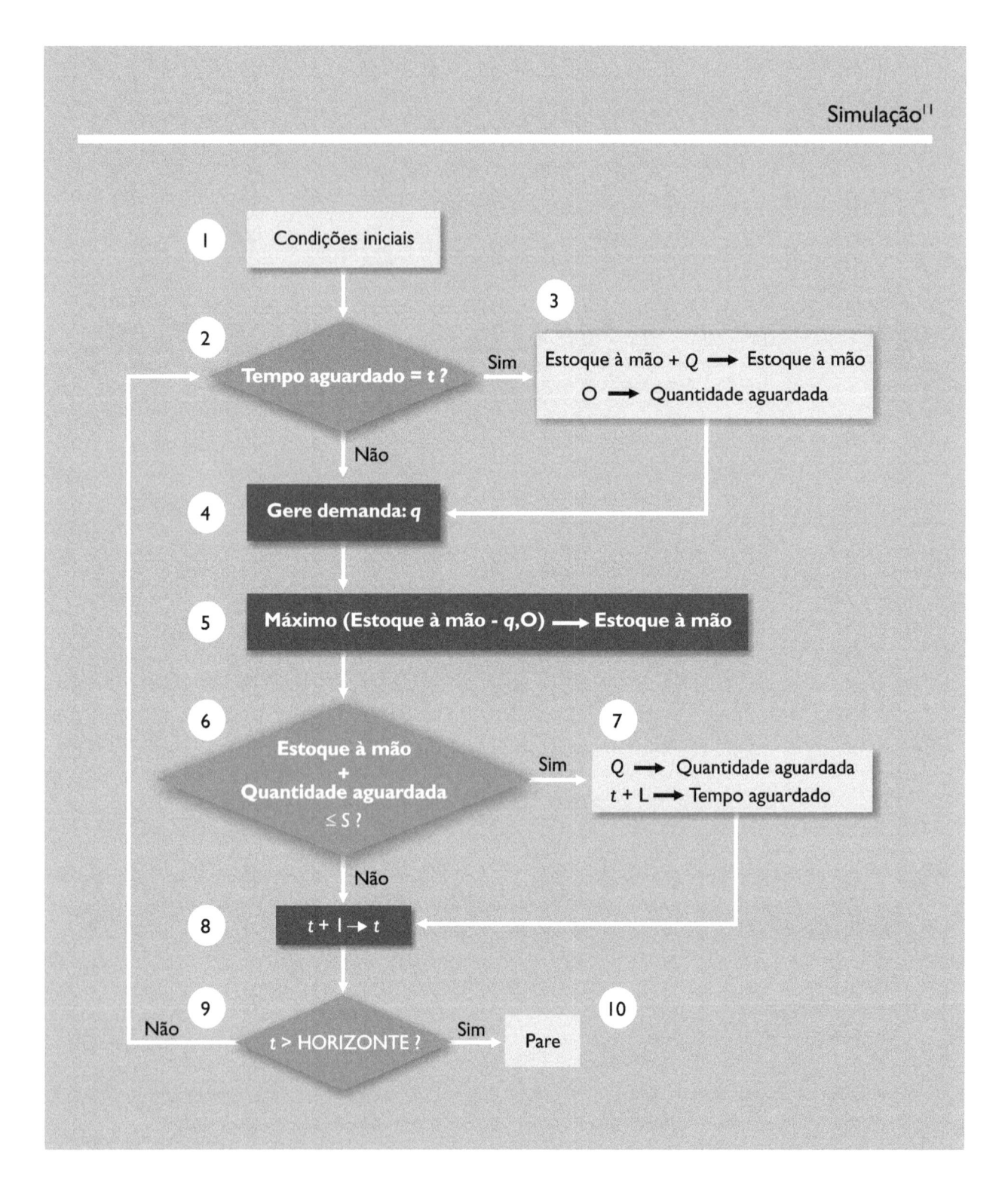

```
1. Condições iniciais
   ↓
2. Tempo aguardado = t ?
   Sim → 3. Estoque à mão + Q → Estoque à mão
         O → Quantidade aguardada
   Não ↓
4. Gere demanda: q
   ↓
5. Máximo (Estoque à mão - q,O) → Estoque à mão
   ↓
6. Estoque à mão + Quantidade aguardada ≤ S ?
   Sim → 7. Q → Quantidade aguardada
         t + L → Tempo aguardado
   Não ↓
8. t + 1 → t
   ↓
9. t > HORIZONTE ?
   Não (volta ao 2)
   Sim → 10. Pare
```

* Finalidade: a Simulação permite a análise das relações que determinam as prováveis consequências futuras de ações alternativas e a definição de medidas apropriadas de eficácia, de modo a viabilizar o cálculo do mérito relativo a cada uma dessas ações.

Operação Evolutiva (EVOP)

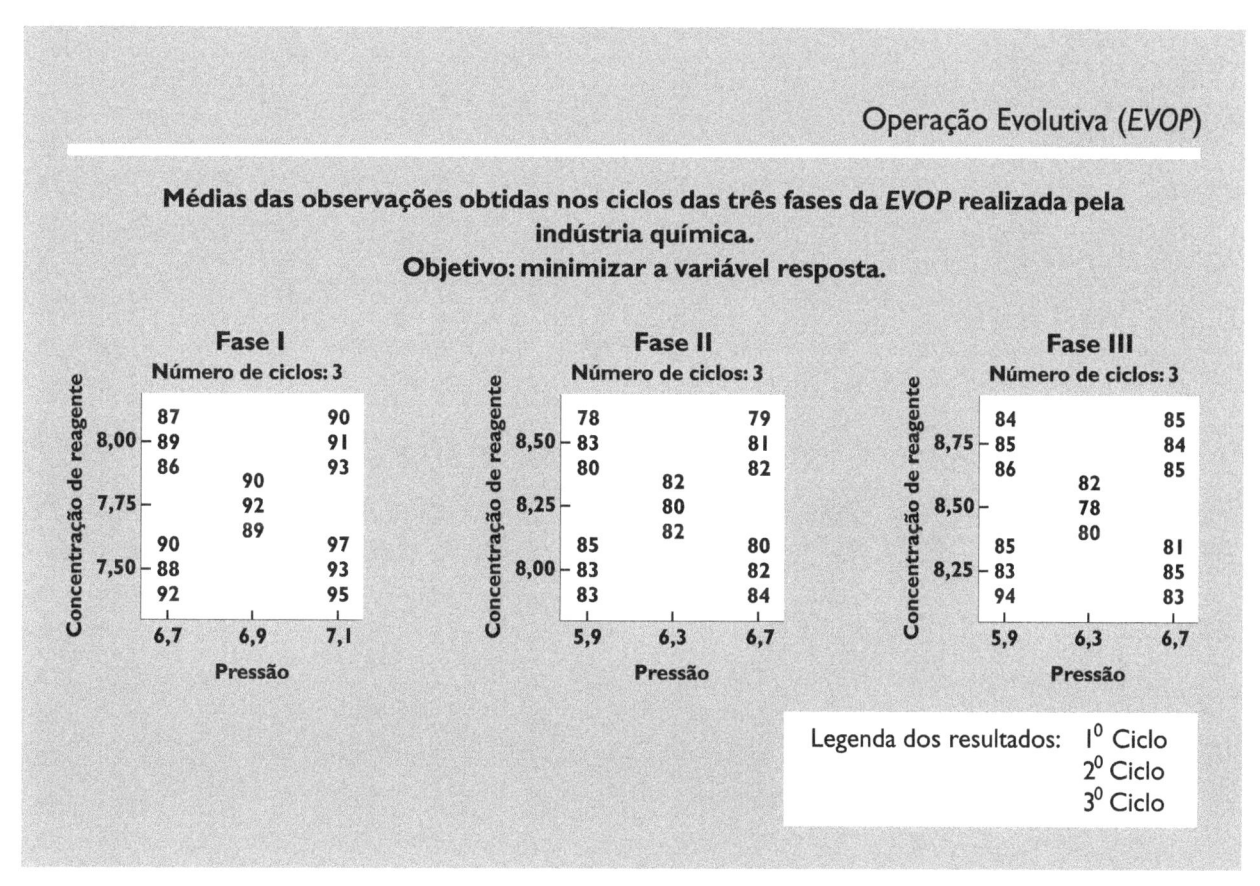

Médias das observações obtidas nos ciclos das três fases da EVOP realizada pela indústria química.
Objetivo: minimizar a variável resposta.

Fase I
Número de ciclos: 3

Concentração de reagente:
- 8,00: 87 / 89 / 86 — 90 / 91 / 93
- 7,75: 90 / 92 / 89
- 7,50: 90 / 88 / 92 — 97 / 93 / 95

Pressão: 6,7   6,9   7,1

Fase II
Número de ciclos: 3

Concentração de reagente:
- 8,50: 78 / 83 / 80 — 79 / 81 / 82
- 8,25: 82 / 80 / 82
- 8,00: 85 / 83 / 83 — 80 / 82 / 84

Pressão: 5,9   6,3   6,7

Fase III
Número de ciclos: 3

Concentração de reagente:
- 8,75: 84 / 85 / 86 — 85 / 84 / 85
- 8,50: 82 / 78 / 80
- 8,25: 85 / 83 / 94 — 81 / 85 / 83

Pressão: 5,9   6,3   6,7

Legenda dos resultados: 1º Ciclo / 2º Ciclo / 3º Ciclo

- Finalidade: a Operação Evolutiva é utilizada para a determinação da condição ótima de operação de um processo produtivo. Para a utilização da EVOP não é necessário realizar grandes alterações na forma de operação do processo.

5W2H

Medida WHAT	Responsável WHO	Prazo WHEN	Local WHERE	Razão WHY	Procedimento HOW	Custo HOW MUCH
1. Elaborar a estória a ser relatada.	Ana e Lilian	07/10/11	Respectivas residências	Para evitar futuras contradições	Conversa telefônica	Custo da ligação telefônica
2. Relatar a estória.	Ana	09/10/11	Gerência comercial	....		
3.	....	....	....			

- Finalidade: o 5W2H tem o objetivo de definir, para a estratégia de ação elaborada, os seguintes itens:
  - o que será feito (**What**) - quando será feito (**When**) - quem fará (**Who**) - onde será feito (**Where**) - por que será feito (**Why**) - como será feito (**How**) - quanto custará o que será feito (**How much**).

Diagrama de Árvore[12]

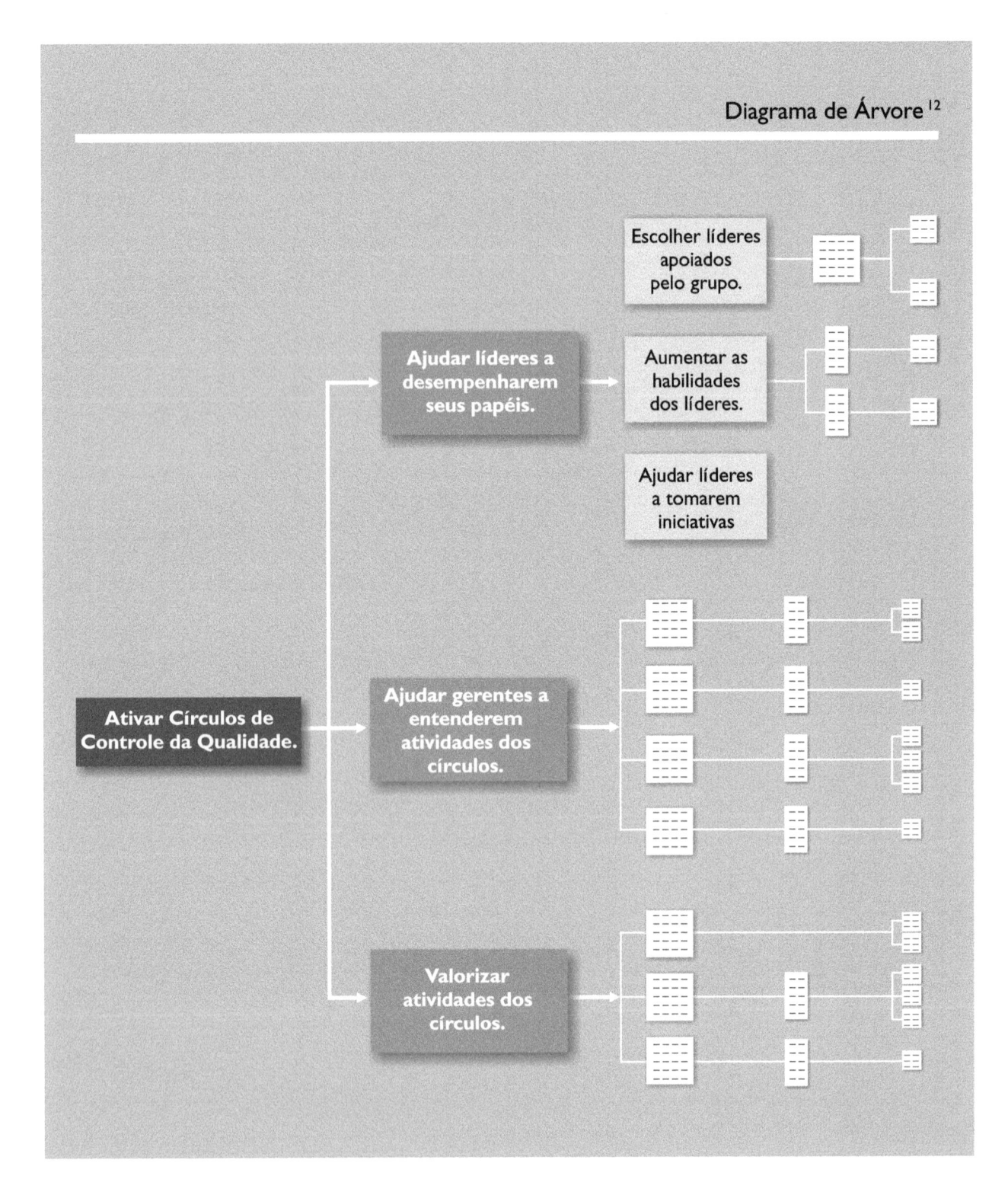

- Ativar Círculos de Controle da Qualidade.
  - Ajudar líderes a desempenharem seus papéis.
    - Escolher líderes apoiados pelo grupo.
    - Aumentar as habilidades dos líderes.
    - Ajudar líderes a tomarem iniciativas
  - Ajudar gerentes a entenderem atividades dos círculos.
  - Valorizar atividades dos círculos.

♦ Finalidade: o Diagrama de Árvore é empregado na definição da estratégia para a solução de um problema, mostrando o mapeamento detalhado dos caminhos (meios ou medidas) a serem percorridos para o alcance do objetivo.

Diagrama de Gantt

#		Nome da tarefa	Março	Abril	Maio	Junho	Julho	Agosto
1		Tarefa 1	■					
2		Tarefa 2		■				
3		Tarefa 3		■				
4		Tarefa 4		■				
5		Tarefa 5			■			
6		Tarefa 6		■				
7		Tarefa 7				■		
8		Tarefa 8				■		
9		Tarefa 9				■		
10		Tarefa 10					■	
11		Tarefa 11					■	
12		Tarefa 12						■

* Finalidade: o Diagrama de Gantt mostra o cronograma de execução das tarefas de um plano de ação.

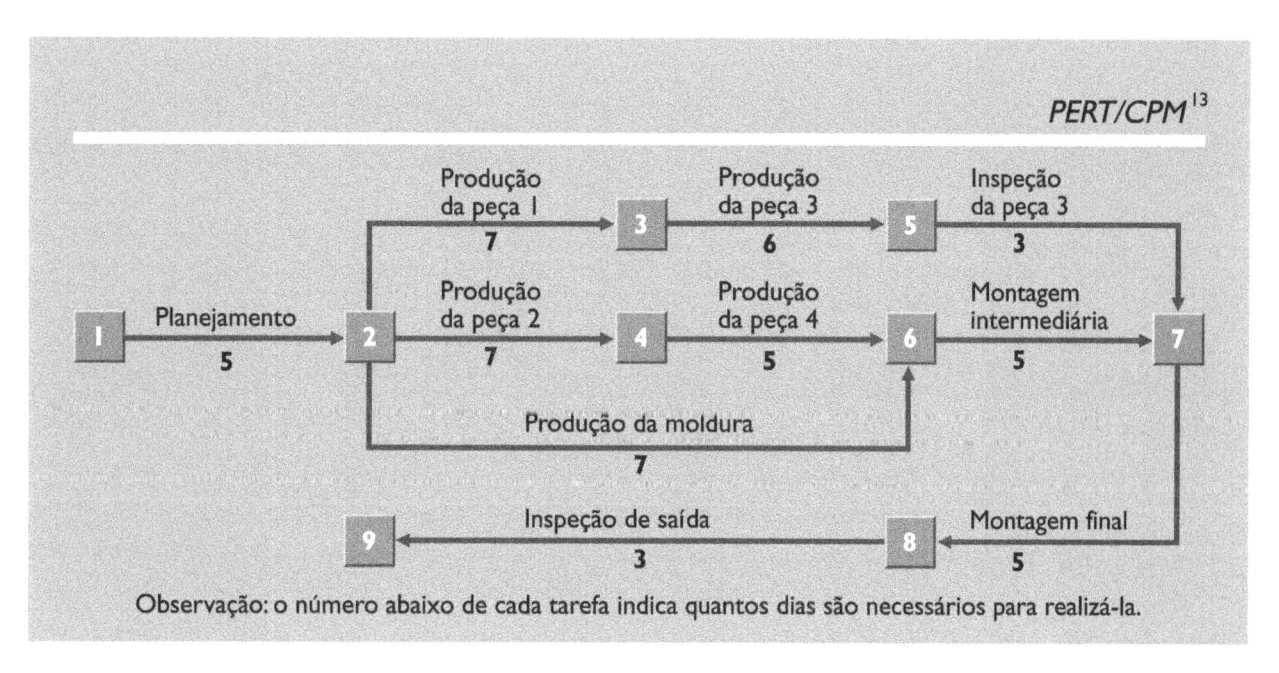

PERT/CPM[13]

```
           Produção           Produção           Inspeção
           da peça 1          da peça 3          da peça 3
        ┌──────────→ [3] ──────────→ [5] ──────────┐
        │     7              6              3      │
        │                                          ↓
[1]─Planejamento─→[2]                              [7]
        │    5     │  Produção    Produção    Montagem
        │          │  da peça 2   da peça 4   intermediária
        │          └─────→ [4] ─────→ [6] ─────→
        │               7          5          5
        │                            ↑
        │        Produção da moldura │
        └────────────── 7 ───────────┘

        Inspeção de saída              Montagem final
[9] ←──────── 3 ────────── [8] ←──────── 5 ──────── [7]
```

Observação: o número abaixo de cada tarefa indica quantos dias são necessários para realizá-la.

* Finalidade: o PERT/CPM mostra o cronograma de execução das tarefas de um plano de ação, seu caminho crítico e como eventuais atrasos afetam o tempo de execução. O PERT/CPM tem se mostrado muito efetivo quando o tempo é um fator crítico, quando é necessário negociar o tempo de duração de um projeto e se for preciso estabelecer cuidados especiais para que o tempo de duração do projeto seja preservado.

Diagrama do Processo Decisório (PDPC)[14]

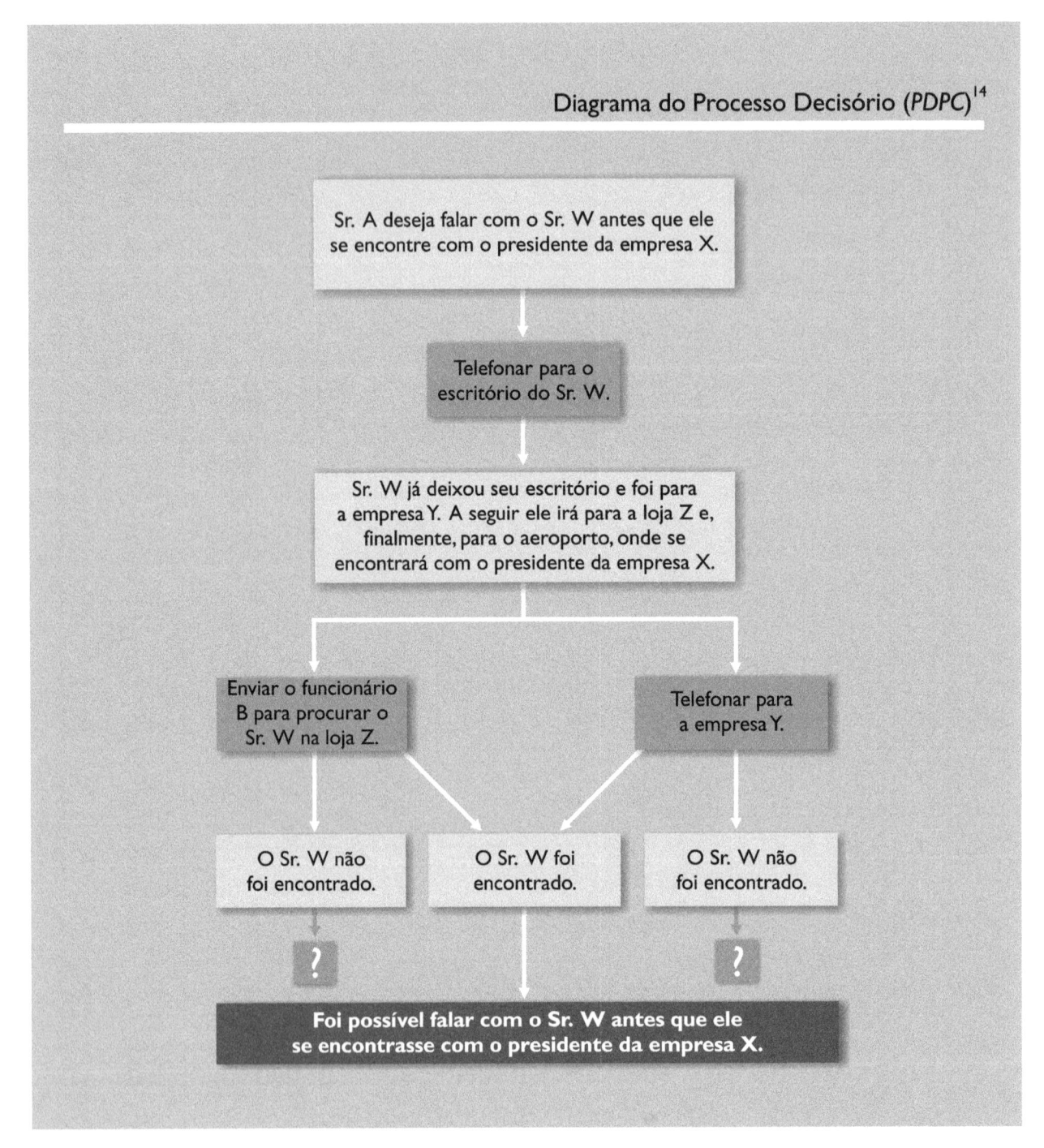

```
Sr. A deseja falar com o Sr. W antes que ele
se encontre com o presidente da empresa X.
                  │
                  ▼
        Telefonar para o
        escritório do Sr. W.
                  │
                  ▼
    Sr. W já deixou seu escritório e foi para
    a empresa Y. A seguir ele irá para a loja Z e,
    finalmente, para o aeroporto, onde se
    encontrará com o presidente da empresa X.
                  │
          ┌───────┴───────┐
          ▼               ▼
   Enviar o funcionário   Telefonar para
   B para procurar o      a empresa Y.
   Sr. W na loja Z.
          │               │
   ┌──────┼──────┐        │
   ▼      ▼      ▼        ▼
O Sr. W  O Sr. W  O Sr. W não
não      foi      foi encontrado.
foi      encontrado.
encontrado.
   │              │
   ▼              ▼
   ?              ?

Foi possível falar com o Sr. W antes que ele
se encontrasse com o presidente da empresa X.
```

- Finalidade: o *PDPC* é utilizado para garantir o alcance de uma meta através do estudo da lógica de todas as possibilidades de ocorrência de eventos e contingências no caminho para se atingir a meta e das contramedidas que podem ser adotadas. Isso melhora as condições de tomada de decisões e, consequentemente, aprimora o plano de ação. O diagrama de processo decisório tem se mostrado muito útil quando a situação enfrentada é nova, muito dinâmica ou difícil de antecipar e também se a solução do problema for complexa e de difícil execução.

Visão geral das ferramentas Seis Sigma integradas ao DMAIC

C	Atividades	Ferramentas
Control: garantir que o alcance da meta seja mantido a longo prazo.	Avaliar o alcance da meta em larga escala.	• Avaliação de Sistemas de Medição/Inspeção (MSE) • Diagrama de Pareto • Carta de Controle • Histograma • Índices de Capacidade • Métricas do Seis Sigma • Mapeamento do Fluxo de Valor (VSM Futuro) • Métricas Lean
	A meta foi alcançada? **NÃO** → Retorno à etapa M ou implementar o Design for Lean Six Sigma (DFLSS). **SIM** ↓	
	Padronizar as alterações realizadas no processo em consequência das soluções adotadas.	• Procedimentos Padrão • 5S • TPM • Poka-Yoke (Mistake Proofing) • Gestão Visual
	Transmitir os novos padrões a todos os envolvidos.	• Manuais • Reuniões • Palestras • OJT (On the Job Training) • Procedimentos Padrão • Gestão visual
	Definir e implementar um plano para monitoramento da performance do processo e do alcance da meta.	• Avaliação de Sistemas de Medição/Inspeção (MSE) • Plano p/ Coleta de Dados • Amostragem • Carta de Controle • Histograma • Índices de Capacidade • Métricas do Seis Sigma • Aud. do Uso dos Padrões • Mapeamento do Fluxo de Valor (VSM Futuro) • Métricas Lean • Poka-Yoke (Mistake Proofing)
	Definir e implementar um plano para tomada de ações corretivas caso surjam problemas no processo.	• Relatórios de Anomalias • OCAP (Out of Control Action Plan)
	Sumarizar o que foi aprendido e fazer recomendações para trabalhos futuros.	

	Procedimento Operacional Padrão[15]			
	MINAR Procedimento Operacional Padrão	**Data**	**Rev.**	**Número**
O quê	**Tarefa** (Preencher com o nome da tarefa.)			
Onde	**Local** (Local onde será executada a tarefa)			
Quem	**Cargo** (Cargo dos executantes da tarefa: apenas um cargo por tarefa)			
Item de verificação	**Condições necessárias** (Condições que devem ser atendidas para que a tarefa possa ser executada)			
Como e quando	**Atividades** (Relato simples e ordenado da seqüência de atividades) 1) 2) 3) 4) 5) . . . . . n)			
Item de controle	**Resultado esperado** (O que deve ser obtido com a execução da tarefa)			
Verificação e ação	**Anormalidades e ação** (Problemas que podem ocorrer - o que o executante da tarefa deve fazer)			

- Finalidade: o Procedimento Operacional Padrão é usado para indicar os procedimentos para execução das tarefas de um processo, de modo que os resultados desejados possam ser alcançados e mantidos.

Visão geral das ferramentas Seis Sigma integradas ao *DMAIC*

Poka-Yoke (Mistake-Proofing)[16]

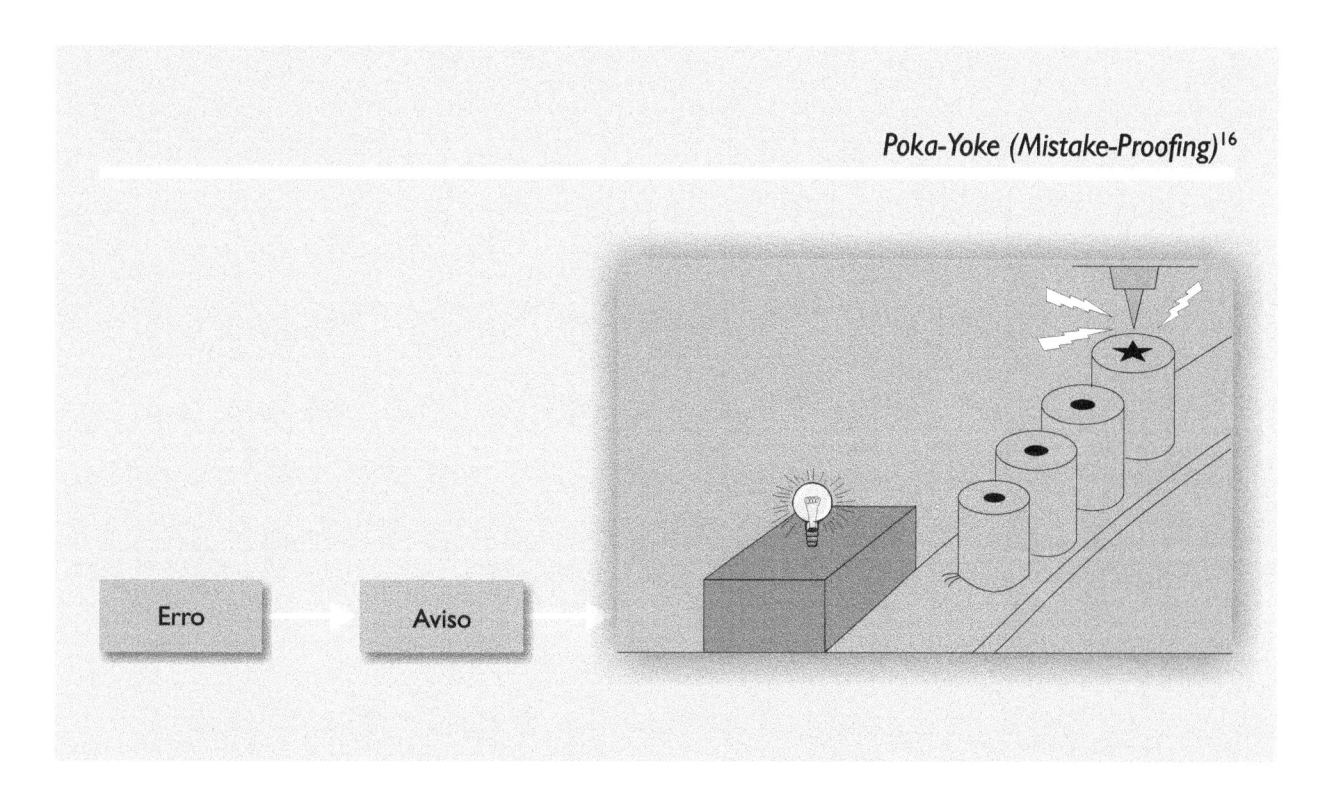

Erro → Aviso →

- Finalidade: a ferramenta *Poka-Yoke (Mistake-Proofing)* nos permite detectar e corrigir erros em um processo, antes que eles se transformem em defeitos percebidos pelo cliente/consumidor.

Relatório de Anomalias		
Empresa		Controle nº
Turno	Turma	Data
Descrição da anomalia		
Remoção do sintoma		
Possíveis causas e causas mais prováveis		
Causas fundamentais		
Plano de ação		

- Finalidade: o Relatório de Anomalias indica as ações corretivas para a eliminação de anomalias (desvios das condições normais de operação) que venham a ocorrer em processos produtivos.

OCAP (Out of Control Action Plan)[17]

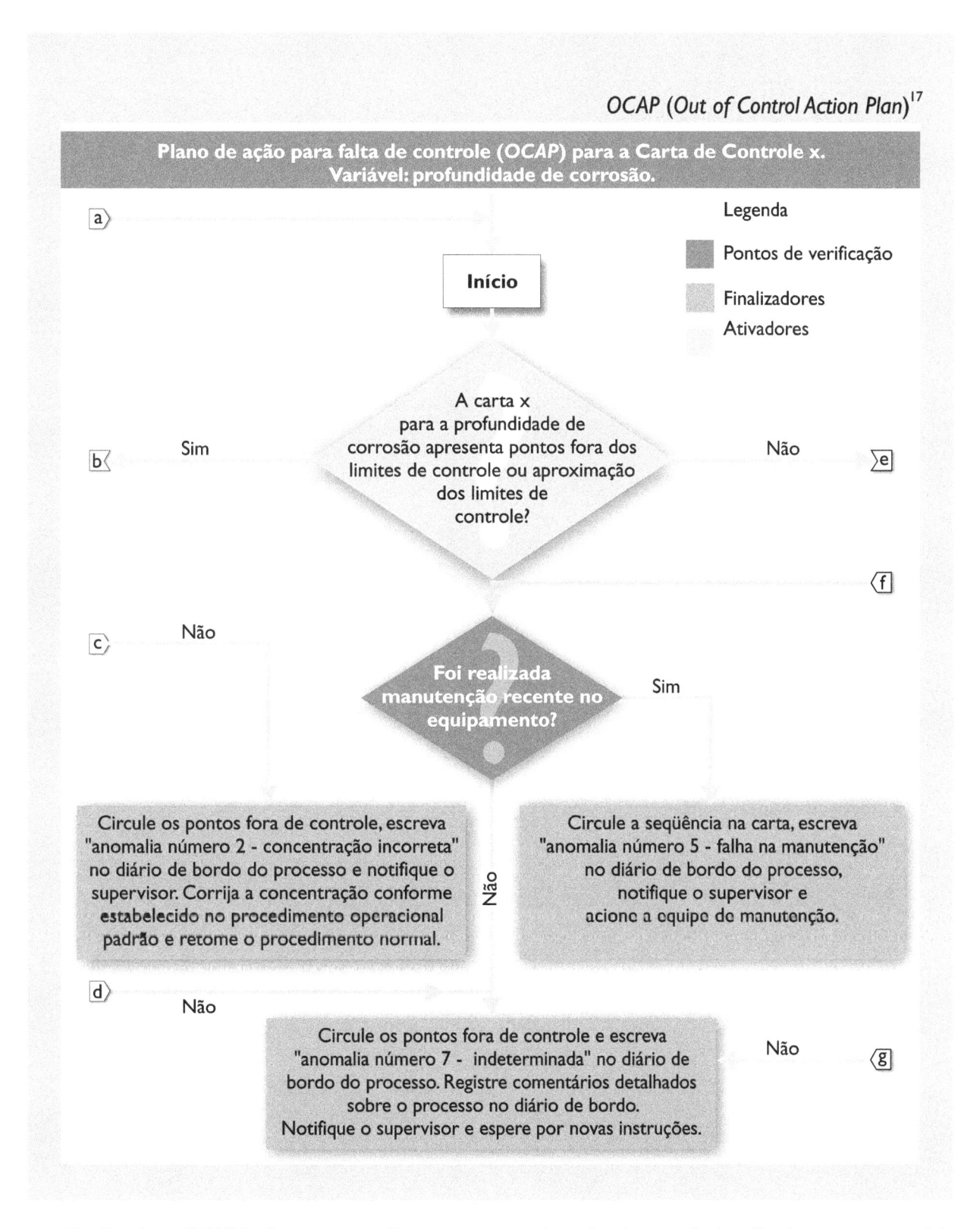

**Plano de ação para falta de controle (OCAP) para a Carta de Controle x.
Variável: profundidade de corrosão.**

Legenda:
- Pontos de verificação
- Finalizadores
- Ativadores

[a]

Início

[b] Sim ← A carta x para a profundidade de corrosão apresenta pontos fora dos limites de controle ou aproximação dos limites de controle? → Não [e]

[f]

[c] Não ← Foi realizada manutenção recente no equipamento? → Sim

Não (da esquerda): Circule os pontos fora de controle, escreva "anomalia número 2 - concentração incorreta" no diário de bordo do processo e notifique o supervisor. Corrija a concentração conforme estabelecido no procedimento operacional padrão e retome o procedimento normal.

Sim (da direita): Circule a seqüência na carta, escreva "anomalia número 5 - falha na manutenção" no diário de bordo do processo, notifique o supervisor e acione a equipe de manutenção.

[d] Não

Circule os pontos fora de controle e escreva "anomalia número 7 - indeterminada" no diário de bordo do processo. Registre comentários detalhados sobre o processo no diário de bordo. Notifique o supervisor e espere por novas instruções.

Não [g]

- **Finalidade:** o *OCAP* indica os procedimentos para a descoberta e a eliminação de causas especiais de variação que venham a atuar em um processo produtivo.

Anexo B.
Significado estatístico da terminologia Seis Sigma

"O verdadeiro homem mede a sua força quando se defronta com o obstáculo."
Antoine de Saint-Exupéry

Significado estatístico da terminologia Seis Sigma

Sigma (desvio-padrão) é uma medida estatística que quantifica a variação existente entre os resultados (produtos) de qualquer processo ou procedimento:
- Se o valor do desvio-padrão é alto, há muita variação entre os resultados do processo (pouca uniformidade).
- Se o valor do desvio-padrão é baixo, há pouca variação entre os resultados do processo (muita uniformidade).
- Quanto menor for o valor do desvio-padrão, melhor será o processo.

- O desvio-padrão é representado pela letra grega σ.

- A fórmula para o cálculo do desvio-padrão é:

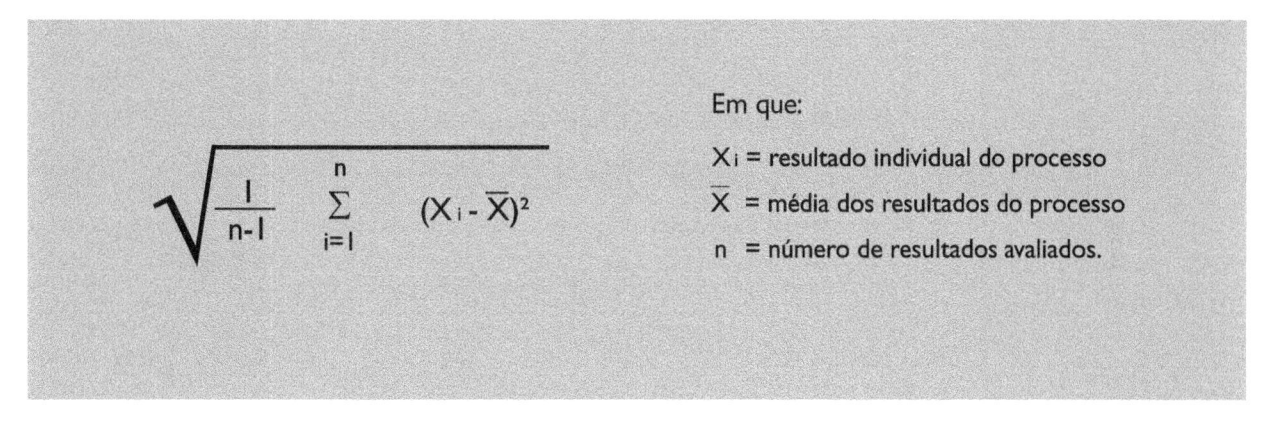

$$\sqrt{\frac{1}{n-1} \sum_{i=1}^{n} (X_i - \overline{X})^2}$$

Em que:
X_i = resultado individual do processo
$\overline{X}$ = média dos resultados do processo
n = número de resultados avaliados.

A simples observação do valor obtido para o desvio-padrão não permite a interpretação do que esse valor significa, ou seja, se a magnitude da variação é aceitável ou inaceitável. Essa dificuldade é resolvida por meio da comparação do valor do desvio-padrão com algum tipo de referência.

Muitas vezes as referências usadas para a realização da comparação são os limites de especificação para o resultado de interesse (veja a Figura B.1). A partir dessa comparação, surge a Escala Sigma.

A Escala Sigma é utilizada para medir o nível de qualidade associado a um processo. Quanto maior o valor alcançado nessa escala, melhor. Seis Sigma é um excelente valor na Escala Sigma.

FIGURA B.1

Resultados do processo A (LIE = 70, LSE = 130, σ = 2)

Resultados do processo B (LIE = 70, LSE = 130, σ = 5)

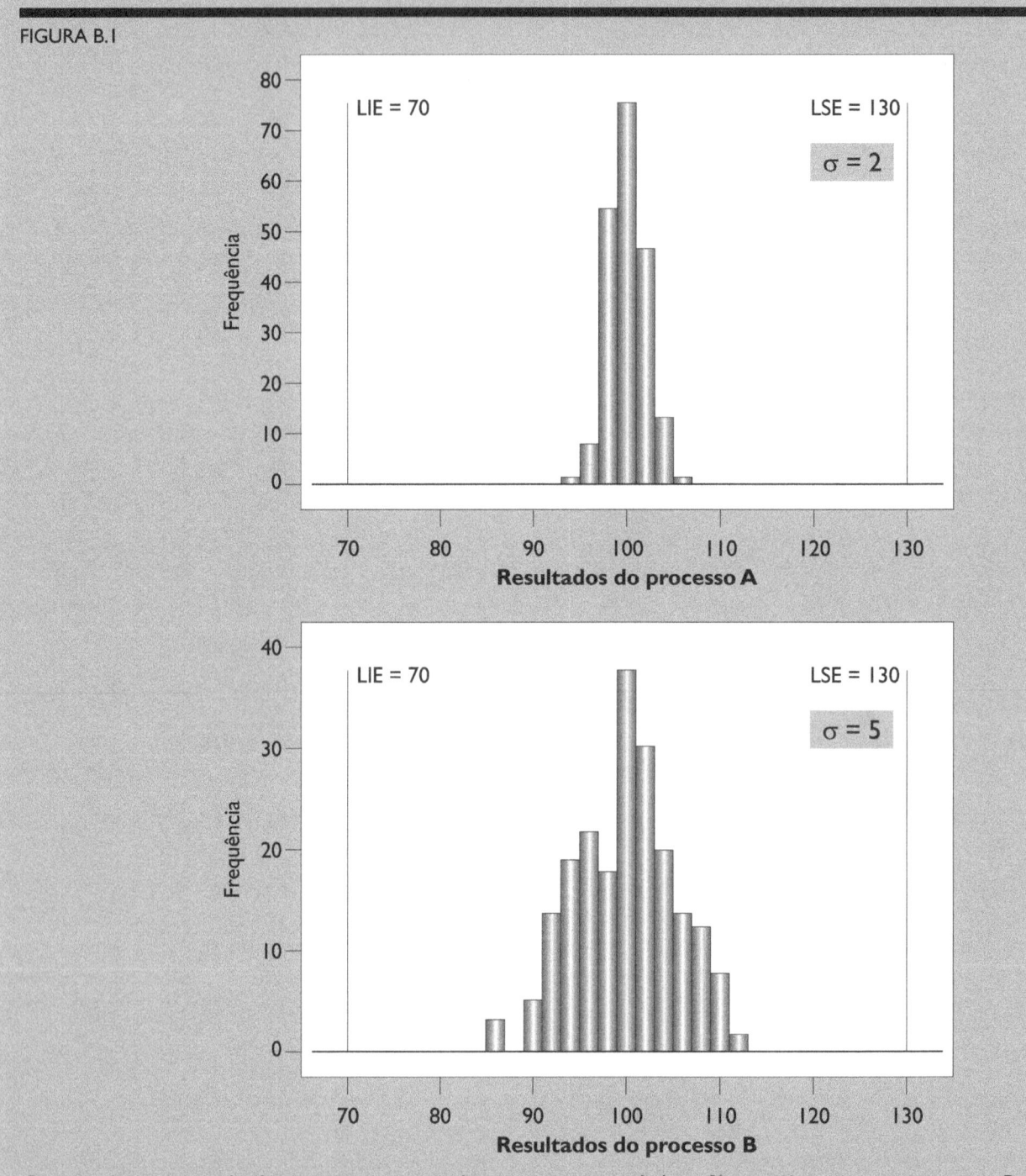

Cenário 1: a magnitude da variação é aceitável para o processo A (σ = 2) e também para o processo B (σ =

Interpretação do valor do desvio-padrão por meio da comparação com os limites de especificação

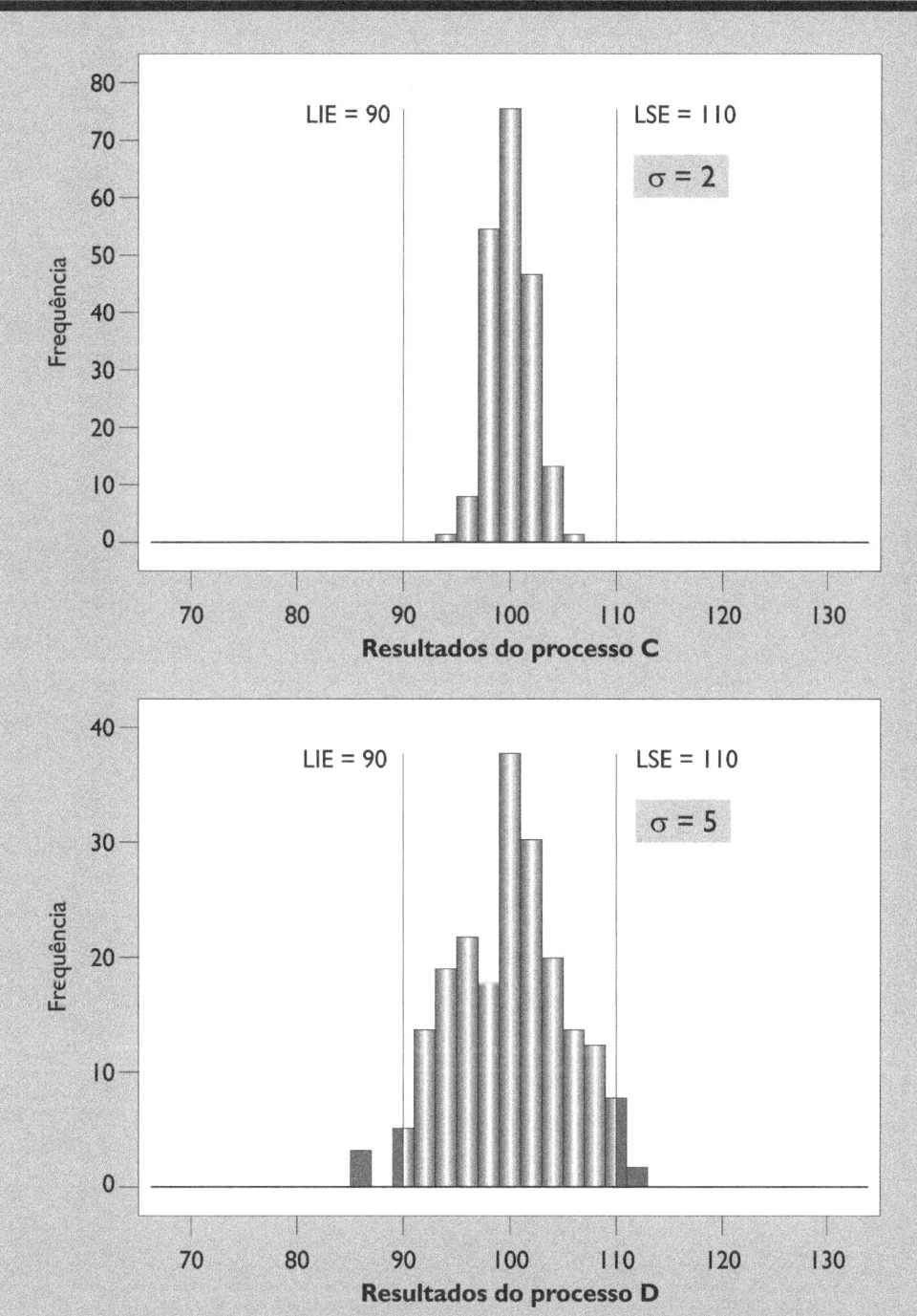

[Gráfico 1: Histograma dos Resultados do processo C, com LIE = 90, LSE = 110, σ = 2]

[Gráfico 2: Histograma dos Resultados do processo D, com LIE = 90, LSE = 110, σ = 5]

rio 2: a magnitude da variação é aceitável para o processo C (σ = 2) e inaceitável para o processo D (σ = 5).

nda: LIE - limite inferior de especificação   LSE - limite superior de especificação   σ - desvio-padrão

O que significa qualidade Seis Sigma? 99,9999998% de resultados perfeitos, isto é, dois defeitos por bilhão de resultados gerados pelo processo. Mesmo se o valor médio do processo se afastar do valor ideal em 1,5 sigma, não esperamos obter mais do que 3,4 defeitos por milhão de resultados.

As Figuras B.2 e B.3 permitem a visualização do significado da qualidade Seis Sigma.

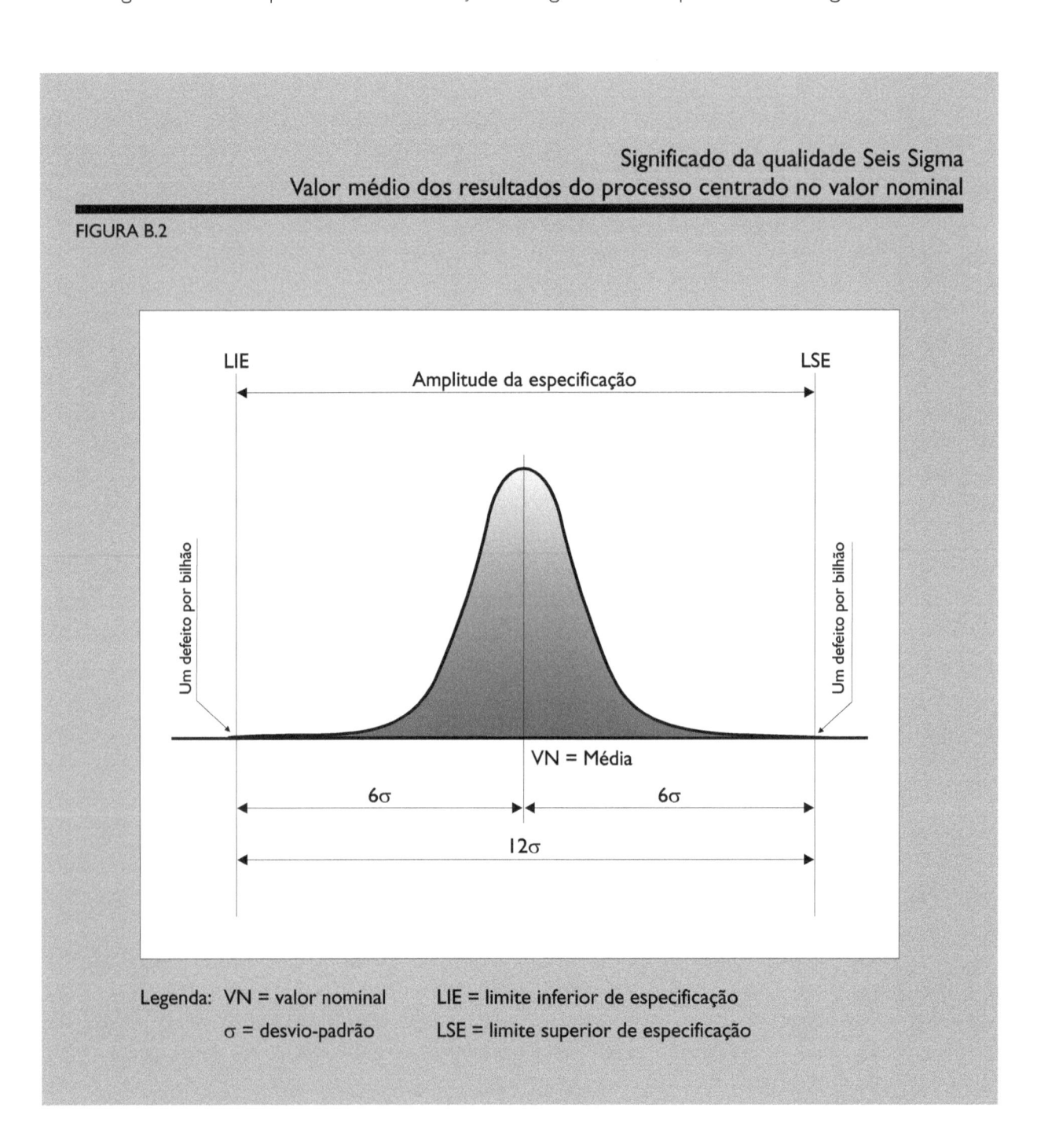

Significado da qualidade Seis Sigma
Valor médio dos resultados do processo centrado no valor nominal

FIGURA B.2

Legenda: VN = valor nominal   LIE = limite inferior de especificação
σ = desvio-padrão   LSE = limite superior de especificação

FIGURA B.3

Significado da qualidade Seis Sigma
Valor médio dos resultados do processo deslocado do valor nominal em 1,5 σ

[Gráfico mostrando curva normal deslocada entre LIE e LSE, com Zero defeito por milhão (0 ppm) à esquerda e 3,4 defeitos por milhão (3,4 ppm) à direita. VN e Média separados por 1,5σ. Distâncias de 6σ de cada lado da Média, totalizando 12σ.]

Legenda: VN = valor nominal   LIE = limite inferior de especificação   ppm = partes por milhão
         σ = desvio-padrão   LSE = limite superior de especificação

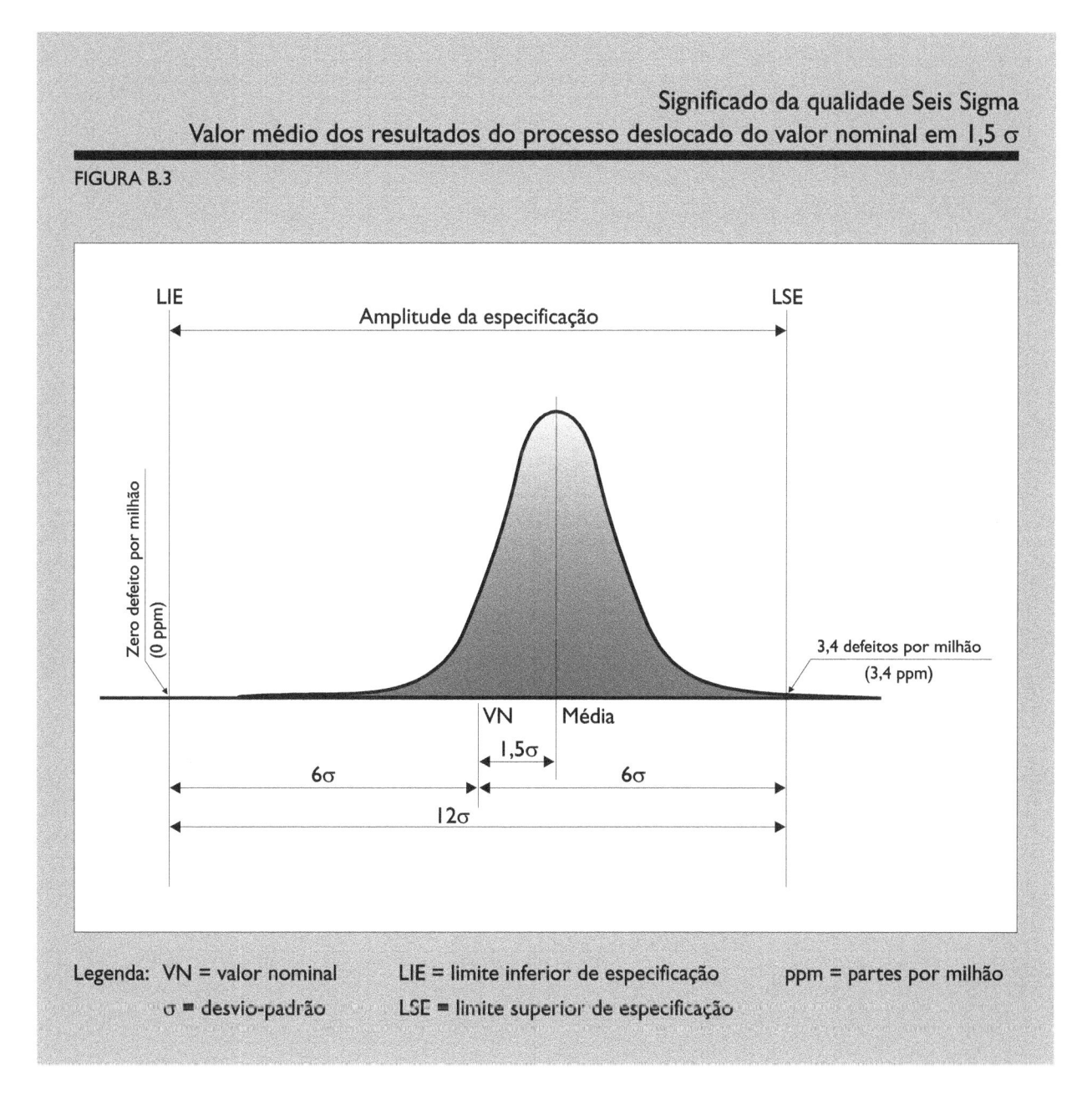

Observe que um processo com nível de qualidade Seis Sigma é extremamente robusto: mesmo se o processo sofrer uma variação (negativa ou positiva) na média, de magnitude igual a 1,5 vez o seu desvio-padrão, a queda do nível de qualidade será pouco perceptível aos olhos dos clientes. Isto é, em uma produção de um milhão de unidades do produto, haverá um aumento de zero para três defeitos.

A Figura B.4 permite a visualização do nível de desempenho de um processo, em função de sua localização na Escala Sigma.

FIGURA B.4

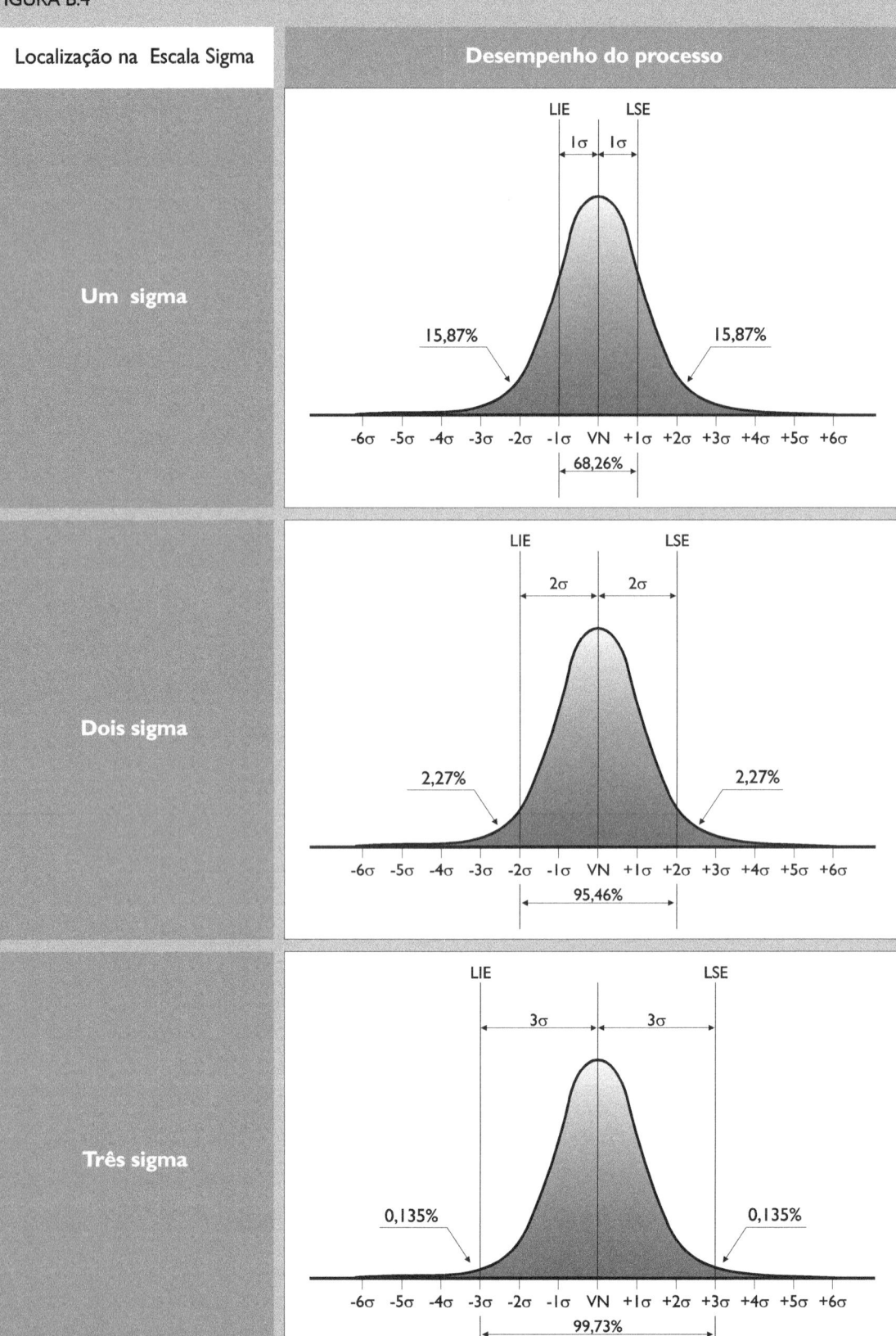

Localização na Escala Sigma	Desempenho do processo
Um sigma	LIE / LSE — 1σ / 1σ; 15,87% / 15,87%; 68,26% entre -1σ e $+1\sigma$ (eixo de -6σ a $+6\sigma$, VN no centro)
Dois sigma	LIE / LSE — 2σ / 2σ; 2,27% / 2,27%; 95,46% entre -2σ e $+2\sigma$
Três sigma	LIE / LSE — 3σ / 3σ; 0,135% / 0,135%; 99,73% entre -3σ e $+3\sigma$

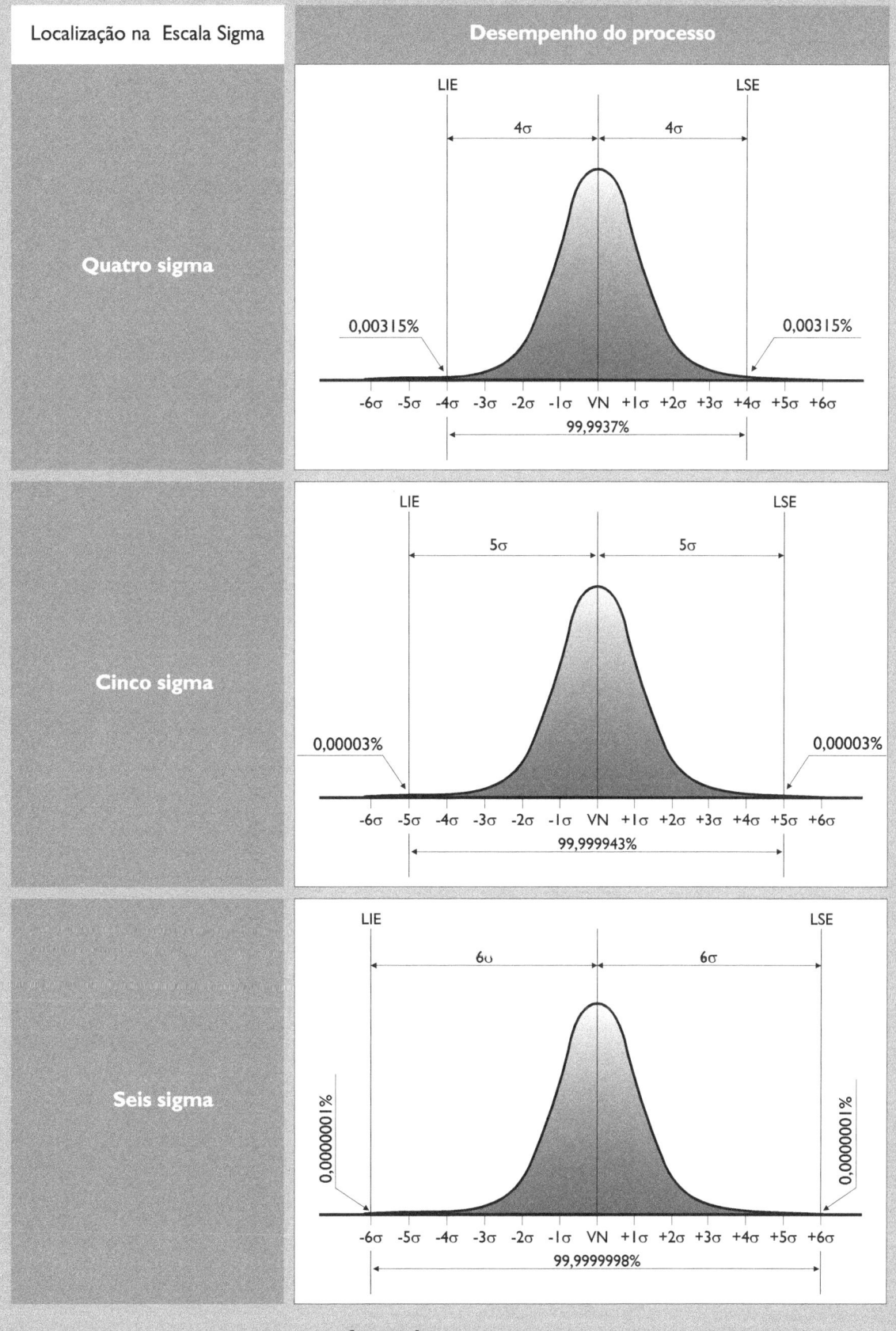

Localização na Escala Sigma e desempenho do processo
Valor médio dos resultados do processo centrado no valor nominal [1]

Localização na Escala Sigma	Desempenho do processo
Quatro sigma	LIE ← 4σ → VN ← 4σ → LSE 0,00315% ... 0,00315% -6σ -5σ -4σ -3σ -2σ -1σ VN +1σ +2σ +3σ +4σ +5σ +6σ 99,9937%
Cinco sigma	LIE ← 5σ → VN ← 5σ → LSE 0,00003% ... 0,00003% -6σ -5σ -4σ -3σ -2σ -1σ VN +1σ +2σ +3σ +4σ +5σ +6σ 99,999943%
Seis sigma	LIE ← 6σ → VN ← 6σ → LSE 0,0000001% ... 0,0000001% -6σ -5σ -4σ -3σ -2σ -1σ VN +1σ +2σ +3σ +4σ +5σ +6σ 99,9999998%

Legenda:
VN = valor nominal   LIE = limite inferior de especificação
σ = desvio-padrão   LSE = limite superior de especificação

Anexo C

Como empregar o *Lean* Seis Sigma em serviços e áreas administrativas

"A coragem é ser, ao mesmo tempo e qualquer que seja o ofício, um prático e um filósofo."

Jean Jaurès

Nas palavras de Bob Galvin, ex-CEO da Motorola, "a falta inicial de ênfase do Seis Sigma em áreas administrativas foi um erro que custou à empresa pelo menos cinco bilhões de dólares em um período de quatro anos". Esse depoimento ilustra muito bem que o Lean Seis Sigma não pode ficar restrito apenas às áreas de manufatura. A Figura C.1 também mostra as inúmeras oportunidades para a eliminação de desperdícios existentes em serviços, as quais podem originar projetos Lean Seis Sigma.

Exemplos de desperdícios em áreas administrativas e de serviços

FIGURA C.1

Tipos de desperdício	Exemplos
Defeitos	Erros em faturas, pedidos, cotações de compra de materiais.
Excesso de produção	Processamento e/ou impressão de documentos antes do necessário, aquisição antecipada de materiais
Estoque	Material de escritório, catálogos de vendas, relatórios.
Processamento desnecessário	Relatórios não necessários ou em excesso, cópias adicionais de documentos, reentrada de dados.
Movimento desnecessário	Caminhadas até o fax, copiadora, almoxarifado.
Transporte desnecessário	Anexos de e-mails em excesso, aprovações múltiplas de um documento.
Espera	Sistema fora do ar ou lento, ramal ocupado, demora na aprovação de um documento.

No entanto, a implementação do *Lean* Seis Sigma em serviços e áreas administrativas é mais desafiadora, principalmente, porque, nesses setores, estão envolvidos processos de trabalho "invisíveis", cujos fluxos e procedimentos podem ser facilmente alterados, o que pode dificultar a coleta de dados e a aplicação de técnicas de análise mais sofisticadas. Além disso, as ferramentas da qualidade têm maior tradição de uso em manufatura do que em serviços. Para que essas dificuldades possam ser vencidas, é necessário definir os aspectos subjetivos presentes nos processos de prestação de serviços de modo claro, mensurável e correlacionado aos objetivos que se busca alcançar (por exemplo, ter a definição precisa e sem ambiguidades do que é, ou não, um defeito). Outro aspecto fundamental para a garantia do sucesso é a alocação aos projetos do tempo necessário para a introdução de sistemas de medição.

Também é importante que alguns dos primeiros projetos *Lean* Seis Sigma tenham como metas os "grandes problemas" da área, os quais não foram resolvidos em tentativas anteriores – há sempre grandes oportunidades desse tipo no setor de prestação de serviços.

Um último alerta, no que diz respeito à implementação do programa em serviços, é que se evite a "overdose" de estatística – esse é um dos motivos pelos quais os cursos de treinamento para especialistas do *Lean* Seis Sigma que atuam em serviços e áreas administrativas devem ser diferentes dos cursos equivalentes para formação de especialistas que trabalham em manufatura.

Os exemplos de projetos *Lean* Seis Sigma em serviços e áreas administrativas mostrados abaixo ilustram que a implementação do programa é plenamente possível:

- Reduzir em 50% o volume total de produtos não faturados por incapacidade de atendimento aos pedidos.
- Reduzir em 30% o custo de armazenagem de produtos.
- Eliminar a ocorrência de diferenças entre o valor negociado com o cliente e o valor na nota fiscal emitida.
- Diminuir em 50% o custo do frete proveniente de pedidos recusados pelo mercado.
- Reduzir em 50% o prazo de entrega de peças de reposição para as regiões sul e sudeste dos itens A.
- Reduzir em 30% os custos dos estoques de itens indiretos na unidade.
- Aumentar em 50% o índice de satisfação dos consumidores em relação ao atendimento da Rede Autorizada.
- Reduzir em 50% o tempo de fechamento dos balanços contábeis.

- Reduzir em 40% o tempo de ciclo do processo de pagamento a fornecedores.
- Reduzir em 50% os custos de transações financeiras eletrônicas.

Para finalizar, é apropriado ressaltar que as principais métricas para avaliação da performance de processos de serviços, usadas nos projetos *Lean* Seis Sigma, são exatidão, custo, satisfação dos clientes e tempo de ciclo.

Anexo D.
Comentários e referências

"A maior prova de coragem é suportar as derrotas sem perder o ânimo."
Robert Ingersoll

Capítulo 1

1. William Carley, "To Keep GE's Profits Rising, Welch Pushes Quality Control Plan", *The Wall Street Journal*, January 13, 1997 e Matt Murray, "GE Sees $100 Billion in 1998 Revenue Due to Quality Control, Asia Investment", *The Wall Street Journal*, April 23, 1998.

2. Tim Smart, "Jack Welch's Encore", *Business Week*, October 28, 1996.

3. Jeremy Kahn, "The World's Most Admired Companies", *Fortune*, October 26, 1998.

4. Roger W. Hoerl, "Six Sigma and the Future of the Quality Profession", *Quality Progress*, June 1998, pp. 35-42.

5. As definições apresentadas são uma tradução livre de Mario Perez-Wilson, *Six Sigma – Understanding the Concept, Implications and Challenges*. Scottsdale: Advanced Systems Consultants, 1999, pp. 183-185.

6. As informações da tabela foram extraídas de Samuel Keene, "Six Sigma's Contribution to Reliability", *Reliability Review*, vol. 20, December 2000, p. 19.

7. A Figura 1.1 foi criada com base em Jay Arthur (888)4681537, *Six Sigma Simplified (29.25)*. Denver: LifeStar, 2000, p. 23.

8. As informações da Tabela 1.2 foram extraídas de Mikel Harry e Richard Schroeder, *Six Sigma: The Breakthrough Management Strategy Revolutionizing The World's Top Corporations*. New York: Currency, 2000, p. 17.

9. Forrest W. Breyfogle III, James M. Cupello e Becki Meadows, *Managing Six Sigma: A Practical Guide to Understanding, Assessing, and Implementing the Strategy That Yields Bottom-Line Success*. New York: John Wiley & Sons, Inc., 2001, p. 32.

10. Mikel J. Harry, "Six Sigma: A Breakthrough Strategy for Profitability", *Quality Progress*, May 1998, p. 63.

11. Mikel Harry e Richard Schroeder, *Six Sigma: The Breakthrough Management Strategy Revolutionizing The World's Top Corporations*. New York: Currency, 2000, p. 21.

12. Mikel J. Harry, "Six Sigma: A Breakthrough Strategy for Profitability", *Quality Progress*, May 1998, p. 63.

13. Mikel Harry e Richard Schroeder, *Six Sigma: The Breakthrough Management Strategy Revolutionizing The World's Top Corporations*. New York: Currency, 2000, p. 41.

14. Os dados apresentados nesse parágrafo foram extraídos do texto de Mikel Harry e Richard Schroeder, *Six Sigma: The Breakthrough Management Strategy Revolutionizing The World's Top Corporations*. New York: Currency, 2000, pp. 42-43.

15. Jack Welch, "A Company To Be Proud Of", Presented at the General Electric Company 1999 Annual Meeting, Cleveland, Ohio, April 21, 1999, p. 5.

16. Cynthia Rosenburg, "Faixa Preta Corporativo", *Exame*, 8 de setembro de 1999, p. 89.

17. Robert Slater, *Jack Welch, o Executivo do Século: Os Insights e Segredos Que Criaram o Estilo GE*. São Paulo: Negócio Editora, 1999, p. 241.

18. Robert Slater, *Jack Welch, o Executivo do Século: Os Insights e Segredos Que Criaram o Estilo GE*. São Paulo: Negócio Editora, 1999, pp. 240-241.

19. Jack Welch, "A Learning Company and Its Quest for Six Sigma", Presented at the General Electric Company 1997 Annual Meeting, Charlotte, North Carolina, April 23, 1997, p. 4.

20. Jack Welch, "A Learning Company and Its Quest for Six Sigma", Presented at the General Electric Company 1997 Annual Meeting, Charlotte, North Carolina, April 23, 1997, p. 5.

21. Jack Welch, "A Company To Be Proud Of", Presented at the General Electric Company 1999 Annual Meeting, Cleveland, Ohio, April 21, 1999, pp. 5-6.

22. Uma excelente discussão dos fatores responsáveis pelo sucesso do Seis Sigma é apresentada por Ronald D. Snee, "Impact of Six Sigma on Quality Engineering", *Quality Engineering*, 12(3), 2000, p. ix-xiv (Guest Editorial).

23. Womack, James P. e Jones, Daniel T. *A Máquina que Mudou o Mundo*. Rio de Janeiro: Elsevier, 2004. 342p.

24. Womack, James P. e Jones, Daniel T. *A Mentalidade Enxuta nas Empresas: Elimine o Desperdício e Crie Riqueza.* Rio de Janeiro: Elsevier, 2004. p. 370.

25. Womack, James P. e Jones, Daniel T. *A Mentalidade Enxuta nas Empresas: Elimine o Desperdício e Crie Riqueza.* Rio de Janeiro: Elsevier, 2004. p. 3.

26. Lean Institute Brasil. *Os 5 Princípios do Lean Thinking.* Disponível em: <http://www.lean.org.br>. Acesso em: 30.12.2005

27. A Figura 1.6 foi extraída de Bertels, T. *Rath & Strong's Six Sigma Leadership Handbook.* Hoboken: John Wiley & Sons, Inc., 2003. p. 128.

28. Segundo Peter S. Pande, Robert P. Neuman e Roland R. Cavanagh, *The Six Sigma Way – How GE, Motorola, and Other Top Companies Are Honing Their Performance.* New York: McGraw-Hill, 2000, p. 410, "O *DMAIC* teve sua origem na GE Capital e, posteriormente, foi adotado por toda a GE. O modelo original – ainda utilizado por algumas empresas – incluía apenas quatro etapas: *Measure-Analyze-Improve-Control*".

29. O esquema de integração das ferramentas *Lean* Seis Sigma ao método *DMAIC* foi elaborado a partir da experiência da autora na utilização de técnicas estatísticas e outras ferramentas da qualidade, em seu trabalho como consultora de empresas.

30. A Figura 1.12 foi elaborada com base em Joseph M. Juran e A. Blanton Godfrey, *Juran's Quality Handbook – Fifth Edition.* New York: McGraw-Hill, 1999, p. 29.19.

Capítulo 2

1. É importante que um *Master Black Belt*, como parte de suas habilidades, possua sólidos conhecimentos das ferramentas estatísticas. No entanto, ele também deve possuir excelentes competências para facilitar trabalhos em equipe, gerenciar mudanças, promover inovações e superar resistências. **Um treinamento para formação de *Master Black Belts*, para ter credibilidade, deve enfatizar o desenvolvimento dessas competências e não apenas promover um *upgrade* em conhecimentos estatísticos.**

2. A autora agradece a **Jorge Cardoso**, Coordenador do Programa Seis Sigma da Whirlpool (desde seu início, em 1997, até março de 2001), pela troca de experiências e conhecimentos e pela permissão para uso, nesta seção do livro, de sua tecnologia para certificação de *Black Belts*.

3. A *American Society for Quality – ASQ* já instituiu seu exame para certificação de *Black Belts*. No site (<www.asq.org/certification/six-sigma/bok.html>) é apresentado, em detalhes, o *Six Sigma Black Belt Certification Body of Knowledge* para o exame da *ASQ*. Para a certificação, além do exame, é necessário que o candidato tenha concluído dois projetos Seis Sigma ou apenas um, desde que, nesse último caso, possua pelo menos três anos de experiência prática na aplicação dos conhecimentos da metodologia Seis Sigma.

4. Gerald J. Hahn, Necip Doganaksoy e Roger Hoerl, "The Evolution of Six Sigma", *Quality Engineering*, 12(3), p. 321 (2000).

5. Esse tópico foi elaborado a partir da experiência da autora e dos conhecimentos transmitidos por George Eckes, *Making Six Sigma Last: Managing the Balance Between Cultural and Technical Change*. New York: John Wiley & Sons, 2001.

6. Sobre esse tópico, sugerimos a leitura de dois excelentes artigos publicados pela revista *Quality Progress*: Joseph A. DeFeo, "The Tip of the Iceberg", *Quality Progress*, May 2001, pp. 29-37 e Forrest W. Breyfogle III e Becki Meadows, "Bottom-Line Success With Six Sigma", *Quality Progress*, May 2001, pp. 101-104.

Capítulo 3

1. Meta = objetivo + valor + prazo.

2. Essa pergunta e sua conclusão no caso da resposta NÃO, bem como a conclusão decorrente da resposta NÃO para a pergunta anterior, são apresentadas por Forrest W. Breyfogle III, James M. Cupello e Becki Meadows, *Managing Six Sigma: A Practical Guide to Understanding, Assessing, and Implementing the Strategy That Yields Bottom-Line Success* (New York: John Wiley & Sons, Inc., 2001), p. 150.

3. Utilizaremos nesse texto o formato de Matriz de Priorização apresentado por Mary Williams, Thomas Bertels e Harvey Dershin no texto *Rath & Strong's Six Sigma Pocket Guide* (Lexington: Rath & Strong Management Consultants, 2000), pp. 24-26.

4. Os critérios para seleção de projetos Seis Sigma apresentados na Tabela 3.2 foram selecionados a partir do estudo de Forrest W. Breyfogle III, James M. Cupello e Becki Meadows, *Managing Six Sigma: A Practical Guide to Understanding, Assessing, and Implementing the Strategy That Yields Bottom-Line Success*. New York: John Wiley & Sons, Inc., 2001, p. 152 e de Peter S. Pande, Robert P. Neuman e Roland R. Cavanagh, *The Six Sigma Way – How GE, Motorola, and Other Top Companies Are Honing Their Performance*. New York: McGraw-Hill, 2000, pp. 145-147 e da experiência prática da autora na condução do **Seminário para a Alta Administração** junto às empresas clientes do Grupo Werkema.

5. O comentário feito acima para os critérios também vale para os indicadores.

6. Peter S. Pande, Robert P. Neuman e Roland R. Cavanagh, *The Six Sigma Way – How GE, Motorola, and Other Top Companies Are Honing Their Performance* (New York: McGraw-Hill, 2000), p. 139 denominam este erro **"trying to solve world hunger"**. Já Ronald D. Snee, "Dealing With the Achilles' Heel of Six Sigma Initiatives", *Quality Progress*, March 2001, p. 70, refere-se ao erro por meio da expressão **"boiling the ocean"**.

7. Peter S. Pande, Robert P. Neuman e Roland R. Cavanagh, *The Six Sigma Way – How GE, Motorola, and Other Top Companies Are Honing Their Performance*. New York: McGraw-Hill, 2000, p. 143.

8. Para a obtenção de mais detalhes sobre a elaboração do *Business Case*, recomendamos a leitura de Steve Smith, *Faça Acontecer! Ferramentas Testadas e Aprovadas para o Gerenciamento de Projetos*. São Paulo: Clio Editora, 2001, p. 35-77.

9. Forrest W. Breyfogle III, James M. Cupello e Becki Meadows, *Managing Six Sigma: A Practical Guide to Understanding, Assessing, and Implementing the Strategy That Yields Bottom-Line Success*. New York: John Wiley & Sons, Inc., 2001, p. 158.

10. Geoff Tennant, *Six Sigma: SPC and TQM in Manufacturing and Services*. Aldershot: Gower Publishing Limited, 2001, p. 85.

Capítulo 4

1. Nas palavras de George Eckes, *Making Six Sigma Last: Managing the Balance Between Cultural and Technical Change*. New York: John Wiley & Sons, 2001, p. 97, "the Black/Green Belt's project management skills are crucial to the success of the project".

2. Ronald D. Snee, "Dealing With the Achilles' Heel of Six Sigma Initiatives", *Quality Progress*, March 2001, p. 70.

3. O procedimento apresentado na Figura 4.1 foi desenvolvido pela psicóloga Dayse Carnaval Ferreira, da empresa PERFIL – Consultoria Empresarial Ltda., pela coordenadora do Programa Seis Sigma da Líder Táxi Aéreo, Cristianne Campos, e pela autora.

Capítulo 5

1. Para enfatizar a importância da definição da meta e do escopo do projeto, vale citar Henrique Gandelman, *De Gutemberg à Internet: Direitos Autorais na Era Digital, 4ª ed. Ampliada e Atualizada.* Rio de Janeiro: Record, 2001, p. 118: "Já dizia Santo Tomás de Aquino que 'tudo começa no fim'. Se possível, interpretaríamos tal reflexão afirmando que é necessário, sempre, definir os fins a serem atingidos antes de começar a buscá-los. No nosso universo (...) é fundamental, desde logo, estabelecer metas, limites e parâmetros".

2. As quatro primeiras questões são apresentadas por Peter S. Pande, Robert P. Neuman e Roland R. Cavanagh, *The Six Sigma Way – How GE, Motorola, and Other Top Companies Are Honing Their Performance*. New York: McGraw-Hill, 2000, p. 239.

3. Gostaria de agradecer aos candidatos a *Black Belts* **Roberto Arno Gruhl** (Embraco) e **Mário César do Nascimento** (Multibrás), cujos projetos acompanhei, na qualidade de coordenadora do Programa Seis Sigma da Fundação de Desenvolvimento Gerencial (FDG), por terem me dado a oportunidade de conhecer melhor a estrutura dos processos que embasam parte dos exemplos que ilustram o presente capítulo.

4. Os dados, gráficos, cálculos, situações, análises e conclusões apresentados nos exemplos desse capítulo **foram criados pela autora**, a partir de sua experiência como consultora de várias empresas, mas não podem ser atribuídos a nenhuma delas em particular.

5. Peter S. Pande, Robert P. Neuman e Roland R. Cavanagh, *The Six Sigma Way – How GE, Motorola, and Other Top Companies Are Honing Their Performance*. New York: McGraw-Hill, 2000, p. 241.

6. Vicente Falconi Campos, *Gerenciamento pelas Diretrizes*. Belo Horizonte: Fundação Christiano Ottoni, Escola de Engenharia da UFMG, 1996, p. 45.

7. Vicente Falconi Campos, *Gerenciamento pelas Diretrizes*. Belo Horizonte: Fundação Christiano Ottoni, Escola de Engenharia da UFMG, 1996, p. 47.

8. Peter S. Pande, Robert P. Neuman e Roland R. Cavanagh, *The Six Sigma Way – How GE, Motorola, and Other Top Companies Are Honing Their Performance*. New York: McGraw-Hill, 2000, p. 247.

9. Maria Cristina Catarino Werkema, *As Ferramentas da Qualidade no Gerenciamento de Processos*. Belo Horizonte: Fundação Christiano Ottoni, Escola de Engenharia da UFMG, 1995, p. 32.

10. Maria Cristina Catarino Werkema, *As Ferramentas da Qualidade no Gerenciamento de Processos*. Belo Horizonte: Fundação Christiano Ottoni, Escola de Engenharia da UFMG, 1995, pp. 64-65.

11. Maria Cristina Catarino Werkema, *As Ferramentas da Qualidade no Gerenciamento de Processos*. Belo Horizonte: Fundação Christiano Ottoni, Escola de Engenharia da UFMG, 1995, p. 43.

12. A importância do estudo das variações na etapa *Measure* do *DMAIC* é bastante enfatizada nas páginas 52 a 82 do texto de Mary Williams, Thomas Bertels e Harvey Dershin – *Rath & Strong's Six Sigma Pocket Guide,* sob o subtítulo *"Understanding Variation"*.

13. *Centipoise* é uma unidade de medida da viscosidade.

14. Na verdade, a conclusão "as produções com viscosidade igual ou superior a 75 *centipoises* são resultantes da variação natural do processo produtivo" somente pode ser estabelecida após a análise conjunta das Cartas de Controle para os valores individuais da viscosidade (Figura 5.11) e para as amplitudes móveis da viscosidade (não apresentada no capítulo 5).

15. Vicente Falconi Campos, *Gerenciamento da Rotina do Trabalho do Dia a Dia*. Belo Horizonte: Fundação Christiano Ottoni, Escola de Engenharia da UFMG, 1994, p. 226.

16. A importância de se **desdobrar** um projeto complexo em projetos "menores" e, a seguir, **delegá-los** a equipes de trabalho específicas é destacada com muita propriedade por Joseph M. Juran e A. Blanton Godfrey, *Juran's Quality Handbook – Fifth Edition*. New York: McGraw-Hill, 1999, p. 5.29, sob o subtítulo *"Elephant-Sized and Bite-Sized Projects"*.

17. As expressões **Process Door** e **Data Door** são utilizadas por George Eckes, em *The Six Sigma Revolution – How General Electric and Others Turned Process Into Profits.* New York: John Wiley & Sons, Inc., 2001, p. 113 e por Mary Williams, Thomas Bertels e Harvey Dershin no texto *Rath & Strong's Six Sigma Pocket Guide.* Lexington: Rath & Strong Management Consultants, 2000, pp. 102-103.

18. A ferramenta **Matriz de Priorização** utilizada nesse texto segue o formato apresentado por Mary Williams, Thomas Bertels e Harvey Dershin no *Rath & Strong's Six Sigma Pocket Guide.* Lexington: Rath & Strong Management Consultants, 2000, pp. 24-26.

19. O formulário para documentação do experimento apresentado na Figura 5.23 foi construído tendo como modelo a Figura 3.7: *"Form for documentation of a planned experiment"*, de Ronald D. Moen, Thomas W. Nolan e Lloyd P. Provost, *Quality Improvement Through Planned Experimentation,* 2ª ed. New York: McGraw-Hill, 1999, p. 67.

20. A situação apresentada nesse parágrafo é similar à descrita nas quatro últimas linhas do primeiro parágrafo do Exemplo 6.2 de Douglas C. Montgomery, *Design and Analysis of Experiments,* 5th ed. New York: John Wiley & Sons, Inc., 2001, p. 246.

21. Peter S. Pande, Robert P. Neuman e Roland R. Cavanagh, *The Six Sigma Way – How GE, Motorola, and Other Top Companies Are Honing Their Performance.* New York: McGraw-Hill, 2000, p. 276.

22. Nossa apresentação da ferramenta **Stakeholder Analysis** foi inspirada pela leitura dos textos de George Eckes, *The Six Sigma Revolution – How General Electric and Others Turned Process Into Profits.* New York: John Wiley & Sons, Inc., 2001, pp. 185-190 e de Mary Williams, Thomas Bertels e Harvey Dershin, *Rath & Strong's Six Sigma Pocket Guide.* Lexington: Rath & Strong Management Consultants, 2000, pp. 9-10.

23. Esse parágrafo incorpora ensinamentos de Vicente Falconi Campos, *Gerenciamento da Rotina do Trabalho do Dia a Dia.* Belo Horizonte: Fundação Christiano Ottoni, Escola de Engenharia da UFMG, 1994, p. 230.

Capítulo 6

1. A autora foi apresentada à ferramenta Mapa de Raciocínio pela consultora Cheryl Hild, da empresa *Six Sigma Associates,* durante treinamento ministrado para candidatos a *Black Belts* do Grupo Brasmotor, em 1997.

2. Os principais benefícios e possíveis erros no uso do Mapa de Raciocínio são discutidos em detalhes por Cheryl Hild, Doug Sanders e Bill Ross, "The Thought Map", *Quality Engineering*, 12(1), 1999-2000, pp. 21-27.

3. Gostaria de agradecer aos candidatos a *Black Belts* **Roberto Arno Gruhl** (Embraco) e **Mário César do Nascimento** (Multibrás), cujos projetos acompanhei, na qualidade de Coordenadora do Programa Seis Sigma da Fundação de Desenvolvimento Gerencial (FDG), por terem me dado a oportunidade de conhecer melhor a estrutura dos processos que embasam parte dos exemplos que ilustram o presente capítulo.

4. Os Mapas de Raciocínio, dados, gráficos, cálculos, situações, análises e conclusões apresentados nos exemplos desse capítulo **foram criados pela autora**, a partir de sua experiência como consultora de várias empresas, mas não podem ser atribuídos a nenhuma delas em particular.

Capítulo 7

1. Sobre as métricas do Seis Sigma, a autora recomenda a leitura dos textos de Forrest W. Breyfogle III, James M. Cupello e Becki Meadows, *Managing Six Sigma: A Practical Guide to Understanding, Assessing, and Implementing the Strategy That Yields Bottom-Line Success*. New York: John Wiley & Sons, Inc., 2001, pp. 75-78 e de Peter S. Pande, Robert P. Neuman e Roland R. Cavanagh, *The Six Sigma Way – How GE, Motorola, and Other Top Companies Are Honing Their Performance*. New York: McGraw-Hill, 2000, pp. 219-231.

2. A Tabela 7.1 foi extraída do texto de Mikel Harry e Richard Schroeder, *Six Sigma: The Breakthrough Management Strategy Revolutionizing The World's Top Corporations*. New York: Currency, 2000, p. 283.

3. Essa métrica poderia ser traduzida como "rendimento de passagem acumulado" ou "rendimento de primeira passagem". No entanto, preferimos utilizar a expressão em inglês.

4. A utilização das métricas *DPMO* e Escala Sigma para a comparação de processos com diferentes níveis de complexidade é bem exemplificada por Mario Perez-Wilson, *Six Sigma – Understanding the Concept, Implications and Challenges*. Scottsdale: Advanced Systems Consultants, 1999, pp. 234-242.

Capítulo 8

1. J. M. Juran, *A Qualidade desde o Projeto: Os Novos Passos para o Planejamento da Qualidade em Produtos e Serviços*. São Paulo: Editora Pioneira, 1992, p. 15.

2. J. M. Juran, *A Qualidade desde o Projeto: Os Novos Passos para o Planejamento da Qualidade em Produtos e Serviços*. São Paulo: Editora Pioneira, 1992, p. 2.

3. J. M. Juran, *A Qualidade desde o Projeto: Os Novos Passos para o Planejamento da Qualidade em Produtos e Serviços*. São Paulo: Editora Pioneira, 1992, p. 15.

4. Gerald J. Hahn, Necip Doganaksoy e Roger Hoerl, "The Evolution of Six Sigma", *Quality Engineering*, 12(3), 2000, p. 320.

5. Robert G. Cooper, *Winning at New Products: Accelerating the Process from Idea to Launch – Third Edition* (Cambridge: Perseus Publishing, 2001). Este livro consta como uma das indicações para o tópico *DFSS* na relação *Six Sigma Black Belt Certification References*, do exame para certificação de *Black Belts* da ASQ (Disponível em: <http://www.asq.org/cert/types/sixsigma/references.html>).

6. Gerald J. Hahn, Necip Doganaksoy e Roger Hoerl, "The Evolution of Six Sigma", *Quality Engineering*, 12(3), 2000, pp. 319-321.

Anexo A

1. A ilustração da ferramenta Séries Temporais foi criada a partir das figuras de autoria de Henrique L. Corrêa, Irineu G. N. Gianesi e Mauro Caon, *Planejamento, Programação e Controle da Produção: MRP II / ERP – Conceitos, Uso e Implantação – 2ª Edição*. São Paulo: Editora Atlas S.A., 1999, p. 237 e de Ken Black, *Business Statistics: Contemporary Decision Making – Second Edition*. St. Paul: West Publishing Company, 1997, p. 739.

2. A ilustração da ferramenta Mapa de Processo foi criada a partir da figura de autoria de Doug Sandres, Bill Ross e Jim Coleman, "The Process Map", *Quality Engineering*, 11(4), 1999, p. 557.

3. A ilustração da ferramenta Mapa de Produto foi cedida por candidatos a *Black Belts* da empresa Multibrás Eetrodomésticos S.A. – Unidade Rio Claro.

4. A ilustração da ferramenta Análise do Tempo de Ciclo foi extraída de Joseph A. Bockerstette e Reinaldo A. Moura, *Guia para Redução do Tempo de Ciclo*. São Paulo: IMAM, 1995, p. 19.

5. Extraído de Marta Freitas e Enrico Colosimo, *Confiabilidade: Análise de Tempo de Falha e Testes de Vida Acelerados*. Belo Horizonte: Fundação Christiano Ottoni, Escola de Engenharia da UFMG, 1997, p. 10.

6. A ilustração da ferramenta Diagrama de Afinidades foi criada a partir da figura de autoria de Michael Brassard e Diane Ritter, *The Memory Jogger II*. Salem: GOAL/QPC, 1994, p. 15.

7. A ilustração da ferramenta Diagrama de Relações foi criada a partir de um exemplo de T. Asaka e K. Ozeki e foi extraída de Maria Cristina Catarino Werkema, *As Ferramentas da Qualidade no Gerenciamento de Processos*. Belo Horizonte: Fundação Christiano Ottoni, Escola de Engenharia da UFMG, 1995, p. 51.

8. Extraído de Fátima Brant Drumond, Maria Cristina Catarino Werkema e Sílvio Aguiar, *Análise de Variância: Comparação de Várias Situações*. Belo Horizonte: Fundação Christiano Ottoni, Escola de Engenharia da UFMG, 1996, pp. 79 e 97.

9. A finalidade da ferramenta Análise de Tempos de Falhas foi extraída do texto de Marta Freitas e Enrico Colosimo, *Confiabilidade: Análise de Tempo de Falha e Testes de Vida Acelerados*. Belo Horizonte: Fundação Christiano Ottoni, Escola de Engenharia da UFMG, 1997, p. 11 e a ilustração foi retirada de Maria Cristina Catarino Werkema, *As Ferramentas da Qualidade no Gerenciamento de Processos*. Belo Horizonte: Fundação Christiano Ottoni, Escola de Engenharia da UFMG, 1995, p. 48.

10. Extraído de Marta Freitas e Enrico Colosimo, *Confiabilidade: Análise de Tempo de Falha e Testes de Vida Acelerados* (Belo Horizonte: Fundação Christiano Ottoni, Escola de Engenharia da UFMG, 1997), p. 11.

11. A ilustração da ferramenta Simulação foi extraída de Harvey M. Wagner, *Pesquisa Operacional*, Rio de Janeiro: Prentice-Hall do Brasil Ltda., 1986, p. 747.

12. A ilustração da ferramenta Diagrama de Árvore foi extraída de Maria Cristina Catarino Werkema, *As Ferramentas da Qualidade no Gerenciamento de Processos*. Belo Horizonte: Fundação Christiano Ottoni, Escola de Engenharia da UFMG, 1995, p. 52.

13. A ilustração da ferramenta *PERT/CPM* foi originalmente extraída do texto de R. Futami e apresentada em Maria Cristina Catarino Werkema, *As Ferramentas da Qualidade no Gerenciamento de Processos* Belo Horizonte: Fundação Christiano Ottoni, Escola de Engenharia da UFMG, 1995, p. 56.

14. A ilustração da ferramenta Diagrama de Processo Decisório foi originalmente extraída do texto de R. Futami e apresentada em Maria Cristina Catarino Werkema, *As Ferramentas da Qualidade no Gerenciamento de Processos*. Belo Horizonte: Fundação Christiano Ottoni, Escola de Engenharia da UFMG, 1995, p. 55.

15. A ilustração da ferramenta Procedimento Operacional Padrão foi extraída de Maria Cristina Catarino Werkema, *Ferramentas Estatísticas Básicas para o Gerenciamento de Processos*. Belo Horizonte: Fundação Christiano Ottoni, Escola de Engenharia da UFMG, 1995, p. 352.

16. A ilustração da ferramenta *Poka-Yoke* foi extraída de uma parte da figura de NKS/Factory Magazine, *Poka-Yoke: Improving Product Quality by Preventing Defects*. Portland: Productivity Press, 1988, p. 16.

17. A ilustração da ferramenta OCAP foi criada a partir o estudo do texto de John P. Sandorf e A. Thomas Bassett III, "The OCAP: Predetermined Responses to Out-of-Control Conditions", *Quality Progress*, May 1993, pp. 91-94.

Anexo B

1. A Figura B.4 é similar à apresentada em Mikel Harry e Ronald Lawson, *Six Sigma Producibility Analysis and Process Characterization*. Reading, Massachusetts: Addison-Wesley Publishing Company, 1992, p. 5-6.

Anexo E.
Referências

"A mente que se abre a uma nova ideia jamais voltará ao seu tamanho original."
Albert Einstein

Capítulo 1

1. ARTHUR, Jay. *Six sigma simplified*. Denver: LifeStar, 2000. 124 p.

2. BERTELS, T. *Rath & Strong's Six Sigma Leadership Handbook*. Hoboken: John Wiley & Sons, Inc., 2003. 566 p.

3. BREYFOGLE III, Forrest W.; CUPELLO, James M.; MEADOWS, Becki. *Managing six sigma*: a practical guide to understanding, assessing, and implementing the strategy that yields bottom-line success. New York: John Wiley & Sons, Inc., 2001. 272 p.

4. CARLEY, William M. To keep GE's profits rising, Welch pushes quality control plan. Reprint from *The Wall Street Journal*, January 13, 1997.

5. HARRY, Mikel J. Six sigma: a breakthrough strategy for profitability. *Quality Progress*, Milwaukee, v. 31, n. 5, p. 60-64, May 1998.

6. HARRY, Mikel; SCHROEDER, Richard. *Six sigma*: the breakthrough management strategy revolutionizing the world's top corporations. New York: Currency, 2000. 300 p.

7. HOERL, Roger W. Six sigma and the future of the quality profession. *Quality Progress*, Milwaukee, v. 31, n. 6, p. 35-42, June 1998.

8. JURAN, Joseph M.; GODFREY, A. Blanton. *Juran's quality handbook*. 5ª ed. New York: McGraw-Hill, 1999. 1872 p.

9. KAHN, Jeremy. The World's Most Admired Companies. Reprint from *Fortune*, October 26, 1998.

10. KEENE, Samuel. Six sigma's contribution to reliability. *Reliability Review*, Milwaukee, v. 20, n. 4, p. 18-22, December 2000.

11. LEAN INSTITUTE BRASIL: *Os 5 Princípios do Lean Thinking*. Disponível em: <http://www.lean.org.br>. Acesso em: 30.12.2005.

12. MURRAY, Matt. GE sees $100 billion in 1998 revenue due to quality control, Asia investment. Reprint from *The Wall Street Journal*, April 23, 1998.

13. PANDE, Peter S.; NEUMAN, Robert P. e CAVANAGH, Roland R. *The six sigma way*: how GE, Motorola, and other top companies are honing their performance. New York: McGraw-Hill, 2000. 422 p.

14. PEREZ-WILSON, Mario. *Six sigma*: understanding the concept, implications and challenges. Scottsdale: Advanced Systems Consultants, 1999. 396 p.

15. ROSENBURG, Cynthia. Faixa preta corporativo. *Exame*, São Paulo, 8 de setembro de 1999. Ano XXXIII, n. 18, edição 696, p. 88-90.

16. SLATER, Robert. *Jack Welch, o executivo do século*: os insights e segredos que criaram o estilo GE. São Paulo: Negócio Editora, 1999. 348 p.

17. SMART, Tim. Jack Welch's Encore. Reprint from *Business Week*, October 28, 1996.

18. SNEE, Ronald D. Impact of six sigma on quality engineering. *Quality Engineering*, Monticello, v. 12, n. 3, p. ix-xiv, March 2000.

19. WELCH, John F. A Company To Be Proud Of. Presented at the GENERAL ELECTRIC COMPANY 1999 ANNUAL MEETING, Cleveland, Ohio, April 21, 1999. 6 p.

20. WELCH, John F. A Learning Company and Its Quest for Six Sigma. Presented at the GENERAL ELECTRIC COMPANY 1997 ANNUAL MEETING, Charlotte, North Carolina, April 23, 1997. 6 p.

21. WOMACK, James P. e JONES, Daniel T. *A Máquina que Mudou o Mundo*. Rio de Janeiro: Elsevier, 2004. 342p.

22. WOMACK, James P. e JONES, Daniel T. *A Mentalidade Enxuta nas Empresas: Elimine o Desperdício e Crie Riqueza*. Rio de Janeiro: Elsevier, 2004. p. 408.

Capítulo 2

1. AMERICAN SOCIETY FOR QUALITY – ASQ : *Six Sigma Black Belt Certification Body of Knowledge*. Disponível em: <http://www.asq.org/cert/types/sixsigma/bok.html>. Acesso em: 3 de junho de 2001.

2. BREYFOGLE III, Forrest W.; MEADOWS, Becki. Bottom-line success with six sigma. *Quality Progress*, Milwaukee, v. 34, n. 5, p. 101-104, May 2001.

3. DEFEO, Joseph A. The tip of the iceberg. *Quality Progress*, Milwaukee, v. 34, n. 5, p. 29-37, May 2001.

4. ECKES, George. *Making six sigma last*: managing the balance between cultural and technical change. New York: John Wiley & Sons, 2001. 236 p.

5. HAHN, Gerald J.; DOGANAKSOY, Necip; HOERL, Roger. The evolution of six sigma. *Quality Engineering*, Monticello, v. 12, n. 3, p. 317-326, March 2000.

6. PYZDEK, Thomas. A necessidade de padronização. *Banas Qualidade*, São Paulo, v. X, n. 108, p. 98, maio 2001.

Capítulo 3

1. BREYFOGLE III, Forrest W.; CUPELLO, James M.; MEADOWS, Becki. *Managing six sigma*: a practical guide to understanding, assessing, and implementing the strategy that yields bottom-line success. New York: John Wiley & Sons, Inc., 2001. 272 p.

2. PANDE, Peter S.; NEUMAN, Robert P. e CAVANAGH, Roland R. *The six sigma way*: how GE, Motorola, and other top companies are honing their performance. New York: McGraw-Hill, 2000. 422 p.

3. SMITH, Steve. *Faça acontecer! Ferramentas testadas e aprovadas para o gerenciamento de projetos*. São Paulo: Clio Editora, 2001. 175 p.

4. SNEE, Ronald D. Dealing with the achilles' heel of six sigma initiatives. *Quality Progress*, Milwaukee, v. 34, n. 3, p. 66-72, March 2001.

5. TENNANT, Geoff. *Six sigma*: SPC and TQM in *Manufacturing* and services. Aldershot: Gower Publishing Limited, 2001. 140 p.

6. WILLIAMS, Mary A. (chairman); BERTELS, Thomas; DERSHIN, Harvey. *Rath & Strong's Six Sigma Pocket Guide*. Lexington: Rath & Strong Management Consultants, 2000. 192 p.

Capítulo 4

1. ECKES, George. *Making six sigma last*: managing the balance between cultural and technical change. New York: John Wiley & Sons, 2001. 236 p.

2. SNEE, Ronald D. Dealing with the achilles' heel of six sigma initiatives. *Quality Progress*, Milwaukee, v. 34, n. 3, p. 66-72, March 2001.

Capítulo 5

1. CAMPOS, Vicente Falconi. *Gerenciamento pelas diretrizes*. Belo Horizonte: Fundação Christiano Ottoni, Escola de Engenharia da UFMG, 1996. 331 p.

2. CAMPOS, Vicente Falconi. *Gerenciamento da rotina do trabalho do dia a dia*. Belo Horizonte: Fundação Christiano Ottoni, Escola de Engenharia da UFMG, 1994. 274 p.

3. ECKES, George. *The six sigma revolution*: how General Electric and others turned process into profits. New York: John Wiley & Sons, Inc., 2001. 274 p.

4. GANDELMAN, Henrique. *De Gutemberg à internet*: direitos autorais na era digital, 4. ed. ampliada e atualizada. Rio de Janeiro: Record, 2001. 333 p.

5. JURAN, Joseph M.; GODFREY, A. Blanton. *Juran's quality handbook*. 5th ed. New York: McGraw-Hill, 1999. 1.872 p.

6. MOEN, Ronald D.; NOLAN, Thomas W.; PROVOST, Lloyd P. *Quality improvement through planned experimentation*. 2nd ed. New York: McGraw-Hill, 1999. 474 p.

7. MONTGOMERY, Douglas C. *Design and analysis of experiments*. 5th ed. New York: John Wiley & Sons, Inc., 2001. 684 p.

8. PANDE, Peter S.; NEUMAN, Robert P. e CAVANAGH, Roland R. *The six sigma way*: how GE, Motorola, and other top companies are honing their performance. New York: McGraw-Hill, 2000. 422 p.

9. WERKEMA, Maria Cristina Catarino. *As ferramentas da qualidade no gerenciamento de processos*. Belo Horizonte: Fundação Christiano Ottoni, Escola de Engenharia da UFMG, 1995. 108 p.

10. WILLIAMS, Mary A. (chairman); BERTELS, Thomas; DERSHIN, Harvey. *Rath & Strong's Six Sigma Pocket Guide*. Lexington: Rath & Strong Management Consultants, 2000. 192 p.

Capítulo 6

1. HILD, Cheryl; SANDERS, Doug; ROSS, Bill. The thought map. *Quality Engineering*, Monticello, v. 12, n. 1, p. 21-27, September 1999.

Capítulo 7

1. BREYFOGLE III, Forrest W.; CUPELLO, James M.; MEADOWS, Becki. *Managing six sigma*: a practical guide to understanding, assessing, and implementing the strategy that yields bottom-line success. New York: John Wiley & Sons, Inc., 2001. 272 p.

2. HARRY, Mikel; SCHROEDER, Richard. *Six sigma*: the breakthrough management strategy revolutionizing the world's top corporations. New York: Currency, 2000. 300 p.

3. PANDE, Peter S.; NEUMAN, Robert P. e CAVANAGH, Roland R. *The six sigma way*: how GE, Motorola, and other top companies are honing their performance. New York: McGraw-Hill, 2000. 422 p.

4. PEREZ-WILSON, Mario. *Six sigma*: understanding the concept, implications and challenges. Scottsdale: Advanced Systems Consultants, 1999. 396 p.

Capítulo 8

1. AMERICAN SOCIETY FOR QUALITY – ASQ : *Six Sigma Black Belt Certification References*. Disponível em: <http://www.asq.org/cert/types/sixsigma/references.html>. Acesso em: 3 de junho de 2001.

2. COOPER, Robert G. *Winning at new products*: accelerating the process from idea to launch. 3rd ed. Cambridge: Perseus Publishing, 2001. 425 p.

3. HAHN, Gerald J.; DOGANAKSOY, Necip; HOERL, Roger. The evolution of six sigma. *Quality Engineering*, Monticello, v. 12, n. 3, p. 317-326, March 2000.

4. JURAN, J. M. *A qualidade desde o projeto*: os novos passos para o planejamento da qualidade em produtos e serviços. São Paulo: Editora Pioneira, 1992. 551 p.

Anexo A

1. ASAKA, T.; OZEKI, K. *Handbook of quality tools*: the japanese approach. Cambridge: Productivity Press, 1990. 315 p.

2. BLACK, Ken. *Business statistics*: contemporary decision making. 2nd ed. St. Paul: West Publishing Company, 1997. 984 p.

3. BOCKERSTETTE, Joseph A.; MOURA, Reinaldo A. *Guia para redução do tempo de ciclo*. São Paulo: IMAM, 1995. 70 p.

4. BRASSARD, Michael; RITTER, Diane. *The memory jogger II*. Salem: GOAL/QPC, 1994. 164 p.

5. CORRÊA, Henrique L.; GIANESI, Irineu G. N.; CAON, Mauro. *Planejamento, programação e controle da produção*: MRP II / ERP – conceitos, uso e implantação. 2. ed. revisada e ampliada. São Paulo: Editora Atlas S.A., 1999. 411 p.

6. FREITAS, Marta; COLOSIMO, Enrico. *Confiabilidade*: análise de tempo de falha e testes de vida acelerados. Belo Horizonte: Fundação Christiano Ottoni, Escola de Engenharia da UFMG, 1997. 309 p.

7. FUTAMI, R. *Guide to seven management tools for QC*. Tokyo: The Association for Overseas Technical Scholarship (AOTS), 1985.

8. NIKKAN Kogyo Shimbun, Ltd./Factory Magazine (editor); HIRANO, Hiroyuki (overview). *Poka-yoke*: improving product quality by preventing defects. Portland: Productivity Press, 1988. 282 p.

9. SANDERS, Doug; ROSS, Bill; COLEMAN, Jim. The process map. *Quality Engineering*, Monticello, v. 11, n. 4, p. 555-561, June 1999.

10. SANDORF, John P. e BASSETT III, A. Thomas. The OCAP: predetermined responses to out-of-control conditions. *Quality Progress*, Milwaukee, v. 26, n. 5, p. 91-94, May 1993.

11. WAGNER, Harvey M. *Pesquisa operacional*. Rio de Janeiro: Prentice-Hall do Brasil Ltda., 1986. 852 p.

12. WERKEMA, Maria Cristina Catarino. *As ferramentas da qualidade no gerenciamento de processos*. Belo Horizonte: Fundação Christiano Ottoni, Escola de Engenharia da UFMG, 1995. 108 p.

13. WERKEMA, Maria Cristina Catarino. *Ferramentas estatísticas básicas para o gerenciamento de processos*. Belo Horizonte: Fundação Christiano Ottoni, Escola de Engenharia da UFMG, 1995. 384 p.

14. WERKEMA, Maria Cristina Catarino; DRUMOND, Fátima Brant; AGUIAR, Sílvio. *Análise de variância: comparação de várias situações*. Belo Horizonte: Fundação Christiano Ottoni, Escola de Engenharia da UFMG, 1996.

Anexo B

1. HARRY, Mikel J.; LAWSON, J. Ronald. *Six sigma producibility analysis and process characterization*. Reading, Massachusetts: Addison-Wesley Publishing Company, 1992.

The Road Not Taken[1]

"Two roads diverged in a yellow wood,
And sorry I could not travel both
And be one traveler, long I stood
And looked down one as far as I could
To where it bent in the undergrowth;

Then took the other, as just as fair,
And having perhaps the better claim,
Because it was grassy and wanted wear;
Though as for that the passing there
Had worn them really about the same,

And both that morning equally lay
In leaves no step had trodden black.
Oh, I kept the first for another day!
Yet knowing how way leads on to way,
I doubted if I should ever come back.

I shall be telling this with a sigh
Somewhere ages and ages hence:
Two roads diverged in a wood, and I—
I took the one less traveled by,
And that has made all the difference."

Robert Frost

1 "The Road Not Taken" from THE POETRY OF ROBERT FROST edited by Edward Connery Lathem.
c 1969 by Henry Holt and Co., Reprinted by arrangement with the publisher, Henry Holt and Co., New York.